中国林业高等教育国际化发展战略研究

林　宇　陈文汇　刘俊昌　刘俊体　著

中国农业出版社
北　京

序　言

21 世纪以来，我国高等教育进入了持续快速的发展阶段，高等教育的规模和质量经历了前所未有的高速增长，国际竞争力和影响力也得到了显著提升，中国现已成为世界第三、亚洲最大留学目的地国，中国高等教育也正在以前所未有的发展势头靠近世界高等教育的舞台中心。为了进一步加快提升我国高等教育的综合实力和国际竞争力，打造世界一流大学和一流学科，真正实现高等教育的高水平、内涵式发展，2017 年 1 月，经国务院批准同意，教育部、财政部、国家发展和改革委员会共同印发《统筹推进世界一流大学和一流学科建设实施办法（暂行)》，正式启动“双一流”建设，这是中共中央、国务院为提升高等教育发展水平作出的重大决策部署，也是中国高等教育领域继“211 工程”“985 工程”之后的又一历史性的国家战略。同年 2 月，中共中央、国务院印发的《关于加强和改进新形势下高校思想政治工作的意见》强调指出，高校肩负着人才培养、科学研究、社会服务、文化传承创新、国际交流合作的重要使命，首次明确提出国际交流合作是高校肩负的第五大使命。2020 年 6 月正式印发的《教育部等八部门关于加快和扩大新时代教育对外开放的意见》指出，教育对外开放是教育现代化的鲜明特征和重要推动力，要坚持教育对外开放不动摇，主动加强同世界各国的互鉴、互容、互通，形成全方位、更宽领域、更多层次、更加主动的教育对外开放局面，进一步明确了今后一个时期我国高等教育持续加快对外开放，推进国际化发展的前进方向。

在“双一流”建设背景下，高等教育国际交流合作被提升到了史无前例的新高度，高等教育国际化发展也迎来了前所未有的重大机遇期。林业高等教育作为国家高等教育体系重要的组成部分，必然也必须紧跟对外开放与国际化发展大潮，在加快提升自身综合实力的同时，积极开展宽口径、多层次的国际交流与合作，主动参与世界林业高等教育治理，不仅为国家培养高素质国际化的林业人才，也为推进全球生态环境治理，共建人类命运共同体贡献中国智慧、提供中国方案。但是，我国林业高等教育在面临国际化发展有利机遇的同时，也面临着来自自身和外界的双重挑战。这些挑战一方面体现为我国林业高等教育国际影响力不高、国际竞争力较弱、国际话语权不足，另一方面则是由于教育对外开放所带来的国外林业高等教育资源的竞争与威胁。因此，如何驾驭好对外开放这把双刃剑，在日益复杂的国际形势下把握好开放与安全的辩证关系，构建起“走出去”与“引进来”双向促进的良性循环，为自身发展吸收优质外部资源的同时，对外推广自身发展成果，从而最终实现高效率、高质量、高水平的国际化发展，就成了我国林业高等教育领域必须认真思考的重要问题。

正是基于上述背景和认知，我们开展了“中国林业高等教育国际化发展战略研究”这一课题。在整个研究过程中，我们梳理现状，设计问卷调查，运用统计模型对数据进行整理与分析，利用SWOT矩阵法对林业高等教育国际化面临的机遇、挑战、问题及趋势等进行了全面系统的分析，并提出了中国林业高等教育国际化发展战略的框架，并从国家政策扶持、高校自身投入以及社会资源共享三个层面，进一步提出了林业高等教育国际化发展战略的保障措施，至此构建起了战略目标明确、战略内涵完整、保障措施完善的中国林业高等教育国际化发展战略体系。希望通过我们的研究能够对当前我国林业高等教育的国际化发展提供一些思路，为推动中国林业高等教育走向世界一流贡献力量。

在研究过程中，我们得到了北京林业大学、东北林业大学、南京林业大学、西北农林科技大学等国内主要涉林高校的领导、国际合作机构以及师生员工的大力支持，在此表示衷心的感谢，正是有他们的帮助与支持才有本书的面世。我们也要衷心感谢中国农业出版社对于出版本书所给予的大力支持和悉心指导，同时还要感谢课题组的每一位成员为了完成本研究所付出的巨大努力。最后，也要感谢那些在相关研究领域的前辈和同行，是他们的工作成果为本研究的顺利开展奠定了坚实的基础。

我们的研究虽然取得了一些阶段性成果，但是中国林业高等教育国际化发展之路还很漫长，我们还不能停下前进的脚步，我们将秉持对于中国林业高等教育国际化发展事业的满腔热忱，继续开展多元化的理论研究与实践探索，努力促进中国林业高等教育国际化发展，为建设世界一流的林业高等教育做出应有的贡献。

本书主要参与研究人员：

林　宇　陈文汇　刘俊昌　刘俊体　孔祥彬　方　良　王　睿　倪龙臻

林　宇　陈文汇

2020年11月

目　　录

第一章　引　　言

第一节　研究背景

一、经济全球化催生高等教育国际化发展

自20世纪中后期开始，世界范围内都不同程度地呈现出全球化发展趋势。目前被多数学者所认可的全球化概念是：人口、文化、观念、价值、知识、技术以及经济等要素跨国界流动，从而使整个世界形成了更加相互依存、紧密联系在一起的状态[1]。在全球化趋势下，各国政治、经济、文化、教育、科技都受到了不同程度的影响，这一过程与区域化、本土化、民族化和各国自身发展既相辅相成，又存在一定程度的矛盾对立。到了20世纪末，世界范围内已经基本形成了由国际货币基金组织推动的金融全球化、跨国公司推动的投资全球化和通过互联网推动的信息全球化的基本格局。经济全球化正日益深刻地改变着人类的生产生活方式。

在全球化内涵中，经济的全球化发展为其他各个领域的全球化发展奠定了物质基础。经济全球化本身就是一个具有多重内容和维度特质的复杂概念。经济全球化经历了从流通领域到生产领域的递进式发展历程，这种历程最初开始于有形商品的贸易，逐步发展成为国际商品交易，并最终在国际市场的框架下形成了国际生产。从这一角度来看，经济全球化直接推动了生产要素的国际化，而劳动力作为重要的生产要素也受到了全球化的重要影响[2]。劳动力层面的国际化主要指人力资源，即人才的国际化，而在当今世界，人才的培养主要由高等教育来完成。因此，经济全球化必然导致高等教育的国际化发展，也可以说经济的全球化发展对高等教育提出了国际化发展的要求。

在经济全球化的大背景下，人才竞争不仅是数量和质量的竞争，而且将带来人才标准的国际化。经济全球化使各国不可能再闭关自守地孤立发展，而是要高度地互相渗透、互相依存。这就要求培养人才的标准必须与国际接轨，必须培养出充分了解世界形势、经济发展前景和科技水平，并在国内、国际上都有竞争力的高素质人才。经济全球化必然会导致高等教育的国际化。所谓高等教育国际化，就是各国要进一步加强在高等教育方面的交流与合作；各国要积极开放教育市场，充分利用国际教育市场，并在教育内容、教育方法上适应国际交往和发展的需要；要培养具有国际意识、国际交往能力、国际竞争能力的人才。高等教育国际化是经济全球化进程的必然产物，也是不可逆转的发展趋势。经济全球化既是高等教育国际化的物质基础，又要求高等教育加强国际交流，培养适合全球化发展的高素质人才[3]。如果说经济全球化的本质是生产力全球化，那么按照生产力效率和生产力空间范围呈正相关的经济学原理来分析，经济的全球化发展最终催生了高等教育的国际化发展[4]。中国高等教育在加快国际化发展步伐的同时，也要从国情实际出发，坚持中国

特色社会主义的发展方向和国家教育对外开放的方针政策，只有立足于本国国情并面向世界，这样的国际化发展才是健康长久的[5]。经济全球化是建立在知识、信息和治理革命的基础之上的，随着世界经济一体化步伐的加快，中国经济建设发展会越来越与世界经济融为一体，只有获得科学技术和人才竞争优势，才能取得强大的核心竞争力，而要实现这一目标，必须通过高等教育国际化，营造出高度开放的高等教育环境。

二、国际化发展是林业高等教育的必然选择

改革开放前期中国经济经历30多年高速发展的同时，生态环境却因为长期粗放的经济发展模式面临诸多严峻问题。进入21世纪以来，党中央多次就生态文明建设做出重大决策：2012年11月，党的十八大做出大力推进生态文明建设的战略决策，从十个方面描绘生态文明建设的宏伟蓝图；2015年5月，中共中央、国务院发布《关于加快推进生态文明建设的意见》；2015年10月，加强生态文明建设的有关内容被首次写入国家五年规划，十九大报告更是把生态文明建设提升到了前所未有的高度。这些决策不仅表明国家对于生态文明建设的高度重视，还从侧面反映了生态文明建设对于国家长期可持续发展至关重要的作用，而林业在保护生态平衡、推动生态文明建设方面发挥着不可替代的核心作用。生态文明建设若要保持与经济社会发展相匹配的前进速度，就需要有强有力、高素质、可持续的林业领域人力资源保障，而这恰恰是林业教育所应承担的职责。林业的可持续发展要有完善的政策规划及法律法规、先进的技术开发及生产设备制造、良好的自然资源保护开发与利用技术、高素质的人力资源等相应的支撑与保障体系。如果说政策规划和法规建设是林业领域的上层建筑，技术开发和设备生产构成林业领域的结构基础，自然资源保护开发与利用是主要活动，那么人力资源就是将这几个要素联系起来的核心要素，因此，人力资源建设，特别是高层次人才培养对于整个林业领域以及林业经济体系的顶层设计和长远发展都会起到至关重要的作用。

长期稳定的高速经济增长给整个社会生活的方方面面都创造了坚实的物质基础，同时也极大地促进了文化教育的发展。为了做好21世纪人才培养规划，教育部在1999年发布了《面向21世纪教育振兴行动计划》，预期在2010年使中国高等教育毛入学率达到15%，使中国高等教育从过去的“精英教育”逐步发展成为“大众教育”，从而进一步提高中国人口的整体素质。伴随着新的教育发展政策，特别是加入世界贸易组织以来，中国高等教育一方面需要满足高速发展的国民经济对高水平人才的迫切需求，同时也面临着教育服务市场对外开放所带来的严峻的海外高校的挑战。因此，国际化发展正成为中国高等教育在21世纪发展的必然选择，高等教育国际化也已经从“对教育事业的有益补充”转变为“高等教育对外开放的重要组成部分”，国家对高等教育国际化发展的重视程度也在不断提升，对高等教育国际化发展提出了一系列新的要求。2015年发布的《统筹推进世界一流大学和一流学科建设总体方案》强调了高等教育国际化对于提升中国教育发展水平、增强国家核心竞争力、奠定长远发展基础具有十分重要的意义；2017年发布的《关于加强和改进新形势下高校思想政治工作的意见》在显著位置提出了高等学校承担的国际交流使命，进一步明确了高等教育国际化发展的重要性，指明了高等教育国际化发展方向；2019年召开的全国教育外事工作会议指出，中华民族伟大复兴的大局和当今世界百

年未有之大变局是传统意义上国内、国际两个大局的升级版，教育对外开放工作要在把握两个大局上下功夫，积极服务民族复兴，主动适应百年变局；2020 年教育部等八部门关于加快和扩大新时代教育对外开放的意见进一步为中国高等教育在新时期的对外开放和国际化发展绘制了宏伟蓝图。在当前复杂多变的国际背景下，林业高等教育也受到了来自国内外多方面的冲击和挑战，既要为国内林业发展不断培养高水平的现代化人才，同时也要加快推进国际人才培养，为中国林业走出去提供教育和科技支撑。传统模式下的林业高等教育已经很难满足林业为应对全球化发展所提出的人力资源要求，因此林业高等教育国际化就成为应对这一挑战的重要途径。林业高等教育必须打破传统的教育教学模式，通过全方位的国际化升级，将已成熟的理论知识体系以更加新颖、有效、现代化的途径传递给学习者，培养出既具备扎实专业知识、优秀专业素养，又具备国际竞争力的高级林业人才，从而不断提升中国林业在全球化发展背景下的综合竞争力。

根据世界三大主流大学评级体系之一的 QS 世界大学排行榜数据，2019 年全球农林类专业排名前 100 名高等院校中，仅有 8 所中国高校，其中仅有一所纯林业类高校，其余均为农业类高校或综合类高校，英国及美国等西方国家各类高校占排行榜中的绝大多数，中国林业教育国际化面临的严峻形势可见一斑。相较于英美等西方国家在林业高等教育领域长期开展的国际合作，中国林业高等教育国际化进程起步也较晚。欧洲联盟（简称欧盟，前身为欧共体）早在 20 世纪八九十年代就开展了旨在推动其内部成员国高校学生进行校际交流和学分互认的伊拉斯莫斯（ERASMUS）行动计划，累计资助了数千名林业高校的学生。欧洲也曾多次召开国际林业学生大会，以此鼓励各国林业高校学生之间的交流，并在此基础上，于 1990 年成立了国际林业学生联合会（IFSA）。此外，联合国粮食及农业组织（FAO）、国际林业研究组织联盟（IUFRO）等农林类国际组织定期召开的国际及地区会议也逐渐将林业教育作为重要讨论议题设置在会议议程中[6]。欧美国家的林业高等教育国际化已经形成了高校自发、政府支持、内外协调的较为成熟的国际化发展趋势。近年来，中国林业高校在国际合作领域也进行了非常积极的探索，但由于起步较晚，要想实现真正的国际化发展尚需制订更加长远的规划，采取更加有效的措施。

三、国际化是林业高等教育服务林业经济发展的必然选择

林业高等教育选择国际化发展有其时代的必然性。党的十八大以来，中共中央、国务院做出了“五位一体”和“四个全面”战略布局，提出创新、协调、绿色、开放、共享“五大新发展理念”，要求顺应全球化趋势统筹国际国内两个大局、两个市场、两种资源，构建全方位开放新格局，中国“一带一路”倡议、“走出去”等全球战略随之深入推进实施。党的十九大进一步确立了习近平新时代中国特色社会主义思想，将“坚持和平发展道路，推动构建人类命运共同体”作为重要使命，为全球生态环境治理、构建全球公平正义的新秩序贡献了中国智慧和中国方案，一系列决策部署为推进林业国际合作、全面深化林业对外开放指明了发展方向。

林业国际合作是落实中国全球战略、推进全球治理的重要手段，对于应对全球生态环境问题、实现全球可持续发展和减贫目标、服务于中国林业现代化建设和发展转型、提升中国林业行业国际影响力具有重要意义。今后一个时期，林业行业将根据党和国家的各项

重大决策部署，紧紧围绕中国全球战略和国家大局，积极参与全球生态环境治理，加强国际合作平台与机制建设，突出以“一带一路”为重点的战略合作，推动林业“走出去”战略深入实施，妥善处理林草热点敏感问题，应对气候变化等重大事件，做好特有物种国际合作，不断拓展林业援外工作，为服务于中国生态文明建设和林业现代化建设提供有力的支持。

实现以上发展目标，必须坚持以人才为本，把高等教育纳入林业国际合作工作的总体规划，努力培养造就更多更优秀的国际化人才。近年来，中国林业国际人才工作深入推进，人才队伍日益发展壮大，人才在国际合作事务中的作用日益凸显。但是也要看到，相对于新形势新任务，林业国际人才队伍的数量和质量、人才工作的发展水平，还不能充分满足需求。如何进一步加强和改进林业高等教育和人才培养体系国际化、更有效地推进人才队伍建设已成为当前的重要课题。同时，中国林业高等教育国际化发展滞后的现状，也要求中国林业高等教育必须尽快迎头赶上世界范围内的高等教育国际化发展趋势，从而全面提升自身的综合实力。因此，面对来自国内外高等教育领域的双重压力，中国林业高等教育若想在新时期高等教育领域占有一席之地，就必须要摆脱国际化发展落后的局面，实现自身办学的本土化、区域化与国际化相结合的发展态势，通过全面提升人才培养、学科发展、师资建设等方面的国际化水平，最终实现中国林业高等教育长期可持续的高水平发展，为国家不断培养高素质的林业人才，最终实现林业高水平、国际化发展。

第二节　研究意义

随着全球化的高速发展，不同国家、地区间高等教育活动的融合程度正在不断提高，高等教育国际化发展已成为当前高等教育发展的必然趋势。林业高等教育作为高等教育体系重要的组成部分，不仅要为林业和生态文明发展提供高水平的智力支撑，同时也肩负着推动林业长期可持续发展，为构建人类命运共同体提供高水平、国际化林业以及生态环境领域人力资源的重要使命。因此，林业高等教育的国际化发展在当前，乃至未来很长一段时期都具有十分重要的现实意义。

一、林业高等教育国际化发展战略研究的重要地位

中国林业高等教育国际化发展战略不是一个孤立的战略，它同时也是中国高等教育对外开放和林业高等教育的重要组成部分，在整体发展过程中占有重要的地位。

（一）林业高等教育国际化发展战略研究可以进一步丰富高等教育国际化发展战略研究体系

林业高等教育是高等教育系统的重要组成部分，不仅保证了一个国家高等教育学科专业体系的完整性，更为国家生态文明建设、林业发展、自然资源保护与开发等提供高水平的智力与技术支撑。在国际化进程中，高等教育整体的国际化为林业高等教育国际化提供了发展模式和路径的参考，对于林业高等教育国际化具有非常重要的带动作用，而林业高等教育国际化又能丰富高等教育国际化的内涵和形式，使高等教育国际化体系进一步得到完善，进而促进高等教育整体的国际化。

正是立足于这样的内在联系，笔者认识到林业高等教育国际化是高等教育整体国际化，乃至林业对外开放过程中不可或缺的一部分，只有积极推进林业高等教育国际化发展，才能为新时期林业高等教育的可持续发展争取更多外部空间和资源，才能为中国林业不断推进对外开放提供有力的智力和科技支撑，进而为中国林业走向世界创造更多机遇，打通更多渠道。

（二）林业高等教育国际化发展战略研究有助于中国林业高等教育的健康发展

2018 年 12 月，中国林业教育学会发布的《新林科共识》指出，林业高等教育必须构建主动适应国家生态文明建设需求、与新时代林业功能新定位相符的涉林学科和专业新体系，通过结构功能调整和改革创新，重点解决林科人才培养和专业学科建设与国家需求不相适应的突出问题。新时期林业高等教育建设内容涉及人才培养理念创新、林科教育模式创新、专业与学科体系结构优化、人才培养质量评价等诸多内容。要顺应国际林业发展趋势，立足中国国情，遵循现代学科交叉融合的内在规律，借鉴国际林学学科建设经验，统筹把握山水林田湖草生命共同体综合治理理念，坚持学科、专业一体化，构建起能够满足国民经济社会发展和生态文明建设双重需求的新林科教育体系。而林业高等教育国际化发展对于林业高等教育整体发展来说，显然是一种重要的措施和手段，是实现新林科教育系统化、现代化、国际化和可持续发展的重要途径。国际化本身并不是林业高等教育发展的终极目标，而是建设新林科教育的必经之路，是服务于整体战略的具体战略。因此，在制定林业高等教育国际化发展具体措施和政策时，必须时刻牢记这一战略属性和地位，一切为了林业高等教育整体战略的实施服务，一切为了实现新林科教育这个终极目标服务。

二、林业高等教育国际化发展战略研究的理论意义

根据现有研究资料，国内对于高等教育国际化研究的关注程度很高，但是对于林业高等教育国际化的研究却凤毛麟角，相关的研究尚未引起学术界的充分重视。本研究借鉴采用了目前较为主流的高等教育国际化研究理论体系，对中国林业高等教育国际化发展内在要素进行整体的梳理分析。在此基础上，采用统计描述、线性回归、层次分析等方法对林业高等教育国际化发展参与主体的认知情况进行具有代表性的统计学研究，并以研究结论作为重要参考依据，采用 SWOT 矩阵法对中国林业高等教育国际化发展存的优势、劣势、机遇与挑战进行分析，从而确定中国林业高等教育国际化发展战略的框架体系和重点内容。

本研究在现有高等教育国际化理论研究的基础上，探索构建了专门针对林业高等教育国际化的理论研究体系，将数量统计、SWOT 分析法等应用于林业高等教育国际化发展研究，使相关的主观认知研究和客观现状分析具备系统直观的量化数据支撑，相关研究结果更加充实可信，在努力构建科学完整的林业高等教育国际化发展研究理论体系的同时，进一步丰富并完善了高等教育国际化的理论研究体系。

三、林业高等教育国际化发展战略研究的实践意义

为应对全球高等教育国际化发展所带来的全面挑战，以及国家林业对外开放、国家教育对外开放战略对林业人才国际化发展的需求，中国林业高等教育若想有效实现国际化发

展，就必须找到适合自身特点的国际化发展模式。本研究以客观统计数据和调查问卷分析结果为依据，运用高等教育国际化研究理论，较为全面地分析了中国林业高等教育国际化发展现状，厘清发展优势与短板，评估发展机遇与挑战。在此基础上，本研究结合林业高等教育自身特色，提出了“走出去”“引进来”与“多边合作”相结合，能力建设贯穿始终，配套政策加强保障的国际化发展战略体系。这一国际化发展战略体系的提出，不仅有助于国内广大涉林高校开展国际化发展，同时对于全面提高中国林业高等教育国际化水平，提升中国林业高等教育国际竞争力，进而服务中国林业“走出去”战略，积极推动构建人类命运共同体，建设绿色“一带一路”等都具有非常重要的现实意义。

第二章　现有研究评述

第一节　林业高等教育研究

林业高等教育是国家高等教育体系重要的组成部分，能够为一国林业及生态环境领域的持续发展提供高层次的人力保障和智力支持，与林业产业发展、自然环境保护、人与自然和谐共生等国家重大发展方针保持着密不可分的联系。随着林业在国计民生中发挥着越来越重要的作用，对于林业高等教育的研究也开始受到关注，国内外学者从不同角度对这一主题展开了研究。

一、国外研究现状

21 世纪伊始，随着联合国千年发展目标的提出，以及气候变化、全球变暖等全球生态问题日益受到关注，国外学界逐步开始将林业高等教育及其发展作为研究课题，开展了不同层面和程度的研究，希望通过实质性的探讨和分析发现林业高等教育现阶段存在的问题，找到应对策略并实现林业高等教育的长期健康发展。

Nick Brown 认为林学专业长期以来一直重视将理论知识应用于解决实际问题，但随着公众对环境及森林问题关注度的不断提高，公众对决策参与度的要求也越来越高，林业从业者不再仅仅专注于学术，而应该在错综复杂的政治环境下提出切实可行的解决方案。而林业从业者在这些方面的能力缺陷导致公众认为林业高等教育并没有提供职业发展所真正需要的能力。林业高校认为造成这一问题的原因是专业知识掌握不足，因此，不断加大林业课程的深度和广度。但是这种做法忽略了一个关键点——林业高等教育真正的问题在于过分依赖理论知识，而忽视了培养学生解决实际问题的能力。也许林学教育应该借鉴医学教育的模式，采取问题导向的教育模式，使学生能够真正掌握工作所需的专业技能[7]。

Cooper 认为英国及爱尔兰地区的林业组织对从业人员的专业素养要求越来越高，高校的林学院系也同样关注招收学生的专业素质水平，但是林学本科课程的注册生数量在 1996—2004 年几乎下降了一半，报考林业专业的学生数量也在不断减少[8]。这一现象在 Andreas Ottitsch 的研究中也得到了印证，他发现英国高校林业专业课程注册量的减少甚至引起了林业行业的普遍关注，这一观点也得到了他的同事 Leslie，Wilson 和 Starr 等人的研究结果的支持[9]。因此，部分英国学者认为应该重新认识林业高等教育的内涵，修正长久以来人们对于林业高等教育的认知。James Walmsley，Peter Savill 等人细致地研究了大学教授林学课程的整个环节，认为林学专业不像植物学或动物学那样是一个封闭的独立学科，而是像工程专业或医药专业那样的跨学科专业，包含了许多其他自然科学的元素，同时还涉及经济、社会、环境、工程、政治、商贸、管理等多个学科领域。因此，林学必须为学习者提供广泛的相关学科知识，这样不仅能丰富林学专业学生的知识储备，同时也能提升林学专业本身的吸引力，从而保证招生数量[10]。Ted Wilson 在此基础上进一步强调林学专业的课程应该不断提升多样性和灵活性，从而在与其他专业竞争的过程中脱颖而出[11]。

20 世纪 90 年代中期的美国林学本科生录取率出现了持续下滑，这一趋势一直持续到 21 世纪初，并引起了美国学界的关注。Terry L. Sharik 等人在 2004—2007 年针对林学专业高年级学生进行了跟踪调查，他们发现学生选择林学作为专业并从事这一领域的工作多数是出于对大自然和户外活动的热爱，然而较低的收入、就业机会减少以及林业的负面公众形象却导致报考林学专业的学生逐年减少。这一发现也同样能解释其他自然资源相关专业报考学生减少的现象[12]。Jerry L. Bettis、Colmore S. Christian 等人以阿拉巴马大学林学专业学生为研究对象，从全球视野、海外经历及文化多样性角度对学生的学习动机进行研究。他们发现具有全球视野和海外经历、认同文化多样性的林学专业学生往往在专业学习上也表现得更积极，思维更开阔，学习成绩也更好，这从另一个侧面表明了国际化对于林业高等教育的推动作用[13]。

在高等教育全球化、学生流动日益频繁、林业教育亟须满足社会需求的大背景下，Arevalo 等人研究了欧洲 14 个国家的林学专业研究生赴国外攻读学位的意愿。研究结果显示学生们具有很强的出国留学动机，同时留学目的也非常多样，其中最热门的研究领域分别是气候变化与固碳研究。学生对继续在国外攻读博士学位也表现出了很高的热情。这一研究发现对于加快建设国际化的林学专业教学体系，调整课程结构具有非常重要的参考价值[14]。Andersen 等人指出，为了满足欧盟地区现代信息社会的需求，林业高等教育必须进行转型，师生流动、跨学科以及创新教学方式都是必不可少的途径，同时要引入更多城市元素。他们以欧洲地区城市林业教育为研究对象，发现欧洲地区的城市林业专业正在受到越来越多的关注，这是由于与自然资源相关的高等教育正在变得越来越城市化。与其他传统自然资源类专业相比，城市林业虽然规模还相对较小，但是得益于其较高的师生比，城市林业的教学方法更加灵活多样——城市林业专业包含很多不同学科内容，并且试图将这些人文社科内容与自然科学完美地结合起来。同时，随着教育国际化的不断推进，教育机构间的国际合作也变得越来越迫切[15]。

二、国内研究现状

（一）林业高等教育的重要意义

国内学者主要从两个方向对林业高等教育的重要意义进行研究，一是林业高等教育如何对接生态文明建设等国家宏观发展战略和政策方针，另一方面是林业高等教育在外部政策环境的变化下如何发挥自身价值。

彭斌、周吉林认为高等林业院校作为林业高等教育的主体，在生态文明建设的新形势下，需要充分结合学科专业优势，围绕培育人才、科学研究、传承与创新文化和服务社会等功能，为国家生态文明建设和林业现代化建设提供更大的支持和贡献。林业高校应通过凸显生态特色、强化人才培养特色、努力构建特色学科体系、引进和培养并举、造就高层次人才队伍，协同创新提升科研水平等举措来实现内涵式发展道路[16]。陈文斌、黄青等人在其研究中提出林业高等教育要担当使命，以更加主动的姿态推进生态文明建设的发展，深化绿色发展的变革，培养高质量的人才队伍，适应和满足生态文明建设的需求，持续实行教育思想、教学内容、教学方式方法的改革和完善，促进学生全面发展。同时要强化相关科学研究和技术创新，为生态文明建设提供强大智力支撑，要为建设人与自然和谐发展的全面治理体系、人类社会的可持续发展、解决实际应用等现实问题贡献智慧。在培养人才的过程中，林业高校要通过搭建创新育人平台，开展项目资源与产品技术开发，实现成果利益共享等形式，加强高校与企业之间的联系，从而使林业高等教育的成果能够切实服务林业产业发展[17]。孙洪志、张春雷等人通过对东北林业大学林业学科现状进行分析，指出高等教育的发展为林业学科建设带来了机遇，但林业学科建设也面临着经费不足、优势特色学科创新平台建设需要进一步夯实、杰出学科领军人才队伍的建设有待加强、学科管理工作还需完善等挑战。因此，林业高等教育应开拓思路，面向林业经济发展和生态文明建设，确定林业学科的发展方向；优先推进林业学科的可持续发展；发挥优势，强化特色，推进林业学科的交叉与融合；加强林业学科教师梯队建设，培育学术领军人才；加强林业学科实验实践基地的建设；推进林业学科野外科研站点的建设，从而更好地服务于林业行业的发展和生态文明建设[18]。

对于林业高等教育的社会服务、产业推动以及国际合作功能，国内一些学者也进行了探索式的研究。徐新洲、薛建辉等人认为当前高等教育的协同创新是新时期全面提升中国高等教育质量的重要战略举措，林业高校作为生态文明研究的领航者，要坚持行业特色，面向生态文明和美丽中国建设的重大创新需求，加强高校与科研机构、企业、地方的协同创新，深化机制体制改革，为建设创新型国家输送优秀人才，服务国家和地区的可持续发展[19]。万志兵、方乐金在其研究中指出，林业产业是国民经济的重要组成部分，随着林业产业的快速发展以及生态公益效能成为培育和经营森林的主要目的，林业高等教育也面临着新的要求。林业行业发展趋势影响中国林业高等教育未来改革的方向，促进林业可持续发展是林业人才培养的根本理念。林业高等教育要适应林业可持续发展要求，立足于培养全面发展的创新型人才，为中国林业发展做出贡献[20]。任建武、段红祥等人认为林业发展与建设“健康中国”密不可分，林业高等院校应积极回应社会需求，把握机遇，找准全民健康与林业产业转型升级的契合点，利用自身在人才培养、科技创新、文化传播等方面的优势，投身大健康产业，从森林康养等方面提供社会服务，同时以服务社会促进自身的发展，在建设“健康中国”的道路上做生态文明的传播者、健康环境的建设者、健康生活的倡导者和健康产业的直接参与者[21]。全国高校思想政治工作会议明确了国际交流合作是高校的第五大职能，也是党和国家赋予高等教育新的重大使命，而共建绿色“一带一路”为林业高等教育国际合作开辟了新的方向，田阳在其研究中分析了林业高等教育国际合作在共建绿色“一带一路”背景下面临的机遇与挑战，提出了林业高等教育国际合作支撑服务绿色“一带一路”建设的发展路径，即坚持教育创新、绿色发展的林业高等教育合作理念；厘清共建绿色“一带一路”林业高等教育合作的重点领域；探索多元主体协同创新、深度融合的合作新机制[22]。

（二）林业高等教育人才培养体系建设

高校的首要职能就是人才培养，国内一些学者对于林业高校的人才培养体系建设进行了宏观尺度的分析研究，更多的学者则从本科和研究生两个不同层次对林业高等教育的人才培养体系建设进行了深入剖析。

安勇和李晓灿认为高校应该回归教学这一根本，提高教学水平的起点和关键都在本科教育。他们以东北林业大学为例，指出林业高校应紧紧围绕“育人”这一核心任务，始终将全面提高人才培养能力作为学校教育教学工作的中心，并将其贯穿于学校改革发展的始终，彰显先进教育理念，牢固树立人才培养的中心地位，打造高素质师资队伍，提高人才培养核心竞争力，最终培养出高水平、高素质的林业建设人才[23]。李梅以森林文化教育在林学本科人才培养中的功能为切入点，强调了森林文化是以人类与森林和谐共存为指导思想和研究对象的文化体系，是反映人类与森林关系的文化现象的总成，是林学教育不可或缺的组成内容。她指出，随着林业发展战略的调整，林学本科人才培养应由理论技术为目标转向以理论技术与生态素养并举为目标，因此应加强森林文化教育，充分发挥其启迪学生热爱森林、培植生态文明理念、强化学生的生态伦理观、增强践行生态文明的能力等功能[24]。张鑫、郭梦娇以林业本科专业的大类招生和培养模式为研究对象，重点探讨了农林类院校大类招生培养模式对于学生学业发展产生的影响以及在此种模式下如何更好地开展学生思想政治教育与管理工作，并提出5点建议：①完善农林类高校大类招生方案，尝试模块式教学以提升不同阶段教与学的匹配度；②加强对学生的专业兴趣引导与职业生涯规划，充分发挥以班主任、辅导员为主的学业引导作用；③注重林业后备人才培养，充分发挥学生干部、辅导员的作用，促进班级建设；④科学化帮扶困难学生，避免过分关注，尝试“榜样引领、朋辈护航”的高效帮扶模式；⑤深化“大类招生”教育实践改革，促进实效，摸清“通才”与“专才”教育的联系与差异[25]。

乜晓燕针对林业高等教育本科实践教学存在的问题提出了若干改革策略。她认为：①必须重视实践教学在林业人才培养中的特殊地位和作用，充分认识到实践教学改革的紧迫性；②要在理论研究的基础上，构建完善的实践教学体系；③统筹规划，加强实验室建设；④改革实验室管理体制，整合实验教学内容；⑤立足行业和学科，加强校内外实践教学基地建设；⑥注重实践教学的质量监控；⑦加强实践教学指导教师队伍建设，改革教学评价机制。通过这些改革举措才能让实践教学在林业人才的培养过程中发挥其应有的重要作用[26]。

何志祥和祝海波在其研究中分析了当前时期林业院校硕士研究生素质教育的重要性以及课程体系改革的紧迫性和必要性，并对如何改革和优化课程体系提出了主要的途径与方法：①要牢固把握林业发展新趋势，主动适应林业发展的需要，以高质量和高综合素质为培养目标，改革现有课程体系；②结合林业经济的特点，开设一些为林业经济服务的实践性课程，为培养林业院校硕士研究生服务地方与区域经济的实践能力打下良好的基础；③妥善处理专业知识数量与质量的关系，构建有利于培养硕士研究生创新和创业能力的知识结构体系；④利用课程实验、实习和科研以及产学研等环节培养良好的科学道德；⑤营造和谐的学术氛围，培养林业院校硕士研究生的创新意识和创新能力[27]。吴海波、张志华以西南林业大学为研究对象，分析了林科类研究生教育面临的挑战与存在的问题，并针对这些问题与挑战提出了创新举措，包括推行研究生招生机制改革，积极探索有效途径吸引优秀生源；规范研究生培养流程，强化过程管理，确保培养质量；注重研究生综合素质和研究生创新能力的培养；加强学位授予环节的管理，确保论文质量；健全组织机构，推进管理科学化和信息化；加强学科建设，提高研究生科研和学术水平等[28]。

林学专业硕士是林业高等教育为适应林业发展和高等教育改革而催生出的产物，是林业高等教育改革过程中出现的一种新的研究生培养模式，一些学者针对林学专业硕士培养这一主题也进行了不同层次的研究。毕华兴基于自身人才培养实践，从课程设置、教学方式、实践教学、导师配置和专业学位论文要求等方面，对中国全日制林业硕士专业学位研究生培养的现状及特点进行了总结。他指出中国全日制林业硕士专业学位研究生培养存在课程设置缺乏针对性、职业导向不明显、研究方向过于综合、导师配置模式不合理、学位论文（设计）标准有待进一步完善等问题。针对这些问题，他提出了相应的解决对策，如优化课程体系的模块化设计、丰富实践教学方式、创新师资队伍建设、制定林业硕士专业学位论文（设计）的具体标准并完善相关要求等。通过这些举措不断提升林业硕士专业学位研究生的培养质量，为建设美丽中国做出更大贡献[29]。章轶斐等人以北京林业大学为例，针对林业专业硕士培养体系的建设提出了若干建议：①根据社会需求确立培养目标；②加强林业专业硕士招生的宣传工作；③完善课程体系；④创新课程内容；⑤采取专题讲座的授课形式；⑥实行双导师制；⑦实行“产学研”联合培养；⑧建立完善的管理体制[30]。张林平、刘苑秋等人认为实践教学是林业专业硕士培养的关键环节，实践教学基地建设对专业学位研究生培养目标的实现、教育质量和就业质量的提升以及相关企业科技水平和产品质量的提高都具有重要意义。他们以江西农业大学为研究对象，针对林业专业硕士实践教学模式及基地建设实践中面临的实践教学模式的改革进程缓慢、缺乏有效的实践教学基地建设合作机制和质量评估体系等问题，提出了相应的应对策略，包括加快林业专业硕士实践教学模式的改革和优化；制定林业专业硕士实践教学基地建设的扶持政策；建立林业专业硕士实践教学基地管理机构，完善基地建设合作机制；建立林业专业硕士实践教学基地建设的考核评价体系等[31]。

（三）林业高等教育学科体系建设

学科体系建设作为林业高等教育长期发展的重要支撑，一直是林业高等教育和林业高校发展的核心环节。国内一些学者针对如何在“双一流”大背景下做好林业学科建设以及某些主要林业学科的规划和发展进行了探索性研究。

詹卉等人以西南林业大学为例，利用 SWOT 分析法研判了西南林业大学在一流学科发展过程中存在的优劣势、机遇与挑战等，并以此为延伸，提出了林业学科在开展“双一流”建设过程中应关注的六方面对策，即突出自身特色、努力建设一流师资队伍、培养拔尖创新人才、搭建高水平学术科研平台、着力推进科技成果技术转移、加强林业软科学研究等[32]。聂丽萍、刘宏文等人认为建设世界一流大学和一流学科是新时期提高中国高等教育发展水平的重大战略举措，是高等学校特别是行业特色型高校的发展机遇。他们基于农林“双一流”建设高校和建设学科情况的统计，剖析了农林高校“双一流”建设中存在的问题：行业优势逐步削弱、综合性大学在农林领域势头强劲、学科设置同质化现象严重、学科建设支撑条件薄弱、学术大师匮乏及社会声誉需要提升等。针对这些问题提出了高等农林院校加强“双一流”建设的对策：①要正确把握“双一流”建设基本原则；②要进一步凝练学科方向，与国家重大战略需求精准对接；③要进一步合理定位，特色发展，构建良好的学科生态体系；④要建立高等农林院校命运共同体，推动农林行业的整体发展；⑤要构建科学合理的“双一流”评价体系[33]。

庞燕和王忠伟以中南林业科技大学为研究对象，在总结林业工程学科发展沿革的基础上，剖析了林业工程学科专业人才培养中的主要问题，包括人才培养目标定位不够清晰、人才培养课程体系不合理、实践教学环节流于形式、人才培养与产业发展脱节、不同层次人才培养没有形成体系等。针对这些问题，他们提出了森林工程学科人才培养机制的创新路径：①构建不同层次人才培养的纵向一体化模式；②构建人才培养模式的横向一体化模式；③创新课程体系；④创新教学方式与评价机制，通过创新人才培养机制，培养适应产业发展需要的创新型复合人才，从而更好地适应产业发展的需要[34]。马中青、孙伟圣等人认为当前中国高等教育发展面临如何进一步优化专业结构、凸显专业特色、适应产业机构发展的新常态，对人才培养提出了新的要求。他们以浙江农林大学林业工程类专业为研究对象，提出“产业链、专业链、学业链”三链融合的教育理念，构建“同轴多芯”林业工程类专业体系，建设“同心多角”的林业工程类专业课程体系，推进“同维多核”的产学研协同培养体系的改革，最终实现学生学业水平、学科专业建设以及高效服务产业能力的显著提升[35]。周吉林、翟华敏等人以南京林业大学为研究对象，对当前中国林业工程专业人才培养的现状进行了分析，从现有培养方案难以适应行业需求的变化、实践教学环节薄弱两个方面指出中国现行的林业工程专业人才培养体制和机制是与企业需求脱节的。他们以校企合作为切入点，提出提升卓越林业工程师培养质量的措施，包括建立政府主导的校企合作管理体系，增强校企合作的动力；建立林业工程“产学研”发展体系，促进校企合作的双赢；强化校企的深度结合，共同制定林业工程专业人才培养标准；以企业联合培养为突破口，对人才培养模式进行全方位的改革，构建校企深度合作的“3+1”人才培养模式和以培养标准为指导的课程体系，制定以企业培养方案为指导的完整的实践实习计划，培养“双师型”和“生产型”教师队伍[36]。胡增辉、冷平生等认为城市林业建设的迅速发展为城市林业专业发展提出了新的要求，为了适应社会发展，城市林业专业应该制定符合社会需求和专业要求的培养目标，建立相应的课程体系，加强学生实践能力和创新能力的培养，提高学生的科研素养，培养高素质的复合应用型人才[37]。

沈月琴、徐秀英等人认为林业经济管理类课程是高等农林院校的传统专业特色课程，在农林经济管理、林学等相关专业教育中具有重要地位，随着现代林业的发展和人才需求的转型，其环境系统发生了变化，传统的课程体系、教学内容、方法等已经不能适应新的需求。他们针对这一现状提出了林业经济管理类课程教学改革的主要举措，包括以学生为主体的参与式教学方法、以创新思维培养为目标的探究式教学方法、以师生互动为特色的现代化教学手段等，希望通过在课程体系、教学内容、教学手段与方法等方面的改革与探索，不断提升林业经济管理学科的教学成效[38]。米锋在其研究中指出，伴随着高等教育的国际化趋势，国际合作办学已经成为高等教育国际化发展的必然选择。农林经济管理专业开展国际合作办学，有利于将国外优质教育资源引入国内，有利于加强高素质农林经济管理人才的培养和农林经济管理学科师资队伍的建设，并特别强调在开展合作办学过程中要重视中外师生互动、中外学生互动、中外信息互动[39]。贺超、刘靖雯在对农林经济管理专业本科毕业生就业问题及对策研究的背景、国内外有关农林经济管理专业本科毕业生就业问题及对策研究的情况等进行总结的基础上，针对农林经济管理专业本科毕业生“就业难”的现象，对农林经济管理专业本科毕业生“悖林”就业现象进行了理论分析。得出的结论是，中国农林经济管理专业本科毕业生的就业去向以党政机关和非农林企业为主，专业对口就业意愿偏低，就业地域偏向一线城市和其他大中城市；而且农林牧渔行业的实际薪酬与学生的期望值差距较大。这一现状主要是受社会结构多元化和独立化的发展特点、人力资本在传统农林业与其他行业之间存在的边际产出差异、经济社会在各行业和不同区域的非平衡发展路径、专业人才培养的供求总量失衡等多重因素的影响。因此要改善中国农林经济管理专业本科毕业生的就业状况，应调整和优化专业发展定位，实施大类招生，优化实践教学内容，强化实践教学环节，根据学生意愿丰富培养模式，增强人才培养的灵活性等[40]。

（四）林业高等教育特色发展

除了林业高等教育人才培养、学科建设等领域的研究，国内学者还针对林业高校的特色发展进行了探索性研究。

李芳、张为民认为林业高等教育是中国高等教育体系的重要组成部分，在林业经济发展和生态环境建设中发挥着重要作用。随着高等教育管理体制的改革，如何发挥行业优势和保持办学特色成为林业高等院校面临的新课题。他们指出了林业高等教育面临的尚未完全树立“科教兴林、教育为本”的战略思想、尚未形成完整的学科体系、专业和课程设置单一、实践教学环节薄弱、师资队伍结构不尽合理、缺乏大师级领军人物、与林业主管部门间的联系减少、优质生源短缺、毕业生就业难度大等问题。针对这些问题提出了若干解决策略，包括树立以教育为本的思想，实施科教兴林战略；找准科学定位，明确发展目标；强化行业特色，保持学科优势；优化师资队伍结构，增强办学实力；注重实践教学，坚持特色办学；加强与行业主管部门的共建，促进行业特色型高校创新发展等[41]。周统建在其研究中强调办学特色是大学生存与发展的内在动力，具有独特性、稳定性和发展性等多个特点。加强林业高等院校办学特色建设是林业高等院校适应国家经济社会发展的需要，是适应中国高等教育发展的需要，是林业高等院校提升核心竞争力的需要。要加强林业高等院校办学特色，必须重点抓住几方面的工作：塑造有林业特色的大学精神，建设有林业特色的学科，培育有林业特色的科研，构建有林业特色的人才培养模式[42]。

第二节　高等教育国际化研究

一、国外研究现状

相较于国内学界对于高等教育国际化的研究情况，国外学者对高等教育国际化的研究起步时间更早、理论程度更深，也更具推广性，这得益于西方高等教育的悠久历史和成熟的国际化体系。国外研究者更多关注高等教育国际化的有关概念内涵、理论框架、策略机制和发展路径等较为抽象的概念，通过将这些概念从高等教育国际化实践过程中抽离出来，进行分类研究，得出更具代表性的理论结论，转而更好地指导高等教育的国际化发展。

（一）高等教育国际化内涵研究

对于高等教育国际化的内涵研究，早期的研究者主要以美国学者为主，他们最初是从国际教育的角度来定义高等教育国际化。莫瑞斯·哈拉里（Maurice Harari）认为国际教育不仅应该包含课程对接、学分互认、学者与学生的国际交流、教育合作项目、培训及管理服务等，还应包括有区别的观点、态度、全球化意识和超越机构界限并形成风气的导向和维度。根据斯库尔曼（Schoolman）的观点，高等教育国际化是发生在知识和实践国际背景下的正在运作的、反霸权的国际化过程，这一过程蕴含着一个综合的、多面性的行动计划，这一行动计划涵盖了高等教育的所有方面[43]。斯蒂芬·阿鲁姆（Stephen Arum）和杰克·沃特（Jack Walter）则认为国际教育是指包括国际学习、国际教育交换以及技术合作在内的多种多样的活动、项目和服务[44]。

随着高等教育国际化研究的逐步发展和推广，更加广义宏观的关于高等教育国际化内涵的观点不断涌现。欧洲国际教育协会将高等教育国际化定义为一种“涉及高等教育全过程，并使得高等教育从具有较为明显的国家性逐步发展到具有更强的国际性。根据联合国教育、科学及文化组织（以下简称联合国教科文组织）国际大学联合会的有关会议文件内容，高等教育国际化被认为是将不同国家和不同文化的观点、氛围与大学的教学、科研、社会服务等主要功能相互结合的包罗万象的过程。在这一过程中，既有自上而下的学校外部变化，也有自下而上的学校内部变化。

同时，美国以外的研究者们也针对高等教育国际化的内涵逐步提出了各具特色的观点。高等教育国际化理论研究的鼻祖，加拿大学者简·奈特认为高等教育国际化是把国际维度或跨文化维度整合到大学的教学、科研和社会服务功能之中的过程。她将高等教育国际化视作一个完整的动态体系，而不是一系列孤立的单独活动[45]。在此基础上，范·德·温蒂（Van der Wende）指出以机构为基础的定义有局限性，因此，提出了一个更加宽泛的定义，他认为高等教育国际化是所有能使高等教育为适应社会、经济和劳动力全球化做出反应的系统的努力[46]。

随着研究的深入，简·奈特不断修正自己的观点，她认为高等教育国际化需要从国家或行政职能部门以及机构层面来加以理解。她进而提出高等教育国际化是一种将跨文化或全球化的维度整合到高等教育全过程的连锁活动。这一定义适用于广泛的背景，并且适用于全球范围内跨国界、跨地区的比较研究，因此得到了学术界的广泛认同。

（二）高等教育国际化理论研究

1. 简·奈特的动因理论 高等教育采取国际化发展举措的最根本原因是受到相应动机的驱使，这种动机可能来自内部或外部、政策制度、经济文化等与高等教育发展有关的方方面面，而正是这种动机构成了高等教育国际化发展动机理论的核心内容。对动机进行系统梳理对于研究高等教育国际化发展具有非常深刻的重要意义，研究这些动机有助于了解政府或高校关注国际化的原因、可能采取的举措或措施、可能取得哪些预期结果以及面临哪些潜在风险。

当代高等教育国际化研究的动因理论体系以加拿大著名高等教育国际化研究学者简·

奈特的分析体系最为流行，该体系为世界范围内研究高等教育国际化发展提供了有效的指导。她认为，“如果国际化没有一套清晰的动机体系，没有一系列目标和配套政策、计划、监测、评估体系的话，它将是对数量巨大、情况驳杂的各种国际性机会的碎片式、临时性的简单回应。”[47]

经过研究，简·奈特于1997年提出了高等教育动因理论，根据该理论，高等教育国际化共分为4个维度，涵盖19个具体动因。4个维度包括政治、社会文化、经济和学术。通过将相关动因归类分析，形成了系统清晰的国际化动因体系（表2-1）。

表2-1　高等教育国际化动因理论（初期形态）

维度	动　因
政治	（1）对外政策 （2）国家安全 （3）技术援助 （4）和平与相互理解 （5）国家认同 （6）地区认同
经济	（7）经济增长与竞争 （8）劳动力市场 （9）财政动机
社会文化	（10）国家文化认同 （11）文化间相互理解 （12）公民身份发展 （13）社会和社区团体发展
学术	（14）扩展学术视野 （15）院校建设 （16）形象与地位 （17）提高质量 （18）国际学术标准 （19）科研与教学的国际化维度

随着研究的进一步深入，以及实证事例的不断累积，简·奈特发现按照之前这种分类体系，有些动因的界限会彼此不分、相互重叠，使研究效果不明显。因此，简·奈特在已有理论基础上将所有动因要素进一步整合，使得新的动因维度凝练为两个，即国家层面和院校层面，两个维度共包含11个动因。国家层面包括人力资源发展、战略联盟、商业贸易、国家建设、社会文化的发展与相互理解；院校层面包括教学质量提高、国际形象与声誉、学生和教职工的发展、经济创收、科研与知识产品、战略联盟。这两个维度11个要素构成了高等教育国际化动因理论的最终形态（表2-2），使得基于高等教育国际化的主题来研究国际化的驱动因素成为可能，进一步揭示了不同主体的利益取向决定了其不同的动因。

表 2-2　高等教育国际化动因理论（最终形态）

维度	动　因
国家层面	（1）人力资源发展 （2）战略联盟 （3）商业贸易 （4）国家建设 （5）社会文化的发展与相互理解
院校层面	（6）教学质量提高 （7）国际形象与声誉 （8）学生和教职工的发展 （9）经济创收 （10）科研与知识产品 （11）战略联盟

2. 阿特巴赫的"中心与边缘"理论　在简·奈特研究体系的基础上，美国学者菲利普·阿特巴赫对高等教育国际化进行了进一步深入分析，对研究范畴进行了重新定义——中心与边缘。阿特巴赫在研究高等教育国际化的概念、要素、动因的同时，把着眼点更多地放在研究"中心"与"边缘"的相互关系上。根据阿特巴赫的研究理论，高等教育国际化的中心与边缘具有如下博弈关系。

（1）国际层面：发达国家与发展中国家之间的关系。发达国家无论在政治、经济、科技、人力资源等方面都远超发展中国家，而且很多发展中国家都曾经是发达国家的殖民地，与其宗主国有着或多或少的联系，在高等教育领域也很大程度上受到发达国家的影响。阿特巴赫在《中心与边缘的大学》（*The University as Center and Periphery*）中指出，高等教育的发展存在着不平衡性，包括美国在内的发达国家与欠发达国家之间存在着中心与边缘的不平等地位[48]。美国的高等教育水平较高，是高等教育的中心地区，成为其他国家向往的对象，其国际化的推进使得他国的高素质人才纷纷向往美国，造成了边缘地区的人才匮乏愈发严重，这就形成了"中心与边缘"理论在国际层面的最典型表现。

（2）地区层面：地区边缘国家与地区中心国家之间的关系。经过第二次世界大战之后几十年的发展，世界各地区的少数国家在政治、经济、教育上逐渐崛起，成为本地区的教育中心。如非洲的南非、南美洲的巴西等国均已成为该地区的高等教育中心，无论在学术成就上还是人才引进上都是本地区的佼佼者，这些国家在高等教育领域的成就不仅使其自身的高等教育国际化与本地区其他国家拉开距离，也从另一个侧面成为带动本地区高等教育国际化的重要力量。

（3）国家层面：国家内部高水平大学与一般大学之间的关系。每个国家内部的大学高等教育国际化程度也是千差万别的。高水平大学吸引国内外最顶尖的人才，形成最具创新活力的学术团队，推动学校自身包括国际化在内的整体发展，而其他一般甚至低水平大学只能紧跟高水平大学的脚步亦步亦趋，其国际化水平也因为政策扶持、资金供给、学术科研平台等多方面因素受到限制，发展空间相对狭小。

（4）学科层面：较弱学科与较强学科之间的关系。学术界有着严格的层级分类，形成了中心与边缘的强大体系。这种学术等级可以是国内的，也可以是国际的。较强的学科领域掌握着国内或者国际上最先进的知识和技术，得到国内或国际上该领域其他学者的追随，成为国际学科领域的精英，进而与其他弱势学科在国际化程度上拉开差距[49]。

以上四个层面的中心与边缘关系就构成了阿特巴赫“中心与边缘”理论的完整体系。阿特巴赫的研究理论虽然一定程度上受到了简・奈特理论的启发，但是二者的区别是，简・奈特研究的重点是高等教育国际化的动因，是主观因素，而阿特巴赫关注的角度是高等教育国际化不同范畴之间的关系，是客观现象。如果将二者主客观因素加以合理整合，相信对于如何更好地解决高等教育国际化面临的问题将起到积极作用，同时为高等教育国际化提出较为可行的解决策略。

（三）高等教育国际化策略研究

不同水平、不同类别的高校在开展教育国际化实践的过程中，其国际化内容与程度也不尽相同。在不断加速的全球经济一体化和国际教育服务市场竞争激烈的背景下，高等教育的国际化发展也成为全球高校的必然选择和不得不认真对待的严肃课题，因此，关于如何更有效开展高等教育国际化的研究不能仅仅停留在理论研究层面，而要从发展教育国际化的策略层面着手。

简・奈特基于其动因理论体系，进一步深入开展了高等教育国际化发展的策略研究，并形成了一套比较全面的策略框架体系。这一体系的结构与内容如表 2－3 所示，着重从学术和组织层面梳理了高等教育国际化发展的策略内容，尝试分析了与策略形成有关的国家和院校层面的理念、价值观等因素[50]。

表 2－3　高等教育国际化发展策略框架

学术层面	
学术交流	外国语教育 交换生项目 留学生教育 地区及国别研究 海外实习与实践 合作办学及联合培养 涉外培训 教职工交流项目 访问学者
学术及科研合作	联合科研项目 国际会议 合作发表文章 国际合作研究协议 研究交流项目 学术及其他领域的国际研究合作伙伴

（续）

学术层面	
外部伙伴建设	教育国际化发展援助项目 海外分校 以合同为基础的培训、科研项目与服务 海外校友项目
课外活动	学生俱乐部或社团 国际与跨文化的校园活动（暑期学校等）
组织层面	
组织管理	学校高层领导的明确承诺 全体教职员工的积极参与 国际化动因与目标机构
实施运行	学校整体的发展规划、预算和质量评估制度 合理有效的组织架构 沟通、联络与协调机制 集中和分散推进国际化的平衡体系 合理的资源分配制度
配套支持	充足的财政支持 学校硬件设施（包括教育教学设施、学生生活设施、校园网络建设等） 学校软件设施（包括教学安排、课程开发、教职员工培训、科研服务、学生服务等）
人力资源开发	海外专家人才的招聘体系 教师与工作人员的奖励与晋升政策 教师与专业人员的职业发展项目 海外选派人才机制

简·奈特这一高等教育国际化策略体系从高校内部建设和外部合作开发的角度勾勒出高等教育国际化发展的策略框架，已经成为国外众多研究者和研究机构的参照标准，并且能够指导如何将研究成果应用在高等教育国际化领域，制定更加有效合理的策略。在简·奈特的策略体系基础上，国外其他学者又不断地对高等教育国际化发展策略进行细分或从不同角度对高等教育国际化策略进行分析研究，力求全面完整地探索高等教育国际化发展策略体系，以寻求到最优的发展策略。

内夫（Neave）最早提出了大学国际化活动的组织结构策略。他曾经将不同类型的大学作为比较研究对象，通过对众多研究对象的国际合作情况进行个案调查，他总结出了“任务分解、策略规划和管理”模型。在这一模型框架下，他将高等教育国际化的组织结构策略细分成两种模式——“中心”模式和“非中心”模式，许多后续研究者衍生出来的高等教育国际化组织结构模型也都是基于该模型构建的基本构架[51]。

与内夫的观点不同，范·德·温蒂（Van der Wende）把高等教育国际化比作一种高等教育创新工具。她认为把创新理论应用到国际化过程中，有助于人们更深入地了解高等教育国际化，同时能够更加准确地评估有关国际化策略是否对高等教育机构产生了作用[52]。基于这一理念，她将高等教育国际化发展策略分成4种类型，分别是普及型、闭锁型、重新社会化型和终止型，同时建议不同类型的大学可根据自身发展现状及未来发展诉求，选择适合自己的国际化发展策略类型。

约翰·戴维斯（John Davies）也对高等教育国际化发展策略进行了归类，但与温蒂的分类角度有所不同，他以国际化策略对大学发展的意义和重要性作为分类的原则，并据此将高等教育国际化策略分成了两个维度：第一个维度指的是国际化策略所涉及的范围，即国际化策略从一种特定的单一制度化发展到一种高度系统化的制度化的过程；第二个维度是国际化策略的意义，即大学对国际化进行何种定位，是将其作为边缘策略还是中心策略。基于以上两个维度，戴维斯将要素进行了组合，构建了一个包含4个象限的坐标系，分别是“特定的-中心的”“特定的-边缘的”“系统的-边缘的”“系统的-中心的”[53]。

以上几位研究者的观点基本上构成了当代高等教育国际化发展策略研究的主体框架，除此之外，还有一些研究者结合具体国家高校的实际情况分析研究了各具特色的国际化发展策略。例如，拉米·阿尤比（Rami Ayoubi）根据英国高等教育统计数据，对英国123所大学进行了分析，建立了一个“国际行动-国际任务”的矩阵，并将研究对象分成了“国际化赢家组”“国际化行动组”“国际化演说组”和“国际化失败组”[54]。另外，尤维·勃兰登堡（Uwe Brandenburg）通过研究德国主要的国立大学，将高等教育国际化策略分为三种基本类型：机构策略性计划、规划文件性计划以及内部单位性计划[55]。

（四）高等教育国际化发展路径研究

国外学者基于简·奈特的高等教育国际化理论和策略框架，逐步推演出了更具实践意义和前瞻价值的高等教育国际化路径分析框架。鲁兹基（Romuald E. J. Rudzki）针对英国一些商学院开展了一系列实证研究之后，以行为主体的主动性和被动性为切入点，针对高等院校国际化发展路径构建了理论分析模型[56]。他认为大学在发展到一定阶段以后，被动的发展模式会逐步调整为主动的发展模式。这两种模型比较详细地将高等教育国际化发展进程中可能遇到的问题和应对措施进行了阐述，从而有利于为高等教育国际化发展指明方向。

在这一模型的被动阶段（表2-4），高校可能因为自身发展需要或外部因素，被迫开展对外交流与合作。在这一过程中，大学会通过签署机构间协议，形成内部相关管理体系而使国际化发展趋于规范化，并使领导层对各项活动拥有掌控力。相应地，在开展活动的过程中，管理层与教职员工之间会出现对于国际化发展理念上的分歧，甚至是冲突矛盾，导致大学不得不重新审视自身国际化发展路径的合理性，而这将导致两个方向的结果，一个是使大学推倒旧有模式，形成新的更加合理有效的国际化发展方针，使其国际化朝着更加健康的方向发展，而另一个结果就是因为发展路线选择的错误，导致大学国际化发展朝着倒退甚至是毁灭的方向发展。

表 2-4　高等教育国际化发展被动阶段模型

步　骤	活　动
步骤一：联系	国内学术科研人员与国外学者通过各种渠道建立联系，从事相关合作工作，因缺乏政策框架支撑而导致活动受到限制，进而造成交流活动缺乏目的性和持续性
步骤二：规范化	组织机构间通过签署协议，使交流活动规范化，但在这一环节可被利用的资源仍然是不确定的
步骤三：中央调控	管理层开始关注交流活动并对其进行管理，使交流活动及其成果呈现有序发展
步骤四：矛盾冲突	管理层与员工之间在国际化发展理念上产生分歧，导致高校重新定位自身国际化发展路径，使国际化发展走向岔路口
步骤五：成熟或衰退	国际化发展在抉择阶段向两个方向发展：进一步走向成熟和逐渐走向消亡

经历了冲突与矛盾之后，最终选择正确的发展路径的大学，即进入主动发展阶段（表 2-5）。从这时开始，大学将充分意识到国际化发展的含义和所承担的责任，并对自身不同时期的发展定位和战略进行系统分析，对自身发展中面临的挑战与问题及解决措施进行探讨。经过充分分析讨论之后，大学将据此做出最终选择，将战略规划与校方和教职员工的利益结合起来，并在实践中加以执行。在推进各项国际化发展措施过程中，大学将重新定义国际化发展概念，均衡合理地分配各项资源，并对国际化发展成果进行绩效评估，在评估结果基础上重新分析自身在国际化发展过程中的不足之处，调整发展战略举措，选择新的更优的发展路径，经过反复磨合最终形成“分析—选择—实施—评估—重新选择”的良性循环[57]。

表 2-5　高等教育国际化发展主动阶段模型

步　骤	活　动
步骤一：战略分析	在意识到国际化发展的含义和重要价值后，高校开始对自身的发展战略进行重新定位，对自身面临的选择以及采取哪种国际化发展模式开始进行思考，并对现有活动进行国际化评估，开展教职员工的考核，对大学国际化进行效益分析
步骤二：决策选择	经过分析之后，高校在制定国际化发展战略时将员工与组织自身的利益结合起来，并且落实各方面配套资源，确保政策的有效执行
步骤三：具体实施	根据国际化发展战略，开始逐步落实各项措施
步骤四：绩效评估	经过一段时间的实践，高校开始对自身国际化发展成果进行评价
步骤五：重新选择	根据评价情况，高校重新修正自身国际化发展战略，从而更好地进行国际化发展活动，在这一过程中将返回本模型的步骤一，进而形成国际化发展的良性循环

与前文提到的约翰·戴维斯通过象限来分类国际化发展策略相类似，荷兰研究者迪克（Hans Van Dijk）和梅杰（Kees Meijer）从大学国际化的政策、支持和实施 3 个维度设计了总共 8 个区域的高等教育国际化发展立方体模型。其中，政策维度分为边缘和中心，用来衡量大学国际化政策方面的重要程度；支持维度分为单方面的和互动式的，用来衡量大学对国际化活动的支持形式；实施维度分为特定和系统两种形式，用来衡

量大学国际化应采取何种具体手段。根据模型框架（表 2－6）所示，处于立方体区域 1 中的大学，其教育国际化处于刚刚起步阶段，而位于立方体区域 8 的大学，其教育国际化已经高度发达，位于立方体区域 2～7 的高校则介于 1 和 8 之间，存在着不同程度的发展优势和短板[58]。

迪克和梅杰经过分析研究，提出了 3 种适合不同类型大学国际化发展的路径，使大学能够根据自身特点和具体情况选择最适合自己的发展路径。

发展路径一：1—2—6—8，这种发展路径适合高等教育国际化发展的起步者，这类高校的国际化发展首先需要其领导层对自身国际化发展战略经过深入思考，并且大学本身具备完善的组织架构能够支撑更高层次的国际化发展。

发展路径二：1—5—6—8，这种发展路径适合具有较强国际化发展意愿的高校，对于自身国际化发展具有比较明确的定位和思考，且政策导向对其自身发展具有主导作用。

发展路径三：1—5—7—8，这种发展路径适合处于快速发展阶段且对外部环境能够做出迅速反应的大学，它们可以结合不同的内外环境，在不同层面开展丰富多样的国际化活动。

表 2－6　高等教育国际化发展立方体模型

立方体区域	政策	支持	实施
1	边缘	单方面的	特定的
2	边缘	单方面的	系统的
3	边缘	互动式的	特定的
4	边缘	互动式的	系统的
5	中心	单方面的	特定的
6	中心	单方面的	系统的
7	中心	互动式的	特定的
8	中心	互动式的	系统的

通过梳理国外学者对于高等教育国际化发展的内涵、理论体系、发展策略和发展路径的研究情况不难看出，得益于较早的起步时间、丰富的研究案例素材以及长期深入广泛的比较研究，国外对于高等教育国际化的研究具有很广泛的研究范围，也更具理论性且更体系化，无论对我国的高等教育国际化研究还是开展相关方面的实践都有较强的指导和借鉴价值，如果能将国外的研究成果与国内高等教育国际化发展的实际情况进行合理的有机结合，相信可以在很大程度上对我国高等教育国际化发展起到积极的促进作用。

二、国内研究现状

相较于国外高等教育国际化研究起步早、成果多的情况，中国高等教育国际化研究则起步很晚，最初出现在 20 世纪 90 年代后期，在进入 21 世纪之后才逐渐涌现一批成果。在感知到经济全球化逐步成为世界发展趋势后，高等教育国际化也开始成为国内研究者们的关注的新领域。在全球化背景下，高等教育的本质属性要求高等教育实现国际化发展，全球化的发展背景对于高等教育领域的影响也要求其实现国际化发展。高等教育的本土化发展同时也要兼顾不同国家多样化的传统文化和具体国情。众多国内学者结合我国高等教育发展实际情况，以更加切合实际需要的实证研究为出发点，在认清高等教育国际化的重要意义之后，主要从发展轨迹、发展过程中面临的现实问题与应对策略、未来发展战略等角度对中国高等教育国际化进行了研究。

（一）中国高等教育国际化的发展历程

闫嵘以历史研究的角度，从春秋战国时期的“私学”开始梳理中国高等教育可追溯的历史脉络，通过发现整理不同历史阶段中国高等教育对外交流过程中的成功经验和问题挫折，从而探索如何以史为鉴，更好地指导中国现代高等教育国际化。根据其研究结论，中国高等教育国际化是一个连续不断的、持续发展的历史过程，但这一历程的发展轨迹并非是一条平坦的直线。中国的教育对外交流有过盛唐时期的辉煌灿烂，也曾经蒙受过殖民统治的屈辱打压。在中华人民共和国成立伊始，早期苏联高等教育体制确实帮助中国迅速建立起符合现代意义以及国家发展需要的高等教育体制，但是，由于受到当时东西方阵营意识形态的影响以及后期种种原因，中国高等教育国际化发展思维受到了严重束缚，使中国高等教育未能紧跟时代发展步伐。然而，改革开放之后的高等教育政策又给中国高等教育打开了新的发展局面。由于国际化是一个连贯的历史过程，因此，如果要对中国高等教育国际化进行系统研究，既不能抛开中国高等教育发展的整个历史，只就某一个阶段孤立地来看待，也不能单就国际化发展的某一个方面来研究[59]。

杨敏、夏冬杰等认为，中国高等教育对于国外教材的引进情况可以折射出中国高等教育国际化所经历的发展历程。他们试图从教材引进的历程着手分析中国高等教育发展历程中的政治文化因素，并尝试揭示这些因素对中国高等教育国际化所产生的影响[60]。研究这些政治文化因素对中国高等教育国际化的影响，可以帮助研究者发现中国高等教育国际化发展的一些规律性要素，如高等教育的发展目标，高等教育国际化发展方向、宗旨、目的，甚至国际化发展领导权的归属。

李珩认为，对于中国高等教育国际化的研究必须基于具体国情和社会发展的历史背景。中国高等教育国际化发展一直存在单纯输入和趋同化的思维定式，应该构建放弃与继承相结合的高等教育国际化体系，形成重视民族化与国际化并举的发展策略，放弃国外高等教育理念、制度和模式中不适合中国国情的内容，同时也要摒弃中国高等教育体系中落后的东西[61]。在主动吸纳国外先进理念、模式的同时，也积极向外界传播有中国特色的高等教育体系，从而形成输入与输出并存的双向国际化体系。

（二）中国高等教育国际化的意义

针对某一领域开展研究，最根本的原因在于开展这样的研究具有理论或者实践意义，或者二者兼而有之。目前，国内研究者对于高等教育国际化的意义的研究主要集中在两个方面：一是体现高等学府的职能所在。比如，陈昌贵提出的高校应强化“国际合作”职能，他认为国际交流合作应当成为大学在教学、科研和服务以外的另一项基本职能，这是大学在21世纪应当扮演的角色和承担的责任[62]。同时，大学的国际化并非是单向的，它在促进社会、经济、科技发展的同时，必然也会推动高等教育和大学本身的发展，这也就是高等教育国际化的第二层意义——满足高等学府的自身发展。王文在其研究中指出，真理和知识是跨越国界、跨越种族的，科学的发展以及构建新的全球性知识体系，只有在世界各国的专业精英们相互交流、相互学习、相互沟通、相互借鉴的过程中，才能共同研究提出解决问题的办法，这就要求现代大学必须要实现国际化发展[63]。

对于高等教育国际化的意义这一较为主观的概念，不同的学者会有不同的见解，但是被所有国内研究者所共同接受的概念是，高等教育国际化是当前中国高等教育发展的必然选择，也是不可阻挡的必然趋势。在这一过程中，不仅要在国家层面形成科学合理的总体规划，制定切实可行的政策制度，构建充实有力的保障体系，更重要的是要让高校清楚地认识到当今世界高等教育的发展形势和未来发展趋势，使其自身形成国际化发展的自主意识，让国际化发展成为高校由内而外的迫切需求。无论高校采取何种国际化发展形势，只要符合自身实际，定位清晰准确，措施切实可行，最终都将殊途同归，从根本上形成高等教育国际化发展的良性循环。

（三）中国高等教育国际化面临的问题与应对方案

进入 21 世纪以后，特别是加入世界贸易组织（WTO）之后，中国在教育服务领域做出了一系列承诺，中国高等教育国际化进程进一步加快，但在这一高速发展过程中也浮现出很多问题，国内不少学者对此进行了研究。

蔡映辉认为中国高等教育在面向世界、获得发展的同时，也不可避免地产生了一些消极现象。这主要表现在大量高层次人才外流，我国高等教育在国际化过程中常常被排斥在国际知识体系的外围，以及出现“文化殖民”的倾向，即高等教育的“崇洋媚外”。造成以上 3 方面问题的主要原因包括我国高等教育体制本身尚须完善，高等教育质量参差不齐以及在开展高等教育过程中产生的一种不自信心理。关于如何有效地解决这些高等教育国际化过程中显现的问题，蔡映辉提出了 5 点建议：①在高等教育现代化背景下开展高等教育国际化建设，即在做好高等教育现代化建设的前提下，扎实推进高等教育国际化建设；②进一步提高高等教育政策的科学性，充分发挥政策集中决策的作用，在高等教育国际化中发挥政府的引导作用；③扩大高校办学自主权，结合自身特点，合理并及时地调整人才培养模式，利用自身资源与国际其他高校进行人员和学术交流；④提高科学研究与人才培养的水平与质量，建设若干所世界一流大学，建立起高等教育自主创新的知识产权体系，从而与发达国家进行更高层次的平等交流；⑤正确处理国际化与民族化的关系，在兼收并蓄、去粗存精的过程中走向世界[64]。

肖红梅、钟贞山对中国高等教育国际化的内涵进行了深入探讨，认为中国的高等教育国际化是指高等教育资源、教育制度、教育理论参与跨区域的交流与合作，使中国高等教育的服务功能和教育成果具有国际竞争能力，并被世界认同的过程和趋势。在这一过程中，中国高等教育国际化也存在着一些问题，如高等教育国际化有赖于社会经济文化的协调发展，中国高等教育的学位学历体制尚需进一步与国际接轨，中国高等教育理念的差异和相对封闭的教育模式为中国高等教育国际化造成了无形阻碍，专业结构和课程设置缺乏国际通用性，中国高等教育国际化制度保障不足等。针对这些不足和问题，肖红梅、钟贞山提出了中国高等教育国际化的路径选择：①解放思想，树立国际化教育理念，通过采取“走出去”和“引进来”相结合的对外开放战略来指导中国高等教育国际化发展，树立全球化背景下的高等教育国际化发展理念；②正确理智地处理高等教育国际化与高等教育本土化的辩证关系，将国际的、跨文化的高等教育理念融入中国高等教育国际化进程中，使其保留本土化优秀基因的同时，吸取来自世界各地的高等教育优质资源；③大力推进课程和教学方法的国际化，开发具有国际取向的课程，并在实际教学中加以采用，以实现培养学生在国际背景下开展活动的目标；④通过人员互动交流的国际化，推动师资和人才培养的国际化；⑤深化国际合作与交流，提高国内大学的国际影响力[65]。

高等教育国际化在促进中国高等教育对外交流合作的同时，也将使更多的国外教育资源进入中国教育市场，使本国高等教育机构面临前所未有的冲击与挑战。郭勤从市场竞争的角度出发，认为高等教育的国际化将使中国高校面临国际市场的竞争，这些竞争表现在生源和师资的争夺、毕业生就业大战、教育质量和效益竞争、学生对教学内容和方法要求更高等方面。这些竞争将使中国传统高等教育办学体制、教育模式和人才培养目标面临严峻挑战。同时，伴随着大量国外教育资源进入中国高等教育市场，中国高等教育主权也面临挑战，尚处在发展阶段的高等教育信息化和远程高等教育也面临很大冲击。此外，高等人才外流以及高等教育品牌竞争也是随之而来要面临的严峻考验。为了应对这些问题与挑战，郭勤提出了4个高等教育国际化发展思路：①树立正确的高等教育国际化观念；②尽快制定中国高等教育国际化发展战略；③借鉴产业化经营思路来推进中国高等教育国际化；④加大自主创新力度以增强中国高等教育竞争力[66]。

袁圣军和符伟从经济和教育的角度入手，分析了中国高等教育在当前经济结构转型时期所面临的挑战。从经济角度来看，调整产业结构，大力发展低碳环保和高附加值的新能源、新材料、新型生物技术和信息技术是中国当前经济社会可持续发展的关键任务，而这一系列的科技创新和经济升级离不开高素质的创造型人才，这必然要求中国高等教育做出相应的变革以适应经济社会发展的需要。同时，为了满足日益庞大的外向型经济发展需求，中国高等院校必须培养大批具有国际意识、理解国际准则和跨文化的复合型人才。而在日趋全球化的教育服务贸易市场上，由于发达国家所长期处于的优势地位以及中国高等教育自身存在的种种问题，中国高等教育也长期处于贸易逆差的处境。从教育层面来看，中国现阶段的高等教育无论是培养目标还是课程设置以及教学方法都远远不能适应全球化背景下中国经济发展的需要，而且由于中国教育体制与西方国家在宏观、微观上都存在较大差别，导致中国学生的学分和学位尚不能完全得到西方教育体系的认可，这些都是中国高等教育国际化面临的自身结构性问题。针对以上经济和教育两个层面的问题，袁圣军和符伟提出了一系列解决对策：①树立国际化的教育理念，制定并实施国家高等教育国际化战略计划；②加大政府财政支持力度保证高等教育国际化相关政策的落实；③进一步加强世界一流大学建设，提升中国高等教育质量，鼓励高校积极参与国际教育市场的竞争、交流与合作；④签署政府间学生交流协议，推动国际学历学位互认；⑤加大文化教育对外宣传力度，扩大在华留学生规模，打造留学中国品牌；⑥加大公派出国支持力度，鼓励高层次人才海外深造，并为学成归国人员提供回国服务的有利条件；⑦在全球范围内大力度推广汉语，完善汉语水平考试（HSK）制度；⑧加强与周边国家的教育交流与合作，建立区域性高等教育区和合作组织[67]。

张书祥通过在高校长期参与国际交流与合作工作，结合自身工作实践，对高等教育国际化发展问题有了较为深刻的体会，对于中国当前高等教育国际化存在问题归纳总结为三个方面：对国际化认识不足、国际化发展不平衡、中外交流不对称。而要想解决这三方面存在的问题，应该遵循国际化与民族化相结合、引进来与走出去相结合、追求数量与提高质量相结合、院系布点与学校铺面相结合的原则。在“四结合”原则基础上，能够切实推动中国高等教育国际化发展的措施包括树立高等教育国际化理念，构建国际化课程体系，扩大留学生培养规模，加大对外合作办学力度，推进对外汉语教学工作，建设适应国际化要求的师资队伍，加强高校外事管理队伍的建设[68]。

第三节　高等教育国际化发展战略研究

一、国外研究现状

如前文所述，国外学界对高等教育国际化的研究起步较早，亦具有更大的深度和广度，为将理论成果应用于高等教育国际化发展实践创造了良好条件，但并没有研究者专门针对高等教育国际化发展战略进行具体研究，这可能是由于国外特别是发达国家对于高等教育国际化的研究体系已经相当成熟，可以将其相关成果直接应用于国家制定高等教育国际化发展战略，因此没有过多必要对此进行专门的研究。这与中国的情况有所不同，因高等教育国际化研究起步较晚，而又要在短时期内缩短与世界高等教育在国际化发展方面的差距，因此需要尽快将理论研究与实践活动相结合。

与此相对应的是，国内一些学者开始有侧重地关注其他国家教育国际化发展战略的情况，并对此进行了一些初步的探索性研究。如时晨晨的《澳大利亚“新科伦坡计划”政策及其实施效果探析》[69]、徐瑾劼的《美国国际教育发展战略 2012—2016》[70]、李晓述的《加拿大国际教育战略介评》[71]、索长清的《加拿大国际教育战略的出台背景、行动框架及现实困境》[72]、张欣亮的《〈爱尔兰国际教育战略 2016—2020〉述评》[73]、呙小明等人的《新加坡高等教育国际化战略及其对我国地方高校的启示》[74]等文章。这些国内学者的研究对于国外教育国际化发展战略进行了初步的梳理和总结，对于在国内开展高等教育国际化发展战略研究具有较好的参考价值和借鉴作用，同时，也给国内开展高等教育国际化发展战略研究提供了一定的方向指引作用。

二、国内研究现状

认识到高等教育国际化发展的重要性和迫切性之后，中共中央、国务院在 2010 年发布的《国家中长期教育改革和发展规划纲要（2010—2020 年）》（以下简称《纲要》）第一次全面系统地把高等教育国际化确定为国际教育的发展战略之一。《纲要》以提高教育质量，增强中国各类人才国际竞争力为根本目标，提出了一系列教育国际化的建设目标和任务，为中国在 2020 年之前的高等教育国际化发展构建了发展思路和框架，也必将对中国高等教育的发展产生十分积极和深远的影响。

《纲要》对于中国高等教育国际化发展战略的主要目标、路径、措施等方面的规划是比较全面完整的，当前的主要工作是落实好细节方面，根据不同目标制定行动方案、工作计划，合理配置相应的人力、物力、资金的配套资源，确保纲要所提及的各项目标能够稳妥落实。结合《纲要》的有关内容，国内一些学者重新审视了中国高等教育国际化发展方向，对中国高等教育国际化的发展战略进行了不同角度的研究。

深入剖析高等教育国际化服务发展趋势之后，以高等教育国际化服务发展为研究重点的学者温雪梅，尝试以高等教育国际化服务为出发点形成研究理论，并以此为依据为高等教育国际化寻找研究路径。根据她的观点，中国高等教育国际化发展应着眼于长远规划，在经济全球化，特别是加入世界贸易组织之后这一大的历史背景下，应该从政策法规顶层设计的角度，以制度保障为抓手为中国高等教育国际化发展保驾护航[75]。

通过回溯改革开放以来中国高等教育国际化发展历程，同时将中国高等教育国际化发展特点与欧美等主要发达国家进行比较，仇鸿伟对中国高等教育国际化发展方向提出了四点发展战略思考。首先要目标一致，殊途同归。政府通过政策引导、资源配置对高等教育国际化发展方向和深度、广度进行宏观调控，同时调动大学的积极性和创造性，把高等教育国际化变成高校的主动诉求，结合自身实际情况有所侧重地开展国际化建设，形成既有大学自身特色，又符合国家教育战略的发展局面。其次要分类指导，因校制宜。应该根据国内各高校的实际情况形成各自现实可行的国际化发展思路，规划国际化发展步骤，形成符合中国高校的国际化发展之道。再次要立足本土，转益多师。高等教育国际化不是欧美的国际教育，不是单单面向发达国家的国际化，而是面向全世界的国际化，努力理解吸收全人类所有的先进文明成果。最后要融入世界，贡献智慧。中国的高等教育国际化发展战略不仅要以教育发达国家的大学作为学习标杆，同时也要为世界范围内的高等教育国际化贡献力量，将中国已经取得的丰硕的物质和精神财富，通过有效的途径贡献给全世界[76]。

结合国家关于扩大教育开放、加强国际交流与合作、引进优质教育资源、提高交流合作水平的指导方针，季舒鸿针对高校国际化发展战略提出了四条路径。首先，明确国际化办学的目的，强化教育的国际竞争和国际合作意识，从目标诉求的单一性到多元化，对国际化目标进行梳理、分解，明确实现目标的基本路径，从高校战略规划与管理的高度，形成国际化的长效机制，应对国际化的挑战。其次，在技术层面上继续扩大合作成效，在已有合作领域的基础上进一步拓宽合作领域，提高合作交流的综合效益，拓展人员交流深度和广度，使学生、教师、管理人员全方位的交流向纵深发展。再次，建立国际化成果评价机制，在国家、区域层面建立与国际接轨的质量认证制度，同时在高校层面从综合效益评价角度出发，建立符合实际的评价指标，并以此对国际化发展起到指导作用。最后，从国际化出发，推进高校教学改革，改革落后的教学观念、教学模式和教学内容，调整和优化学科专业结构，对教师进行国际视野和国际交往能力的培养，着眼于国际市场的人才需求变化趋势，适应经济全球化对中国人才供给结构的要求培养国际型人才[77]。

邢文英，陈艳春等人认为，在经济全球化背景下，中国的高等教育国际化已成必然。在实现国际化过程中，应以建设国际化高等教育体系为导向，推动教育机构和人员的国际交流，实施“走出去”的国际化战略。首先，要明确“走出去”的国际化战略，尽快融入国际化教育体系中，各类高校应把国际化作为自身发展的关键，制定明确的以“走出去”为导向的国际化发展战略，在参与国际化教育活动中，只有尽早做好规划，提前安排才会在国际教育竞争中占有一席之地。其次，要采取各种措施推进高等教育国际化进程，具体措施可包含开办一批国际化教育的实验学校和国际交流机构，通过国内政策的支持，大力开发在中国境内的国际教育市场；谋求多层次的合作办学，各高校结合自身实际情况，根据国家政策，以灵活多样的形式与国际上同级别的高校进行不同层次的合作办学；开展骨干教师的国际交流与合作，增强海外教育经验和阅历；鼓励在校师生积极参加国际学术会议，真正达到国际互动交流。最后，要依托“走出去”战略，兼顾“引进”与“输出”，探索具有本国特色的国际化道路。“引进”与“输出”是高等教育国际化的两个方面，目前的高等教育对外交流主要以借鉴引进外来先进经验为主，而中国高等教育在修炼好自身内功后走出去也是一个重要方面，高等教育国际化的目的除了努力培养国际化人才之外，另一个重要目的是让中国的文化走出国门，面向世界，更好地向世界展现中国文化的魅力[78]。

与国外研究者对于理论研究的关注程度较高有所不同，国内学者对于高等教育国际化的研究更多地是以现有较为成熟的研究理论体系为框架基础，根据当前高等教育国际化研究的最新成果和趋势，结合我国高等教育国际化发展实际与国内高校的发展情况，从不同角度进行相关的实证研究。以这样的形式开展研究，优点在于能够在短时间内抓住个别问题，有针对性地各个击破，使研究成果更加具体可行，这对于正处在起步阶段的高等教育国际化发展来说确实很有实践价值。但是从长远角度来看，如果研究只停留在发现问题解决问题的层面，而不是从表面问题延伸到内在症结，那么这样的研究只能是被动地寻求解决方案，而不能主动地发现问题导向和事物发展的趋势。

国内学界对于高等教育国际化的研究可以说已取得了一定程度的阶段性进展，而对于林业高等教育国际化的研究，虽有个别学者有所涉及，但相比于高等教育国际化研究的整体关注度仍属凤毛麟角。然而，在我国大力加快可持续发展，发展绿色经济，特别是十九大报告中提出了建设美丽中国，对生态文明建设提出新要求的大背景下，林业高等人才的国际化也面临着新的挑战和要求，这也对林业高等教育的国际化提出了要求。因此，对于林业高等教育国际化进行系统全面的研究，并将研究成果在相关领域和高校中进行推广，就成了中国林业高等教育国际化的重要课题。

第四节　林业高等教育国际化研究

根据前文对于高等教育国内外研究成果的评述可见，高等教育国际化已成为国内外研究的热点问题，国内外对于这一问题的研究成果为高等教育国际化问题的解决提供了一系列的理论、政策和策略基础，国外研究成果对于我国高等教育国际化也提供了很好的理论借鉴和经验指导。但是，专门针对林业高等教育国际化发展的研究目前在国内外均尚未形成体系，现有研究多呈现零散分布的形势。

一、国外研究现状

国外对林业高等教育开展研究的学者们更倾向于通过案例分析或比较研究来剖析本国或国家与地区间林业高等教育面临的问题、存在的差异等，并试图通过这些比较分析找到确保林业高等教育能够保持较长时期的可持续发展的解决方案。

莱斯利（Leslie）等人将英国本土的林业高等教育作为研究对象，并在其研究中指出，英国的林业高等教育招生人数在21世纪初期出现了持续下降，这一现象使英国民众对林业高等教育的未来和高素质林业专业人才产生了普遍担忧[79]。对于这一趋势究竟是周期性往复出现还是由于人们对林业教育渐失兴趣而产生的不可逆结果，研究者尚无定论，但可以肯定的是，这一结果是多方面因素造成的——英国本国的教育体制问题、英国林业工业在21世纪发生的产业调整、高等教育市场开放和国际化发展带来的冲击以及英国国内经济社会文化等方面的因素。研究过程虽对林业高等教育国际化这一主题有所触及，但也只是浅尝辄止，没有进行全面分析，不过从“他山之石，可以攻玉”的角度来看，对于我国开展林业高等教育国际化研究也有一定的启示和借鉴作用。

阿瑞瓦罗（Arevalo）等人则将研究视角直接对准林业高校学生。他们采访了来自巴西、中国和芬兰的584名林学专业本科生，试图从学生视角来解读“专业技能与一般技能哪个更重要？毕业后更想从事哪类工作？毕业后是否继续攻读硕士学位？”等问题。研究过程中充分考虑了性别、年级以及兴趣等影响因素，并对不同学校和不同年级的反馈数据进行了比较分析。结果显示，不同国家的林学专业学生均对野外实践经验给予高度重视，而且绝大多数受访学生希望在毕业后从事环境保护或森林经营类工作，部分巴西和芬兰受访学生希望从事林业产业类工作，部分中国学生希望从事科研类工作。除了这些共性的研究结论，其他个性化的受访反馈主要源自不同国家的文化背景、教育体制以及不同高校的专业课程设置等因素[80]。

约翰·斯宾塞（Spence John R.）等人在地区林业高等教育国际化研究方面迈出了新的步伐。他们以“全球可持续森林发展——泛大西洋教育项目”（TRANSFOR）作为案例依托，将项目内的四所加拿大高校（阿尔伯塔大学、不列颠哥伦比亚大学、新布伦瑞克大学、多伦多大学）和欧洲四所大学（德国弗莱堡大学、芬兰约恩苏大学、瑞典农业大学以及英国班戈大学）作为研究对象，分析该项目如何通过校际或国际实习项目、暑期实践、短期游学等形式影响林业专业学生的学习效果。研究表明，参加该项目的学生由于经历了不同国家和地区的林业高等教育体系，不仅接触到了与以往完全不同的林业学习内容和实践活动，同时对于森林生态和林业管理也有了国际化的认知视角，这对于他们今后成为国际化的林业管理人才将起到至关重要的作用[81]。

这些国外学者从不同角度，以不同方法对不同国家和地区的林业高等教育存在的问题进行了不同深度的分析，并试图找出这些问题背后的原因。在这一过程中他们也不同程度地从国际化视角进行了分析，发现了国际化对于现代林业高等教育产生的深远影响，也意识到了林业高等教育国际化发展的必要性，但遗憾的是他们只是将国际化作为研究的一个方面或一个影响因素，并没有认识到国际化对于林业高等教育未来发展的重要意义，也就更谈不上对林业高等教育国际化发展提出战略构想。

除了国外学者对于林业高等教育的国际化研究外，一些林业教育组织也开展了与林业高等教育相关的调查研究，试图通过比较分析不同国家（经济体）和地区的林业高等教育数据，来发现世界范围内林业高等教育面临的共性和个性问题，并希望从国际化视角来为这些问题的解决寻求有益的切入点。

由北京林业大学、加拿大不列颠哥伦比亚大学、澳大利亚墨尔本大学、马来西亚普特拉大学、菲律宾大学等亚太地区主要林业院校组建的亚太地区林业教育协调机制在2017年发布了题为“变革世界中不断发展的林业教育”的调研报告[82]。该调研项目旨在通过调查问卷的形式，全面收集整理亚太地区林业教育相关数据，了解发展现状并分析未来发展潜力，力求尽量完整地归纳整个亚太地区林业高等教育发展成果及所经历的变化过程。项目通过分布在协调机制成员国的 24 个观测点，采集到了与林业高等教育相关的基础数据，开展项目以及未来建议规划等内容，同时针对林业高等教育未来发展战略规划建议、行动方案等内容征集了相关专家的意见。研究认为，林业高等教育对于开展森林可持续利用，进而应对人类活动造成的气候变化、森林退化、非法采伐等问题具有至关重要的意义。森林可以通过自身调节来应对环境变化，林业高等教育也应该随着世界林业环境的发展不断进行自我调整，在这一过程中需要通过国际合作来提升现代林业高等教育的质量和水平，通过交流项目、资金支持、在线课程等形式为广大林业高校学生提供更多高水平的教育资源，从而进一步提升林业高等教育质量。同时，林业高等教育机构应当开展更加密切的合作，共同开发标准化教学大纲，开展合作科研项目，以此来提升本地区的林业行业水平。

作为目前唯一一个针对亚太地区林业高等教育情况开展的调研课题，该项目较为全面地梳理了本地区林业高等教育的现状和未来，构建了一个相对完整的庞大数据库，为后续的研究搭建了较为扎实的信息基础，同时也为进一步研究如何通过国际化发展来提升林业高等教育水平构建了有益的参考平台。研究虽没有系统地针对如何通过国际化发展来带动林业高等教育整体发展展开讨论，但在研究报告的分析部分已经从不同侧面探讨了国际合作对于现代林业高等教育发展的重要意义，而且该研究的出发点本身就是站在整个亚太地区林业可持续发展的角度，这也就使得该研究的立意有了先天的国际化属性，因此，对于后续林业高等教育国际化发展研究有了重要的参考价值。

国际林业研究机构联合会（IUFRO）与国际林业学生联合会（IFSA）在 2017 年 9 月对外发布了“全球林业教育总览——试点研究报告”[83]。该研究旨在形成一份针对全球林业教育现状的研究政策性报告，研究主要面向大学层面的林业教育，研究目标包括分析林业专业毕业生所需要的实际工作能力，针对专业课程设置与工作实践所需技能开展全面的能力差距分析等。研究以行为事件访谈（behavioral event interview）的形式对来自中国、美国、南非共和国、奥地利、芬兰、墨西哥、瑞典、伊朗等多个具有代表性的国家和地区的 231 名林业专业学生进行调研访谈，了解他们对于在校期间的课程设置、专业技能培训和实践时长，以及常规能力培训对于择业和工作实践影响的认知。研究报告更多从林业专业设置和能力建设的角度开展调研，通过直接了解林业教育的直接受众——林业专业学生的反馈，来发现现存林业高等教育在课程设置、培养方向上存在的问题和欠缺，从而更好地改进现有林业高等教育体系，使学生能够真正学以致用，将教育与实践和行业发展更加紧密地结合在一起，但对于如何提升林业高等教育国际化水平，或者国际化对于林业高等教育具有何种推动作用，该研究并没有进行深入的剖析。

二、国内研究现状

相较于国外学界对于林业高等教育国际化的研究情况，国内研究仍处在初级萌芽阶段，并没有将林业高等教育国际化作为一个完整独立的研究对象来开展研究，研究的角度和内容也都是国际化发展的某一个侧面，甚至将农业和林业高等教育国际化作为共同研究对象进行研究。这些研究主要集中在农林业高等教育中外合作办学、欧美等发达国家林业高等教育与国内林业高等教育国际化比较研究、农林业高等教育留学生教育等领域以及农林院校本科生国际化研究等方面。这些虽然构成了我国林业高等教育国际化研究的不同侧面，但部分研究毕竟不能代替整体，因此尚不能为我国林业高等教育国际化提供系统的理论研究支撑。

（一）农林业高等教育中外合作办学问题研究

高等农林院校是高等教育的重要组成部分，高等教育国际化也给高等农林院校的发展带来新的机遇和挑战。我国高等农林院校也应确立国际化发展战略规划，积极采取应对措施，向世界一流同行院校学习借鉴。而在这一过程中，中外合作办学则是提升我国农林高等院校国际化办学水平的重要途径。

当前，国内学者对于农林高等院校中外合作办学的研究主要集中在合作办学的意义、存在问题及应对策略三方面。张强在《中外合作办学与高等农业院校的发展》中对农林院校中外合作办学的意义进行了阐述，他认为通过中外合作办学，高等农林院校能够吸引国外优质教育资源，培养国内师资团队，调整自身农林专业结构，优化课程设置，改善教学模式，升级课程设置，提高教学质量[84]。关于农林高校中外合作办学存在的问题和困难，赵庶吏认为农林院校因为特殊的专业背景，在中外合作办学中面临更多的困难和问题，如中外合作办学的专业设置存在先天不足，合作办学的师资难以达到国外合作伙伴的要求，合作办学课程设置为满足各方要求面临很大挑战，学生的外语水平满足不了国外合作伙伴的要求等[85]。从农林高校中外合作办学应对策略角度出发，黄雁鸿等人在其研究成果中指出，高等农林院校要进一步扩大对外合作交流的范围与领域，构建起管理模式一体化、专业和课程设置多元化、师资队伍优质化的中外合作办学模式[86]。

（二）西方国家林业高等教育国际化比较研究

西方国家的高等教育国际化程度普遍很高，这一特征在林业高等教育领域的体现也很明显。这些国家林业高等教育国际化起步较早，发展也很迅速，发展过程中取得的成果和经验对于我国林业高等教育国际化发展具有很好的借鉴作用。

刘勇在《世界林业教育发展趋势》中指出，当今世界环境问题很多已超越了国界，因此需要加强国际间的合作与交流，让未来的林业工作者了解世界，已成为林业教育的一项重要任务[87]。欧共体最早于 1987 年就制订了促进大学生交流的行动计划（ERASMUS），目的在于鼓励大学生到欧共体其他国家的高等教育机构学习 3～12 个月，在这期间取得的学分可以转回原就读院校加以认证，ERASMUS 对符合要求并愿意参加的学生提供一定的资助。在行动计划实施的第一年（1988—1989 年）就有大约 1.2 万名学生得到了资助，在行动计划之后的几年里，这一数字得到了迅速提升，这其中就包含一部分林业院校的学生，分布在欧洲 14 个国家的 20 所大学进行学习和交流。除此之外，为了加强各国林业院校学生间的交流，欧洲每年召开一次国际林业学生大会（IFSS），并在此基础上于 1990 年成立了国际林业学生联合会（International Forestry Students Association，IFSA），会员从最初的欧洲国家，扩展到非洲、亚洲、大洋洲、南美洲等地区。联合会的主要目的是加强各国林业学生在信息、观点及经验等方面的交流，并在一些国际会议上派出自己的观察员，以此来提升成员国林业高校学生的国际化水平。

区余端通过对加拿大林业高校研究生教育进行全面剖析，详细梳理了加拿大林业研究生教育的特点以及对我国林业研究生教育及其国际化发展的启示。他认为，森林的管理模式和利用方式的改变直接或间接地影响本国甚至全球的经济、社会和环境。因此，林业多学科、多部门渗透的特点日益突出，林业问题越来越需要依靠国际力量来协调和解决，这使得林业的国际合作空间日益扩大，林业教育也不例外。加拿大林业研究生教育在国际化方面相当成功，无论是课程设置、研究领域还是在合作机构方面都能从国际化教育的角度来考虑，同时其林业研究生教育在教学制度、学位制度方面也与国际惯例相符合，所以在学历、学位互认和学分转换方面都得到国际社会的广泛认同。加拿大国内主要林业院校如多伦多大学林学院的林业研究范围不仅包括加拿大本国林业，还着眼于世界林业，同国际社会不同的林业科研院所和国际组织有着密切的协作与往来[88]。此外，多伦多大学林业研究生教育的国际化还体现在课程设置上，例如，国际贸易、环境和可持续发展课程着重研究国际贸易、环境与可持续发展三者之间的关系；森林政策的发展及其问题研究课程涉及国际森林政策以及全球土地利用规划、气候变化、濒危物种立法等内容；森林生态系统经济学课程探讨了森林产品的国际贸易问题；森林管理个案研究分析课程涉及了国际林业方面的内容；森林可持续经营与认证课程在引导学生考虑问题时，不但立足于本土，还要与国际发展趋势和行业发展前景相联系。

王锦在对比研究了欧洲和澳大利亚林业高等教育国际合作情况之后认为，目前各国传统林业专业学生数量日益减少，主要原因是学生对于林业本身的理解不足，对毕业后就业前景期望值较低，以及来自非传统林业专业，如环境生态资源保护等专业的冲击等。除了加大宣传，正确引导学生报考专业，调整课程设置和教学模式以适应社会对相应人才的需求外，更应该加强林业高等教育的国际交流与合作，欧洲和澳大利亚在这方面都进行了有益的尝试。在 ERASMUS 项目框架下开展的欧洲林业硕士项目以及澳大利亚国家林业硕士项目具有四个主要共同点：①对合作伙伴院校数量进行严格控制，确保项目参与院校能够提供高质量的教育和科研资源；②各伙伴院校都有其特有的地缘特色，拥有独特的林地资源优势，使所开展的项目基本能够覆盖不同类型的林地；③所有项目均有共同构建的核心课程和教学计划，在核心课程基础上，各个项目院校还开设各自的特色专业课程，不仅体现项目的统一性，同时较好地兼容了个体性，满足学生的个性化发展需求；④为项目学生提供类型丰富的奖学金资助，鼓励和保障学生开展跨地区、跨国界的研究学习。基于以上研究结论，王锦建议我国林业高等教育在开展国际化发展过程中应首先整合国内林业教育资源，同时多渠道开展区域性合作，统筹国内外教育资源，在此基础上加强课程和科研能力建设，尽快实现与发达国家林业院校平等对话[89]。

（三）农林高校来华留学生教育研究

林业高等教育的国际化发展不仅是面向中国学生的教育内容的国际化，更是中国林业高等教育走向世界，向世界展现中国林业高等教育成果的过程。而留学生教育就是这一过程中非常重要的一个环节。徐宽乐以梳理我国留学生教育发展总体情况，同时与英国、美国、日本三国留学生教育策略进行横向比较为基础，从政府宏观层面和高校微观层面，对我国农林类高校来华留学生教育现状和存在问题进行了剖析。在政府宏观层面上，影响来华农林类高校留学生教育的问题主要有：对发展来华留学生教育的战略意义认识不清、来华留学生教育问责制度缺失、来华留学生教育管理体制落后等。在高校微观层面上，存在的主要问题包括教学管理问题、管理模式问题、管理投入问题。针对以上两个层面存在的问题，徐宽乐从政府层面和高校层面分别提出了策略建议：首先，政府宏观层面上，应该完善来华留学生管理法律法规，建立健全来华留学生奖学金制度，同时健全来华留学生管理工作体制。高校在微观层面上应该相应地明确培养目标、制定个性化培养计划，强调高校招生宣传的针对性和全方位性，以教学质量建设为教育管理核心，以强调管理的规范化、人性化为教育管理基础，突出服务工作的重要性，提高服务质量[90]。

（四）农林院校本科生教育国际化研究

高等教育国际化面向的一个重要群体就是本科生，张世泽、黄丽丽及江淑平以西北农林科技大学本科生教育国际化作为研究对象，将该校“本科生国际视野拓展计划”作为具体研究实例，并对项目执行情况和项目经验进行了阶段性理论总结，以期为我国农林高校培养创新型、国际化人才提供借鉴。西北农林科技大学通过与国外同行或相关领域院校开展“本科生国际视野拓展计划”这类国际交流项目，有效地增强了学生的国际意识，提高了学生的综合能力，从整体上提升了学生的职业规划能力；也提高了学生学习的积极性，在促进专业学习的同时也强化了学生的外语水平，进而强化了学生在择业时的国际竞争力。鉴于西北农林科技大学在本科生教育国际化方面的成功经验，他们建议国内农林类院校可以借鉴开展与之类似的本科生国际交流项目，在推动自身人才培养国际化发展的同时，也能够促进相关学科专业的国际化发展，从而全面带动国内农林院校本科生教育的国际化水平[91]。

从现有研究成果的整理情况可见，国内已经有学者开始认识到针对林业高等教育国际化开展研究的价值，也确实有了一些研究进展。但是，目前的研究都只是零散地分布在与林业高等教育相关的某一方面，如中外合作办学、留学生教育、本科生教育等，尚未上升到针对林业高等教育国际化的宏观研究，对于林业高等教育国际化的政策建议、发展策略、具体措施都没能形成具有指导意义的规划意见，只是片面地就事论事，针对现有问题被动单向地提出解决建议。

第五节　现有研究综合评述

随着全球化步伐的日益加速，高等教育作为一种特殊的教育资源也正呈现出越来越明显的国际化取向，特别是中国加入世界贸易组织以来，面对中国如此巨大的高等教育市场，众多学者都对中国高等教育国际化的研究充满了兴趣，加之国外学界一直对高等教育有较高的关注度，这些都为我国高等教育国际化相关问题提供了研究和策略基础。国外研究者已经比较成熟的高等教育国际化研究理论体系和实证研究观点对于我国高等教育国际化问题的研究提供了理论参考和经验借鉴，如果能将这些理论和经验与我国高等教育国际化发展的现状有机地结合起来，通过科学合理的研究方法加以研究，应该会对我国高等教育国际化未来的发展提供有益的策略建议和理论支撑。国内外已有的高等教育国际化研究成果对于研究中国林业高等教育国际化发展战略具有非常重要的参考作用和借鉴意义。

但也应该注意到，国内对于高等教育国际化的研究多集中在现状以及经验的描述性阐述，对于纵向与横向规律性和阶段性的发展缺乏系统归纳分析和总结，对于高等教育国际化发展所存在问题及其对策的研究视角过于狭窄，没有构建起比较完整的策略体系。此外，目前的高等教育国际化研究多数是基于宏观层面对我国高等教育国际化进行泛泛而谈，鲜有学者将关注点投向行业类高等教育的国际化发展，对于林业高等教育国际化的研究更是凤毛麟角。虽有个别针对林业高等教育国际化某一方面的研究论述，但也只是选取某一特定角度进行探索式研究，并没有对林业高等教育国际化发展进行整体性战略思考。而且，由于林业和农业高等教育彼此交叉，盘根错节，导致部分研究并没有将二者进行准确的区分，这使得研究内容缺乏创新性和针对性，也导致了研究成果缺乏现实的指导意义和对未来发展的预测性。

综上所述，可以对现有相关研究做出如下总结和评述：

（1）具备研究的理论条件和参考依据。国内外关于高等教育国际化较为丰富的研究成果构成了中国林业高等教育国际化研究的理论基础，虽然国内研究尚未达到国外关于高等教育国际化研究的成熟水平，但现有国内研究基本上都立足于本国国情，理论联系实际，具有较强的针对性和现实意义，因此，对于研究本国林业高等教育国际化发展是非常重要的理论依据。同时，由于农林高等教育之间较高的相似性，国内关于农业高等教育国际化以及农业对外开放战略的研究对于林业高等教育国际化的战略研究具有较好的参考价值，可以在开展林业高等教育国际化发展战略研究的过程中加以借鉴。

（2）林业高等教育国际化发展研究应提升系统性和体系性。从对现有研究进展的梳理情况可以看出，当前的研究多是以国际化发展的某一方面作为切入点，进行现象阐述、案例分析或者比较研究。研究者通过应用高等教育国际化的相关理论，结合林业高等教育自身的特点，确实提出了一些提升国际化发展水平的建议和想法，但由于研究的出发点并不是将林业高等教育国际化作为一个有机整体，没有考虑到国际化所涉及的各个方面自身的特性以及彼此之间的关联，因此提出的建议想法也都比较松散，只是针对林业高等教育国际化发展的某一方面，如研究生教育、合作办学等，既不能构成国际化发展战略的整体，也没有从全局角度考虑如何让国际化所涉及的各个方面有机地结合起来，在完成自身国际化的同时彼此促进，相辅相成，从而带动整个林业高等教育的国际化发展。

在当前国家大力推动教育对外开放，开展“双一流”建设的大背景下，高等教育国际化发展已经成为了不可逆转的历史潮流。林业高等教育作为高等教育一个重要的组成部分必然要紧跟时代步伐，抓住时代机遇，把握发展全局，提出符合自身特点的系统完整的国际化发展战略。仅仅针对某一方面的泛泛而谈终究只是管中窥豹，不能服务总体发展要求，因此要将现有研究进展加以整合重组，补充现有研究所大量缺失的内容，通过全面完整的分析阐述，最终使我国林业高等教育形成较为完整的国际化发展战略体系。

（3）林业高等教育国际化发展研究须进行提升。现有关于林业高等教育国际化的研究除了尚未形成体系之外，另一个问题是研究深度不够。如果想要从整体上提高林业高等教育国际化水平，使其能够跟上高等教育对外开放步伐，满足国家和社会发展对于林业高等教育对外开放的需求，就要从宏观整体的维度进行战略研究，而不应仅仅就事论事，发现一个问题解决一个问题。现有研究多是停留在高等教育国际化具体行为活动方面的探讨，如提升来华留学生教育质量、加强合作办学项目管理等方面。这些研究对国际化的战略意义认识程度还不够，也没有从正面积极地思考如何更好地开展国际化，有些研究的初衷甚至就是很被动的——因为某些方面的国际化出现了问题才开展相关研究。

鉴于此，本研究在现有国内外理论和实践研究基础上，通过统计数据、调查问卷等形式对现有我国林业高等教育国际化发展情况进行尽可能全面的梳理，并以此作为分析依据，发现林业高等教育国际化发展的弱点和短板，通过 SWOT 矩阵模型对林业高等教育国际化发展的优势、弱势、机遇和挑战进行组合，并最终确认林业高等教育国际化发展的战略重点，为林业高等教育国际化发展构建起比较完整的战略体系。

第三章　中国林业高等教育国际化发展成就、问题及对策

本章在总览世界林业高等教育国际化发展现状及其对中国林业高等教育的借鉴意义的基础上，对中国林业高等教育国际化发展现状和存在问题与挑战进行总结梳理，并以此作为后文理论分析的依据。

第一节　中国林业高等教育国际化发展现状

目前，全国共有涉林院校800余所。其中，北京林业大学、东北林业大学和西北农林科技大学3所高校为教育部直属管理，其余均隶属省区的教育部门或行业主管部门。为促进林业人才培养与国家林业事业发展需求紧密结合，国家林业和草原局采用与教育部、有关省人民政府合作共建的形式，支持林业高等教育发展。根据《中国林业统计年鉴》，2018—2019学年，全国各层次林科院校在校生合计588 474名，教职工30 500名，其中专任教师15 604名。近3年来，共计培养林科研究生1.8万人、本科生10万余人[92]。

根据亚太地区林业教育协调机制（AP-FECM）2016年所做调研数据统计，亚太地区超过190所高校开设了510余个涉林专业，涉及林业资源管理、生物多样性、自然保护等领域，涉林专业在校生超过124 000人。中国林业高等教育体量不仅在本地区位居首位，在全球范围内也是最大的林业高等教育主体。根据该调研数据，中国林业高等教育学生国际交流总量也占亚太地区首位，这不仅与中国政府对于生态文明建设和自然环境保护的高度重视有关，更与中国积极参与全球生态环境治理，构建人类命运共同体的发展方针相吻合[93]。

同时，中国林业高校的部分特色优势学科国际影响力也不断提升，共有植物学与动物学、环境与生态学等6个学科领域进入ESI学科排名前1%，涉及北京林业大学、西北农林科技大学、东北林业大学、中国林业科学研究院、福建农林大学等涉林高校和科研单位。林业高校也积极实施国际化发展战略，主导或参与了众多国际教育合作模式，包括校际合作、区域性合作机制、教育联盟等多种形式，涉及人才培养合作、科技平台共建、人文交流活动、政策智库建设等[94]。

总体来看，中国林业高等教育国际化发展因自身庞大的体量具有比较明显的规模优势，而且随着国家政策、高校发展战略等因素的影响，正在呈现逐步加快的发展速度，具有较大的后发优势和上升空间。但同时，中国林业高等教育在国际综合影响力、人才培养国际化水平、国际合作平台建设等方面存在较多短板和硬伤，严重制约着自身国际化发展，必须引起相关主管部门和广大涉林高校的高度重视。本研究收集整理了中国涉林高校

国际化综合排名、中外合作办学、来华留学教育、境外合作办学、国际合作平台等方面的基本情况，并以此为切入点梳理出中国林业高等教育国际化发展面临的问题与挑战。

一、国际综合排名

根据QS 2020年世界大学农林类学科排名，仅有6所中国农林类高校进入全球农林学科排名前100，其中仅有1所林业大学（北京林业大学，第52名）、其余5所高校中包括1所综合大学（江南大学，第58名）、其余4所均为农业高校（中国农业大学，第10名、南京农业大学，第26名、华南农业大学，第30名、华中农业大学，第56名），而在该排行榜100～300名中，中国入围高校多以综合类高校或农业类高校为主，中国林业高等教育国际化落后程度由此可见一斑。

二、中外合作办学

中外合作办学项目是衡量中国高校国际化水平的一项重要指标，不仅有助于加快提升人才培养、师资建设的国际化水平，同时对于国外优质教育资源的引进，加强相关学科专业的国际化建设具有非常重要的支撑作用。

根据教育部中外合作办学监管工作信息平台发布的中外合作办学项目及机构列表，中国目前本科以上涉林中外合作办学项目仅有18个，开设涉林专业的中外合作办学机构仅有2个，仅占全国2 431个中外合作办学项目和机构总数的0.8%。18个合作办学项目中，仅有4个由林业高校承办，其余4个由农林类院校承办，5个由农业院校承办，5个由其他类型高校承办。2个中外合作办学机构中1个由农林类院校主办，1个由农业院校主办。由此可见，中国涉林中外合作办学不仅规模和种类与林业高等教育自身体量存在巨大差距，而且林业类高校对于涉林中外合作办学项目的参与和主导程度也很低，既没有体现林业高等教育的主体优势，也没有发挥中外合作办学对于林业高等教育国际化发展的推动作用，值得广大林业高校深刻反思。

由此可见，中外合作办学在推动中国林业高等教育国际化发展方面尚未发挥应有作用，仍有很大发展空间，国内林业高校应进一步调动积极性，挖掘自身学科专业优势，主动与相关学科领域的国外高水平院校建立合作关系，开设中外合作办学项目，建立中外合作办学机构，加快推进涉林高等教育在人才培养、学科发展、师资建设方面的国际化发展进程。

三、来华留学教育

当前，中国涉林专业来华留学以各类中央政府和地方政府奖学金资助的学生为主，以中国政府奖学金为例，2013—2017年获得中国政府奖学金资助来华学习涉林专业的学生数量如表3-1所示，其总数仅占中国政府奖学金总资助人数的1%左右，几乎可以忽略不计。

其他类型的奖学金，如地方政府奖学金（北京市政府奖学金）、行业类奖学金（亚太森林恢复与可持续管理组织奖学金）以及援外培训类奖学金（商务部援外学历学位奖学金），每年资助的涉林专业来华留学生人数也只有百余人左右，自费留学生更是凤毛麟角，与全国数十万来华留学生总人数相比显然是微乎其微的。可见，来华留学学生不足也是中国林业高等教育国际化发展的一块很严重的短板，如果得不到重视和加强，将在很长一段时间内制约中国林业高等教育国际化发展进程。

表 3-1 2013—2017 年中国政府奖学金资助来华留学涉林专业人数

年度	本科生	博士研究生	高级进修生	普通进修生	硕士研究生	总计
2013	4	10	0	2	7	23
2014	0	15	1	0	7	23
2015	1	23	0	0	15	39
2016	3	36	0	0	10	49
2017	0	29	1	2	23	55

四、境外合作办学

目前中国高校境外合作办学主要有 3 种形式，分别是孔子学院（课堂）、鲁班工坊和海外分校，这既是境外合作办学的 3 种类型，又是高等教育“走出去”从中低水平向中高水平进阶的 3 个发展阶段。

孔子学院（课堂）是在海外设立的教授汉语和传播中国文化的非营利性教育机构，是比较成功的中国文化“走出去”的先锋，现已发展成为汉语教学推广与中国文化传播的全球品牌和平台。截至 2018 年，中国已在全球 146 个国家（地区）建立了 525 所孔子学院和 1 113 个孔子课堂，先后有 208 所国内高校参与和协助孔子学院（课堂）的建设。在所有孔子学院（课堂）中，仅有 7 个孔子学院（课堂）是由国内涉林高校参与主办，而且授课内容也主要以常规对外汉语教学为主，仅仅作为高校国际化体系中的组成部分，基本没有凸显林业及生态文明特色，也没有有效发挥孔子学院（课堂）在推广中国林业发展成果以及绿色可持续发展理念方面应有的作用，对于中国林业高等教育国际化发展的促进作用不明显。

鲁班工坊是天津市首创并率先主导推动实施的、伴随企业“走出去”的中外院校合作项目，已成为职业教育国际知名品牌。由于鲁班工坊具有较强的制造行业职业教育特点，因此，国内林业高校尚不具备条件参与此类项目，但是林业职业教育作为林业产业发展的重要组成部分，在广大发展中国家中具有非常巨大且广泛的需求，对于满足众多发展中国家，特别是较落后国家的林业资源采集、林业初级产品生产、脱贫减困、城乡协同发展、拓宽就业渠道等具有非常重要的实际意义。但是，目前国内尚未有任何涉林高校在境外开设与此相关的职业教育基地或示范推广中心等，中国林业高等教育在境外实现教育与产业相衔接的平台与桥梁尚未形成，仍有大量空白需要填补。因此，国内林业高校应借鉴鲁班工坊的设计理念与运行模式，将中国成熟的森林经营、森林保护、森林培育、林产品加工、农林经济管理等领域的发展成果向广大发展中国家进行推广，提升这些国家的林业职业教育水平，提升其林业产业现代化程度，进而推动中国林业高等教育“走出去”，提升自身国际化水平和影响力。

与高等教育“引进来”相比，中国高校境外办学起步较晚，截至 2018 年 4 月，中国境外办学机构和项目达到 128 个。其中，厦门大学马来西亚分校是中国现有境外办学机构中比较成功的，全资设立且具有独立校园的分校区，而北京大学汇丰商学院英国校区则是中国高校第一次在欧洲独资经营、独立管理的实体办学机构。尽管国内众多高校已在积极探索开展海外办学，但是到目前为止尚未有任何涉林高校在海外建立分校区或开展任何形式的海外办学，形成了中国林业高等教育海外办学的真空区。这不仅是中国林业高等教育国际化发展的结构性缺失，更是拓展海外教育市场，推动中国林业高等教育“走出去”的严重短板。当然，海外办学属于国际化发展的较高层级，就中国目前林业高等教育国际化发展现状来看，较难在短期内取得实质性突破，但是作为林业高等教育国际化发展的长期目标，仍然有必要进行探索和尝试。

五、国际合作平台

各类国际合作平台是加快高等教育国际化发展速度，提升国际化发展水平的重要途径，对于促进人员交往、信息交流、科研合作、成果转化具有不可替代的重要作用。目前，“亚太地区林业教育协调机制”是唯一一个由国内林业高校参与发起的林业高等教育国际合作组织。该机制由北京林业大学、加拿大不列颠哥伦比亚大学、澳大利亚墨尔本大学等地区重点林业高等教育机构于2011年发起成立，旨在推动本地区林业高等教育国际合作，开展创新型林业教育项目，促进本地区林业高等教育人员交流与资源共享，进而提升地区林业能力建设水平，推动森林可持续经营。但是，由于多方面因素，该机制目前尚未将国内所有涉林高校吸纳为正式成员，国内涉林高校对于机制有关活动的参与程度也比较低。除此之外，国内涉林高校针对林业高等教育国际合作尚未形成一致性意见，也未签署任何共识性文件，仍然处于单打独斗的状态，未能形成合力，导致中国林业高等教育国际话语权缺失，也未能积极参与到林业高等教育国际对话或政策制定中，一直游离在林业高等教育国际舞台核心的外围。

此外，中国涉林高校仍然极度缺乏高水平国际联合实验室，对于引进国外高水平科研资源、推动双向人员交流、加快科研成果转化等仍缺少有效渠道和平台。目前，我国林业高校与国外合作单位共建的国际联合实验室十分有限，其中最具代表性的是北京林业大学与法国农业食品环境研究院（原“法国农业科学研究院”）建立的“中法欧亚森林入侵生物联合实验室”。该联合实验室集合了中法双方优势科研资源，针对欧亚大陆森林入侵生物防治开展联合科研攻关，为双方在森林入侵生物领域开展科研合作、学术交流、人员互访搭建有益平台，同时也进一步加强了中法以及中欧林业国际合作，为维护地区木材及相关国际贸易稳定，保障中法两国乃至欧亚大陆生态环境安全提供了重要的智力支撑。

以上国际教育合作组织和国际联合实验室的有关情况，仅是中国林业高等教育国际合作平台建设缺失的两个典型案例。缺少国际合作平台的支撑，必将影响中国林业高等教育的国际话语权和影响力，成为制约中国林业高等教育走向世界舞台中心的重大障碍。

第二节　中国林业高等教育国际化发展存在的问题与挑战

虽然中国林业高等教育国际化经过近些年不断探索取得了一定的阶段性成果，但是与国际同类院校，甚至与国内其他类型院校相比，国际化程度还远远不能满足自身发展需要，与国家重大发展战略、参与全球生态环境治理的总体战略匹配程度也不高。就中国林业高等教育国际化发展现状来看，当前存在的主要问题和挑战包括国际综合影响力较弱、人才培养国际化水平不高、国际合作平台建设滞后。

一、国际综合影响力较弱

从前文关于中国涉林高校国际排名的总结情况不难看出，中国涉林高校在世界林业高等教育领域的整体存在感和影响力都较弱，这不仅体现在中国国际知名的涉林高校数量很少，即使进入全球排名体系的涉林高校总体排名也比较靠后。这一现状如果得不到有效改善，中国林业高等教育在国际舞台上将长期处于被动局面，在同其他林业高等教育发达国家或高水平的国外涉林高校开展合作的时候很难争取到主动权和话语权，遑论与这些较为强势的林业高等教育主体在世界林业高等教育舞台上开展正面竞争。

同时，中国对于全球林业高等教育治理和相关国际事务的参与程度也较低，这一方面体现在中国涉林高校在重大国际场合和相关国际组织中影响力较弱，同时在重大国际科技合作课题和和重大国际政策制定等方面的贡献率也很低。这导致中国林业高等教育始终游离在国际舞台核心的外围，既不能为世界林业高等教育发出中国声音，提出中国方案，也无法有效为中国林业高等教育自身的国际化发展争取优质资源，营造良好氛围。

国际影响力较弱是中国林业高等教育国际化发展面临的整体问题，广大涉林高校应群策群力，形成合力，通过积极参与各种层次的国际交往、国际合作、国际对话，积极融入世界范围内的林业高等教育国际合作，在合作实践中不断提升自身的国际竞争力和国际影响力，进而为提升林业高等教育国际化整体水平创造有利条件。

二、人才培养国际化水平不高

中国林业高等教育人才培养国际化水平不高主要体现在两方面，一方面是本土人才培养国际化水平不高，缺乏国际竞争力，另一方面是在国际人才培养方面仍有很大上升空间。

中国林业高等教育本土人才培养国际化水平不高主要表现在培养模式较为单一、学科专业设置与国际前沿衔接不够紧密、培养方案及课程安排国际化程度不高等几个方面，前文所述涉林专业中外合作办学情况只是中国林业高等教育本土人才培养国际化水平不高的一个缩影，除此之外，在学生赴外交流、参加国际会议及竞赛、赴国际组织实习任职等方面，涉林高校也都存在不同层次和程度的弱项。为了进一步直观了解中国学生对于国内林业高等教育国际化水平的认知情况，本研究专门设计了调查问卷，对国内主要涉林高校的中国学生做了调查访问。根据调查问卷的分析结果（第四章），中国学生对于国内林业高等教育人才培养国际化水平普遍满意度不高，这从另一个侧面反映出中国林业高等教育在本土人才培养国际化方面存在很多短板。

中国林业高等教育国际人才培养方面也存在类似短板，如学科专业招生吸引力不足、教学模式国际化水平不高、全英文授课专业和课程数量较少、缺乏总体海外招生布局等。同样，为了直接掌握国际学生对于中国林业高等教育人才培养国际化的认知情况，本研究针对国内主要涉林高校的国际学生也做了问卷调查，其反映出的结果与中国学生的反馈情况类似，普遍认为中国林业高等教育在国际化人才培养方面有较大的提升空间。

人才培养国际化主要取决于各涉林高校自身的发展定位和国际化发展目标，但是归根结底要以自身专业实力的提升为保障，涉林高校应在修炼专业内功的基础上，不断提高学科专业的国际化水平，改革创新教学培养模式，稳步推进全英文授课专业和课程建设，从而为中国林业高等教育人才培养的国际化发展提供基础结构性保障。

三、国际合作平台建设滞后

中国林业高等教育国际合作平台建设滞后不仅仅体现在实体化的教学、科研合作机构数量匮乏，更重要的是没有主动构建符合自身发展需要的国际合作组织或机制平台，同时也没有积极对接现有的相关国际合作平台或政策资源。

根据前文对于现有国际合作平台情况的梳理，中国涉林高校中仅建设了一个与林业高等教育相关的实体化国际联合实验室，对于相关学科专业的国际化发展，提升人才培养、科学研究国际化水平，提高学科国际影响力的促进作用都非常有限。同时，由中国涉林高校主导的林业高等教育国际合作组织数量也非常有限，这使得中国林业高等教育在开展国际化发展过程中无论是主动出击，还是借船出海都显得有些力不从心。因此，中国林业高校亟须加快建设国际联合实验室步伐，积极与国外高等院校、科研机构探索建立联合科研合作平台，一方面加强国外优质的科研经费、人力、技术、设备资源引进，同时大力推动自身成果转化和输出，不仅加快自身国际化发展进程，也为推动全球生态治理，对接国家外交战略做出相应贡献。同时，国内涉林高校应以推动中国林业高等教育国际化发展为共同宗旨，提升中国林业高等教育国际影响力和竞争力为共同目标，积极打造“以我为主”的林业高等教育国际合作平台，建设与林业高等教育国际合作相关的国际组织或高校联盟，为中国林业高等教育真正走向国际搭建自主平台。

此外，目前无论是在国际还是地区层面，各国之间都签署了不同层次的高等教育国际合作协议或倡议，建立了类型多样的合作机制，各大主要涉林国际组织也都出台了与林业教育相关的各类国际合作政策或支持配套措施。但是中国林业高等教育与这些比较成熟的国际合作平台的对接程度还非常低，即使对于中国自主发起的有关国际合作平台，如“一带一路”倡议等，也没有进行比较好的对接，因此也就没有充分发挥这些合作平台对于中国林业高等教育国际化发展的促进作用。鉴于此，中国广大涉林高校应主动采取措施，积极挖掘现有各类国际合作平台的众多资源，结合自身特色和发展定位，不断争取有利的国际合作政策和条件，加快提升中国林业高等教育整体国际化水平。

第三节　世界林业高等教育国际化发展现状及其借鉴意义

当今林业面临的问题也是全球性问题，林业问题越来越需要依靠各国之间的通力合作来协调解决。这使得林业国际合作规模日益扩大，林业教育也不例外。在人才培养方面，许多国家都设立了国际林业或区域林业专业，或者在课程设置中增添了国际化的课程，培养国际化的林业人才。学生在其他国家留学或短期实习交流的人数越来越多，教师在国外访学或参加学术交流、共同开展科研项目也呈现更加频繁的趋势。欧洲林业教育国际合作进行了很好的探索，开发了许多旨在提高国际吸引力和竞争力的国际合作项目。伊拉斯莫斯（ERASMUS）欧洲林业硕士项目，是欧盟高等教育国际合作项目，该项目要求由三个不同欧盟国家的至少三所大学提供课程支撑。SUTROFOR 是该体系下的一个项目，由哥本哈根大学、班戈大学、德累斯顿技术大学、帕多瓦大学等高校共同开展，已成为“伊拉斯莫斯”项目体系下林业高等教育合作的一个典型案例。

伴随着教育的全球化发展，世界林业教育也出现了发展不平衡的现象，林业教育的改革需要相互交流借鉴，因此，需要国际和地区的林业教育组织，协调各国林业教育机构，开展交流合作，共同努力推进林业教育的改革。为应对世界林业教育面临的挑战，各国需要分享各自的经验，需要共同研讨合作，寻求合理的对策，共同解决问题。为了适应林业的发展需要，教育机构不断有新的专业出现，但是在内容和质量方面目前还缺乏国际方面足够的指导。很多国家特别是发展中国家积极呼吁应加强国际林业教育组织机构建设，为其提供支持与协助，提升人才培养的能力，提高森林管理的技能，加强完善国际与地区林业教育的合作协调机制对于提高教育质量至关重要。

随着环境和资源问题的全球化，中国林业高等教育也应主动适应教育国际化的发展趋势，借鉴国外成功经验，进一步加强林业教育的国际交流与合作，提升国际化水平，开阔人才的国际视野，提高国际交流能力，研究解决国际共同关心的问题。纵观世界林业高等教育国际化发展趋势，其中很多经验值得中国借鉴学习，其中主要包括提高主动性、增强适应性和发展多样性三个方面。

一、提高主动性

反思中国林业高等教育国际化水平较低的一个很重要原因，就是不愿主动与外界接触，开展交流合作，这从根本上限制了中国林业高等教育的国际化发展。国外林业高等教育国际化程度较高的很重要的原因是很多国家和地区之间基于相似的文化认知和语言基础，在开展国际合作的时候具有很多先天优势，因此也就更容易也更愿意开展国际合作。由于中国特有的文化和语言体系，在开展国际交流与合作时要面临更多来自语言和文化方面的挑战，但是中国应该主动克服这些方面的困难，积极融入世界林业高等教育的舞台，掌握其中的游戏规则，为自身争取更多话语权，从主观上消除中国林业高等教育走向世界的障碍，这也是从思想上提高国际化发展意识，做好国际化发展顶层设计的关键一步。

二、增强兼容性

由于中国现行高等教育体系在学分、学制等很多方面与其他国家的体系存在各种各样的差异，因此在开展教育交流合作过程中，由于体系之间的不兼容，导致很多合作活动很难推进，林业高等教育也面临同样的问题。因此，为了加快推进林业高等教育国际合作，中国涉林高校应在不违反现行教育教学体制原则的基础上，打开思路，积极创新，借鉴欧盟“伊拉斯莫斯”等国家和地区间的高等教育合作认证体系，在学分认证、课程对接、联合办学等方面提升中国涉林学科专业与世界林业高等教育体系之间的兼容性，打破中国涉林高校同国外高校开展合作的结构性壁垒。同时，积极参与国际主流的学科专业认证，了解掌握当前世界范围内相关学科专业的最新标准体系，在与国际标准对接的过程中与世界林业高等教育体系进行深度融合，不断提升自身的国际化水平。

三、发展多样性

当前中国林业高等教育在学科专业设置、课程安排、研究领域等方面，对于世界林业问题的关注程度还有待提高，在教学方式、实践模式、产学研联动方面也应该更多地借鉴国外涉林高校的成功经验，在不断补充和丰富内涵，提高自身多样性的同时，要着眼于如何更加有效地同世界各国的涉林高校和科研院所开展丰富多样的横向合作，进而不断提升中国林业高等教育的国际化水平。广大涉林高校应进一步加强与世界各国林业高校及科研院所的人才培养合作，选派学生到世界一流高校攻读学位或短期交流；增设国际林业专业和课程，培养人才的国际意识；扩大留学生和来华访问学者规模，提升具有国际教育背景的教师数量，鼓励教师积极参加国际学术交流活动，加强国际林业方面的研究，承担或参与地区性和国际性的科研项目，为解决地区和世界林业问题做出贡献。

第四章　中国林业高等教育国际化发展认知分析

在全球化迅速发展的时代背景下，以国际化办学促进办学质量，提升国际竞争力已成为各国促进高等教育发展的通行法则：一方面从高等教育国际市场获取办学资源，另一方面提高国际声誉以进一步增强资源获取能力，并最终提高学校办学能力和国际竞争力。为此，世界一流大学无一不将国际化作为办学的核心战略，不断优化具有国际化特色的发展模式。在全面推进“双一流”建设和实现高等教育内涵式发展的新阶段，中国高校亟待转变国际化办学模式。

近年来，中国高等教育办学实力持续提升，通过国际化办学提升办学质量的意识与能力也不断得到增强。特别是进入21世纪以来，随着“211工程”“985工程”和“双一流”建设的依次实施，国际化办学正在受到越来越多的关注，国际化发展也已成为高等教育发展的主流。但与世界顶尖大学相比，中国高校特别是涉林高校的国际化办学水平依然还处于起步阶段，在国际化意识、国际化能力、国际化条件以及配套措施等方面仍有很大上升空间。

为深入了解林业高等教育参与主体对于中国林业高等教育的整体认知情况，本研究设计了针对中国林业高等教育国际化发展相关主体的调查问卷，旨在从行为认知角度对中国林业高等教育国际化发展现状进行主观评价，并将评价结果与客观统计数据进行结合，共同组成中国林业高等教育国际化发展战略目标和重点的参数和依据，并以此为基础提出相应战略举措。

第一节　数据来源

为掌握中国林业高等教育参与主体对国际化发展的最直接认知情况，本次调查问卷的受访对象确定为中国主要林业高校的在校中国学生、教职员工和国际学生。具体受访情况如下：

1. 中国学生　调研对象为涉林高校在读中国籍本科生及硕士、博士研究生。涉及学科专业包括林学（林学、森林培育、森林经营、森林保护、林木遗传育种、水土保持与荒漠化防治、野生动植物保护等）、草学、生态学、风景园林、园艺、农林经济管理、木材科学与工程、林产化工、林业工程等涉林学科专业。本科生与研究生填写问卷人数比例为1∶1。

2. 教职员工　调研对象为涉林高校教学人员和行政人员。教学人员主要为一线授课教师和教辅人员，国际学生授课教师、导师、辅导员等为重要调研对象。涉及学科专业包括林学（林学、森林培育、森林经营、森林保护、林木遗传育种、水土保持与荒漠化防治、野生动植物保护等）、草学、生态学、风景园林、园艺、农林经济管理、木材科学与工程、林产化工、林业工程等涉林学科专业。行政人员为学校主要职能部门工作人员，主要包括国际处、国际学院、教务处、研究生院、人事处、科技处、招生就业处、发展规划处等部门。

3. 国际学生 调研对象为涉林高校在读外国籍本科生及硕士、博士研究生，校际交换生等，问卷语言为英语。涉及学科专业包括林学（林学、森林培育、森林经营、森林保护、林木遗传育种、水土保持与荒漠化防治、野生动植物保护等）、草学、生态学、风景园林、园艺、农林经济管理、木材科学与工程、林产化工、林业工程等涉林学科专业。

第二节 研究方法

一、描述统计法

描述统计法是通过图表或数学方法，对数据资料进行整理、分析，并对数据的分布状态、数字特征和随机变量之间关系进行估计和描述的方法。本研究的描述统计法主要用于描述教师、中国学生、国际学生的基本信息和这三个群体对现阶段林业高等教育国际化发展的整体认知和满意情况。

二、层次分析法

1973年，美国匹茨堡大学运筹学家、数学家 Satty 首次提出层次分析法（AHP），将其应用到多目标的决策分析，把对复杂问题进行决策的过程系统化、模型化、数量化，因此又称多层次权重分析决策法。层次分析法将问题涉及的因素层次化，根据问题和决策目标，将问题分解成不同组成因素，并根据因素间相互关联程度和由上而下递进的隶属关系，将其分配到不同层次，通过因素间两两比较的方式确定同一层次中各个因素的相对重要性以及不同层次下各个要素重要性的总排序，从而建立起多层次的分析模型。定性评价与定量分析共存于层次分析法中，适用于较为复杂、模糊且难以完全用定量进行分析的决策问题。

（一）递阶层次结构原理

对于一个复杂的问题，可以将其按目标、约束准则和解决方案等进行划分，将其分解成不同因素，并按因素的属性进行归类，将同一类型的因素放在同一层，这样就形成了不同层次，位于上层的因素对相邻的下一层因素有支配作用，以此来形成从上到下的逐层支配关系。不仅如此，同一层次内的因素还要经过两两比较，来确定同层因素间重要性的排序，从数学角度来说就是权重值的分配。递阶层次结构原理实际上反映了复杂问题背后存在一定的系统有序性，利用这种有序性，便可以将复杂的决策因素统一起来，找到问题的突破口。

（二）比较标度原理

在建立自上而下的层次结构后，对于隶属于同一准则或因素的所有因素（或者方案），需要通过两两比较来确定它们之间相对的优劣程度或重要性，然后将判断结果输出为判断矩阵，层次结构中每层都要进行这样的两两比较。Satty 提出“1 至 9”比较标度法将因素间两两比较的结果进行定量处理，详见表 4-1，比较标度的方法有效地解决了判断不一致或者自相矛盾的问题。使用比较标度法需要遵循两个原则：一是进行比较的因素具有相同的数量级；二是因素间比较的判断标准最好能用定量表示。

考虑到当出现比“1 至 9”标度更大的数的情况，这个时候可以通过层次分析法在因素进行分类之后对这些分类进行比较，使因素间的比较仍控制在“1 至 9”标度之内。

表 4-1　“1 至 9”比较标度及含义

标度	定义	具体解释
1	A_i与A_j	相同重要，A_i与A_j对某一属性的重要性是相同的
3	A_i比A_j	稍微重要，A_i的重要性稍微大于A_j，但这种优势不明显
5	A_i比A_j	比较重要，A_i的重要性大于A_j，这种优势比较明显，但不十分突出
7	A_i比A_j	十分重要，A_i的重要性明显大于A_j，优势十分明显
9	A_i比A_j	绝对重要，A_i的重要性以压倒性优势大于A_j
2，4，6，8	处于以上两个相邻程度的中间，为以上两两比较的判断的折中	
倒数	A_i对A_j的标度为a_{ij}，A_j对A_i的标度则为$1/a_{ij}$，即a_{ji}	

通过因素间的两两比较确定它们之间相对的优劣程度，得到的结果输出为判断矩阵。层次内单排序是指由判断矩阵求出本层所有因素重要性的数值分布，通过数值从大到小的排列定量表示了因素间的相对重要程度的排序。求解的过程实际上就是求解矩阵最大特征根对应特征向量的过程。

（三）层次分析法的步骤

1. 建立层次分析模型

最简单的层次分析模型，一般自上而下分为三层，分别是目标层、准则层以及方案层，如图 4-1 所示。

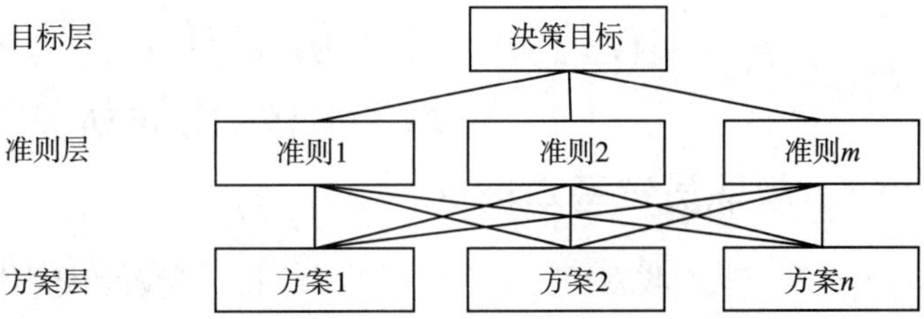

目标层　决策目标

准则层　准则1　准则2　准则m

方案层　方案1　方案2　方案n

图 4-1　基本层次分析模型

建立层次模型首先要对问题有充分的了解和认识，清楚要达到的目标，即目标层。在此基础上，找到对目标完成有影响的各种准则，作为目标层之下的准则层因素。有时候复杂的问题，可能会出现多重影响因素，需要分析各因素间的关系，找到自上而下的隶属结构，下层因素受到上一层因素的支配。

2. 两两比较结果的定量表达　建立层次分析模型之后，对层次间相关要素进行重要性两两比较，采用“1 至 9”比较标度法，将结果输出为判断矩阵。详见表 4-2。

表 4-2　判断矩阵表

准则 C	P_1	P_2	P_3	…	P_n
P_1	$\boldsymbol{b}_{11}$	$\boldsymbol{b}_{12}$	$\boldsymbol{b}_{13}$	…	$\boldsymbol{b}_{1n}$
P_2	$\boldsymbol{b}_{21}$	$\boldsymbol{b}_{22}$	$\boldsymbol{b}_{23}$	…	$\boldsymbol{b}_{2n}$
P_3	$\boldsymbol{b}_{31}$	$\boldsymbol{b}_{32}$	$\boldsymbol{b}_{33}$	…	B_{3n}
…	…	…	…	…	…
P_n	$\boldsymbol{b}_{n1}$	$\boldsymbol{b}_{n2}$	$\boldsymbol{b}_{n3}$	…	$\boldsymbol{b}_{nn}$

可以看到准则层 C 下有 P_1 至 P_n 共 n 个方案，对这些方案进行两两比较，则可以得到由 b_{ij} 构成的判断矩阵，其中 $b_{ij}>0$，$b_{ij}=1/b_{ji}$。

3. 求解判断矩阵　通过方根法或和积法来求得判断矩阵的最大特征根及其对应的特征向量。

4. 一致性检验　在进行判断矩阵的层次单排序之前，需要对其进行一致性检验。主

要检验指标有 *CI*、*CR*、*RI*，根据下式进行计算，为

$$CI=\frac{\lambda_{\max}-n}{n-1},\ CR=\frac{CI}{RI}$$

其中，*CI* 是一致性指标，*RI* 是平均随机一致性指标，可通过表 4－3 查询得到。经过计算，当 $CR<0.10$ 时，可以得出该判断矩阵具有满意的一致性，否则需要调节判断矩阵，直到满意。

表 4－3　平均随机一致性指标

n	1	2	3	4	5	6	7	8	9
RI	0	0	0.58	0.90	1.12	1.24	1.32	1.41	1.45

5. 层次单排序和总排序　层次单排序是指通过判断矩阵的计算，求出某一层的某个因素所对应的下一层中所有因素的优劣顺序的排列。层次总排序则是在单排序的基础上，一层层汇总，最后得到方案层对于目标层的优劣顺序。

第三节　教职员工对于中国林业高等教育国际化的认知情况

一、教职员工基本情况

本次调查共回收教职员工有效问卷 243 份，受访者基本情况描述性统计如图 4－2 所示。

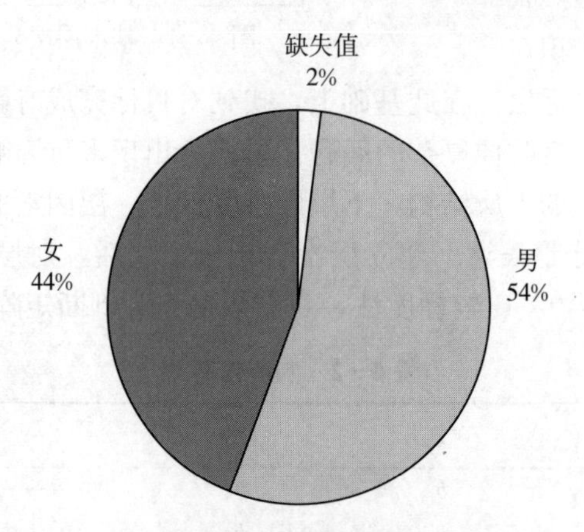

图 4－2　受访教职员工基本情况

受访教职员工中男性略多于女性，男性教师共计 131 名，比例达 54%；女性教师共计 107 名，占比 44%；另存在 5 个缺失数据。

一半以上的受访教职员工年龄集中在 31～45 岁，30 岁以下的教师共 45 名，占比 18.52%；31～45 岁共计 148 名，占受访教职员工总数的一半以上，比例达 60.91%；45 岁以上共有 47 名，占比 19.34%；缺失数据 3 个（图 4－3）。这一调查结果也从侧面反映出我国涉林高校教职员工年龄的分布情况，其中中青年教师为中坚力量，青年教师和中老年教师数量相对较少。

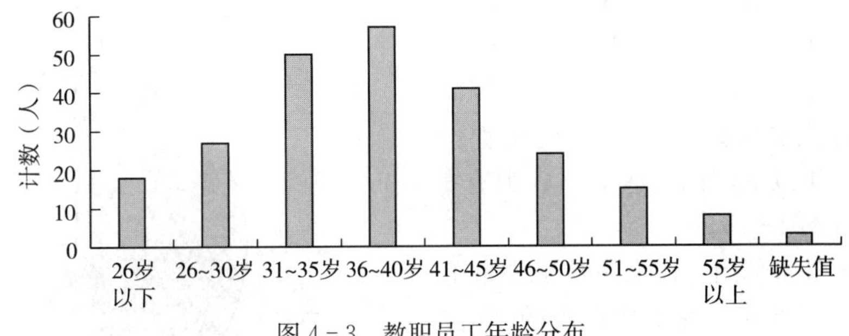

图 4－3　教职员工年龄分布

从职业类型分布来看，授课教师明显多于管理人员，在本次调查的 243 名教职员工中，150 名为授课教师（62％），90 名为管理人员（37％），另有 3 份数据缺失（图 4－4）。

一半以上的受访授课教师担任过国际学生授课教师或导师。在本次调查的 150 名授课教师中，担任过国际学生授课教师或导师的人数共计 82 名，占比 54％；另有 64 名授课教师没有担任国际学生授课教师或导师的经历，占受访授课教师总数 43％，另有 4 份数据缺失（图 4－5）。

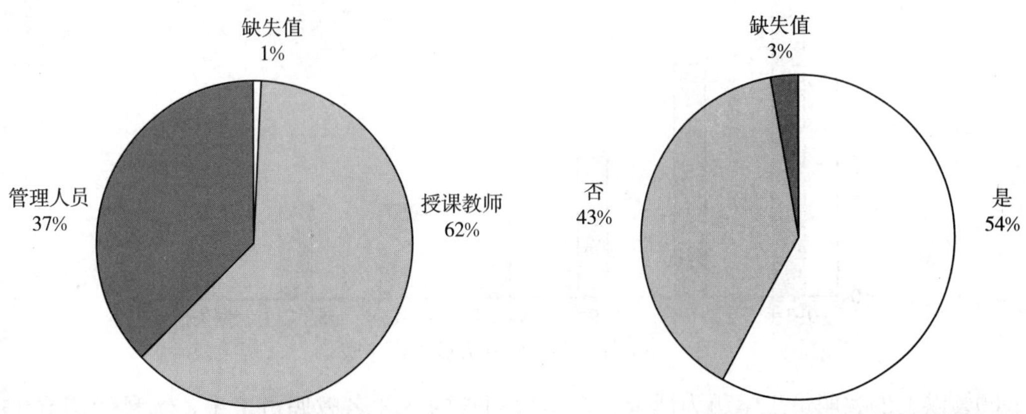

图 4－4　教职员工职业类型分布

图 4－5　是否担任过国际学生授课教师或导师

总体来看，在本次调查中表示担任过国际学生授课教师或导师的 82 名授课教师指导国际学生时长分布不均。其中指导时长较多集中在 6～9 年，共计 22 人（26.83％），以及 0～3 年，共计 20 人（24.39％）（图 4－6）。

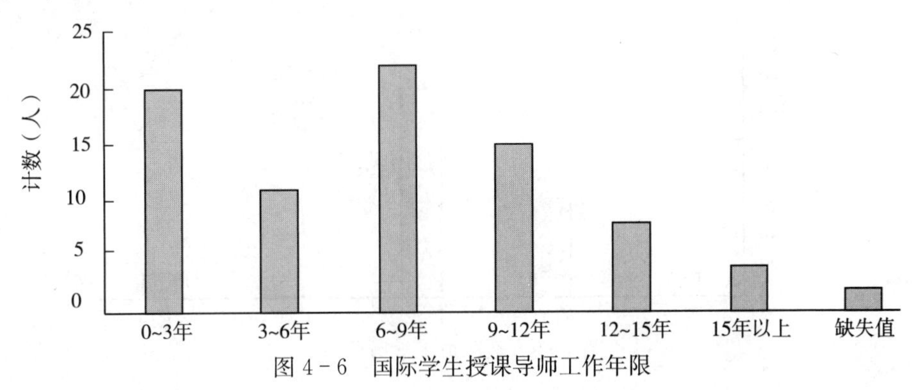

图 4－6　国际学生授课导师工作年限

一半以上的受访管理人员未在外事部门工作。在本次调查的90名管理人员中，20人在外事部门工作，占比22%；未在外事部门工作的管理人员共计69名，占受访管理人员总数的一半以上，比例达77%；另有1份数据缺失（图4-7）。

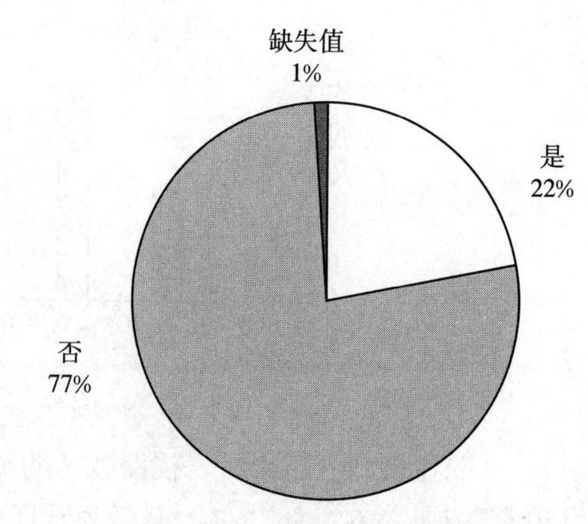

图4-7　管理人员中在外事部门工作人员分布

一半以上外事部门工作人员从事外事工作累计年限小于6年。在本次调查的20位从事外事部门工作的管理人员中，在外事部工作累计年限主要集中在0～3年，共计6人（30.00%）；以及3～6年，共5人（25.00%）；累计年限大于6年的管理人员共8人（40%）；另有1份数据缺失（图4-8）。

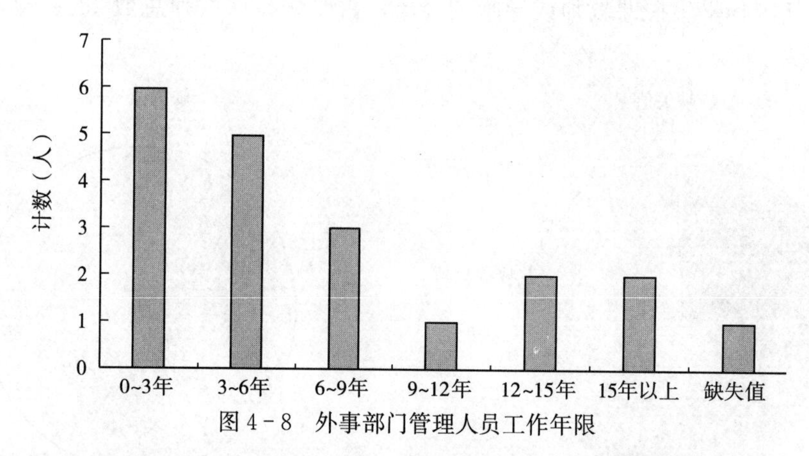

图4-8　外事部门管理人员工作年限

60%以上的教职员工学历为博士。在本次调查的243名教职员工中，本科学历有15名，占比6.17%；硕士学历共计63名，占比25.93%；博士学历有148名，占受访教职员工总数的60%以上，比例达60.91%；其他学历1名，缺失16份数据（图4-9）。这一调查结果也侧面反映出该校教职员工学历的分布情况，博士学历占多数，硕士和本科学历占比紧随其后。

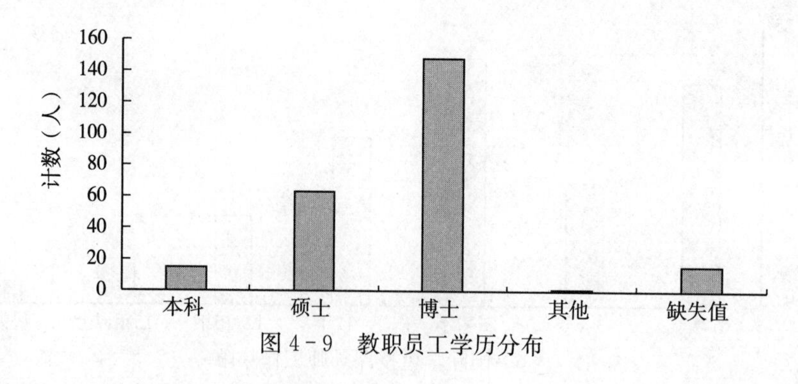

图4-9　教职员工学历分布

在受访教职员工中，讲师或助理研究员及副教授或副研究员占到一半以上。在本次调查的 243 名教职员工中，讲师或助理研究员有 59 名，占比 24.28%；副教授或副研究员共计 89 名，比例达 36.63%；教授或研究员有 47 名，占比 19.34%；其他职称 37 名，占比 15.23%；另有 11 份数据缺失（图 4-10）。这一调查结果侧面反映出该校教职员工职称的分布情况，教职员工以副教授或副研究员占比最大，讲师或助理研究员次之。

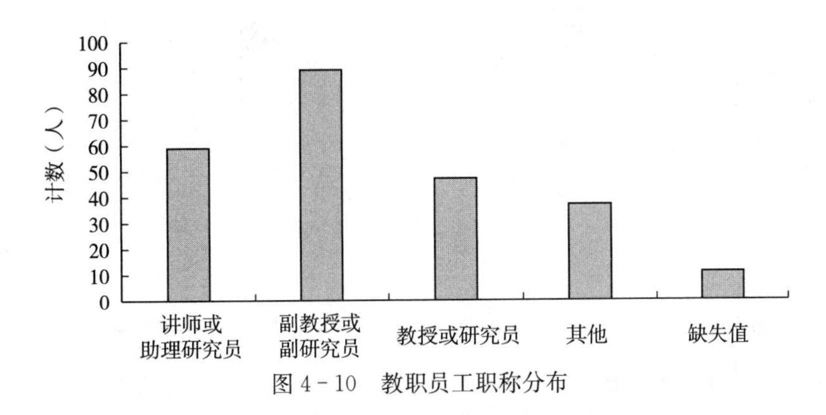

图 4-10　教职员工职称分布

总体来看，一半以上的教职员工有海外留学的经历。在本次调查的 243 名教职员工中，有海外学习深造经历的人数高达 143 名，占比 59%；无海外留学经历的教职员工为 87 名，占比 36%；另有 13 份数据缺失（图 4-11）。

绝大多数教职员工在工作中参与过对外交流活动。在本次调查的 234 名教职员工中，参加过对外交流活动的人数为 159 名，占比高达 65%；没有参加过对外交流活动的教职员工为 68 名，仅占 28%；另有 13 份数据缺失（图 4-12）。

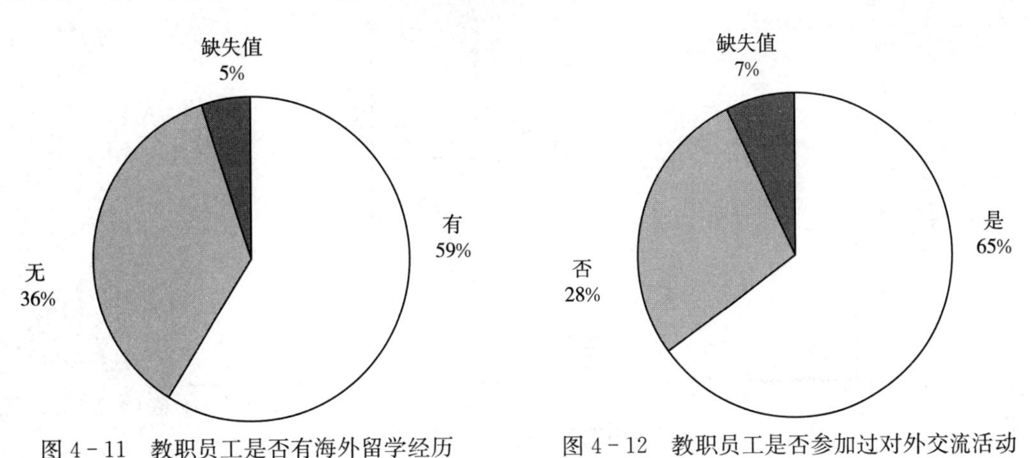

图 4-11　教职员工是否有海外留学经历

图 4-12　教职员工是否参加过对外交流活动

二、教职员工对林业高等教育发展功能的评价

总体来看，对于林业高等教育国际化功能的“提升专业素养”这一功能，教职员工对其评价呈现左偏分布，即评分的平均值处于评分中位数与众数的左边。164 名（67.49%）教职员工给出 5 分，认为林业高等教育国际化对提升专业素养的作用很大；有 54 名

(22.22%)对其作用给出了4分的评价，认为作用比较大；有15名(6.17%)给出3分，认为其作用一般；2名(0.82%)教职员工给出2分，认为其作用较小；另有1名(0.41%)教职员工认为林业高等教育国际化对提升学生专业素养的作用很小，仅给出1分的评价。(图4-13)。

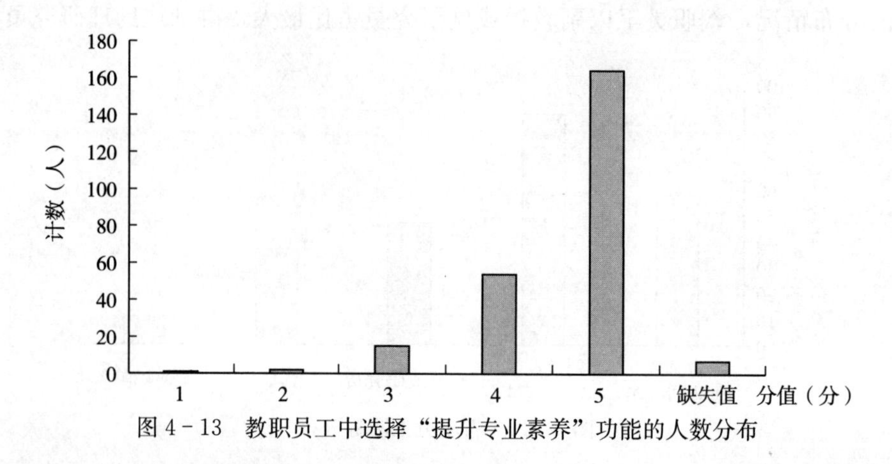

图4-13 教职员工中选择“提升专业素养”功能的人数分布

对于林业高等教育国际化功能的“促进个人发展”这一功能，超过一半的教职员工给出了5分的评价。141名(58.02%)教职员工给出5分，认为林业高等教育国际化对促进个人发展的作用很大；认为其作用较大的教职员工共计69人(28.40%)，给出4分；有22名(9.05%)的教职员工认为其作用一般，给出了3分的评价；另有2名(0.82%)教职员工给出了2分的评价，认为其作用较小；1名(0.41%)教职员工给出1分评价，认为林业高等教育国际化对促进个人发展的作用很小(图4-14)。

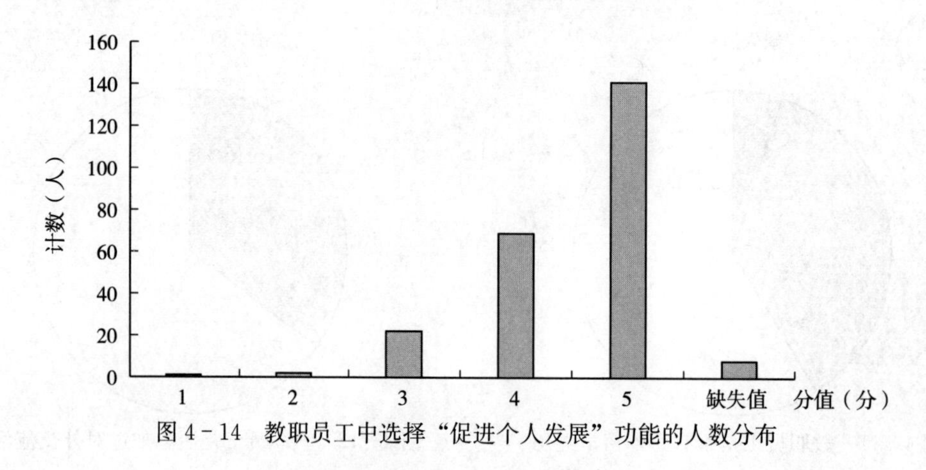

图4-14 教职员工中选择“促进个人发展”功能的人数分布

总体来看，对于林业高等教育国际化的“推动国际交往”这一功能，受访的243名教职员工均认为林业高等教育国际化对推动国际化交往有一定的作用，故未出现1分的情况。161名(66.26%)教职员工认为林业高等教育国际化对推动国际交往的作用很大；有53名(21.81%)认为作用比较大并给出4分的评价；有17名(7%)和4名(1.65%)的教职员工分别认为其作用一般和较小。另有8份数据缺失(图4-15)。

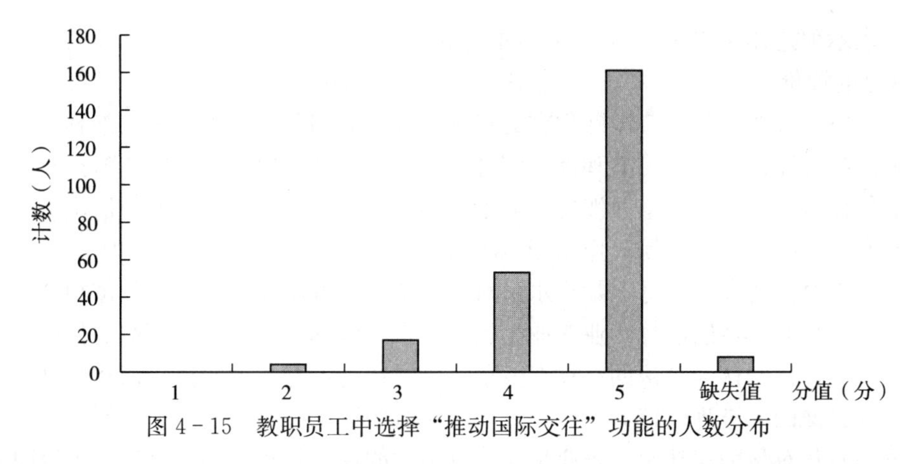

图 4-15 教职员工中选择“推动国际交往”功能的人数分布

教职员工对林业高等教育国际化在“提升专业素养”这一功能下的四项具体功能，即提升涉林专业国际竞争力、拓宽涉林专业国际视野、掌握涉林专业最新国际前沿和提高涉林专业外语水平的评价差异不大，每一项功能均有一半以上的教职员工认为林业高等教育国际化对其起到非常大的促进作用，其中林业高等教育国际化在拓宽涉林专业视野方面的促进作用略高于其他三方面（图 4-16）。

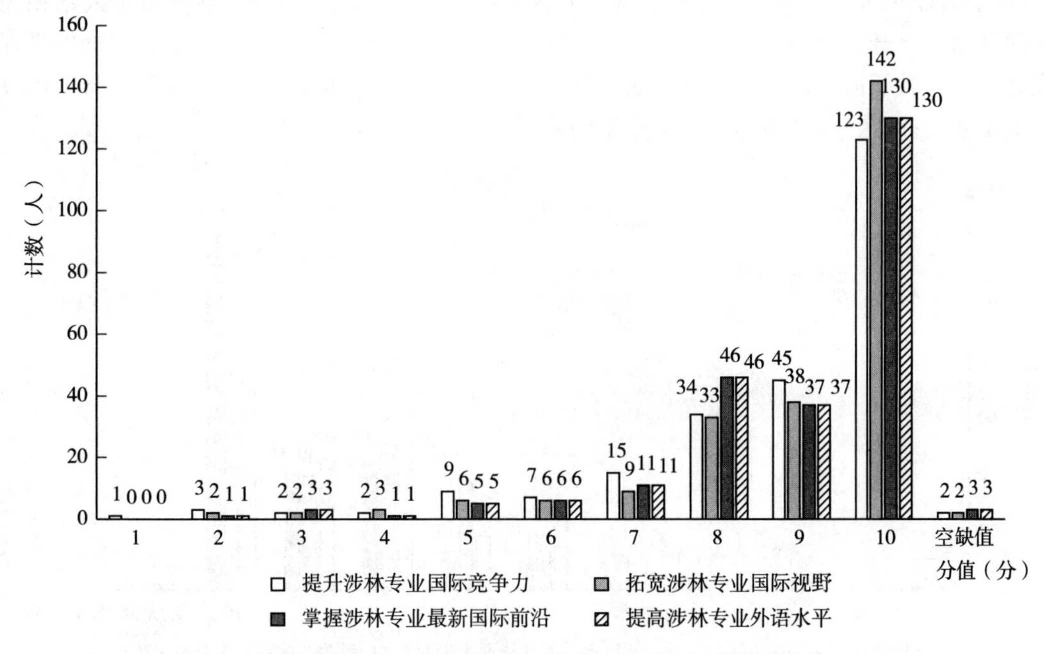

图 4-16 教职员工对提升专业素养中具体功能评价的人数分布

在 243 名受访教职员工中，有 142 名教职员工认为林业高等教育国际化对拓宽涉林专业国际视野方面有很大的促进作用，有 38 名和 33 名教职员工分别给出了 9 分和 8 分，表示有较大的促进作用；对于林业高等教育国际化在掌握涉林专业最新国际前沿和提高涉林专业外语水平两方面的促进作用，均有 130 名教职员工认为促进作用极大，并均有 37 和 46 名教职员工给出 9 分和 8 分的分数，认为促进作用较大；认为林业高等教育国际化对提升涉林专业国际竞争力有极大促进作用的教职员工相对其他三方面数量较少，有 123 名教职员工表示促进作用很大并给出 10 分的评价，另有 45 名和 34 名教职员工分别给出了 9 分和 8 分的评价。

总体来看，林业高等教育国际化在对提升涉林专业国际竞争力、拓宽涉林专业国际视野、掌握涉林专业最新国际前沿和提高涉林专业外语水平的促进作用中，对拓宽涉林专业国际视野的促进作用最大，掌握涉林专业最新国际前沿和提高涉林专业外语水平次之，对提升涉林专业国际竞争力的促进作用相对较弱。

教职员工对林业高等教育国际化水平对促进个人发展功能中的三项具体功能：帮助涉林专业毕业生择业、帮助涉林专业毕业生创业、帮助涉林专业毕业生深造的促进程度评价呈现明显差异，他们认为对帮助涉林专业毕业生深造的促进程度较高，而在帮助涉林专业毕业生创业方面的促进程度较低。在 243 名受访教职员工中，有 124 名教职员工表示林业高等教育国际化对帮助涉林专业毕业生深造有很大的促进作用，41 名和 44 名教职员工对于促进程度分别给出 9 分和 8 分，表示促进程度较大；有 87 名教职员工表示林业高等教育国际化对帮助涉林专业毕业生择业有很大的促进作用，并给出 10 分，认为促进作用较大并给出 9 分和 8 分的教职员工分别为 46 名和 52 名；认为对帮助涉林专业毕业生创业有很大促进作用的人数相较前两者明显降低，仅有 69 名教职员工表示促进作用很大，40 名和 51 名教职员工分别给出 9 分和 8 分，而认为促进作用一般或不大的教职员工人数相比前两项明显上升。总体来看，在林业高等教育国际化对涉林专业毕业生个人发展的促进程度评价中，教职员工认为促进程度从高到低依次为：帮助涉林专业毕业生深造、帮助涉林专业毕业生择业、帮助涉林专业毕业生创业（图 4-17）。

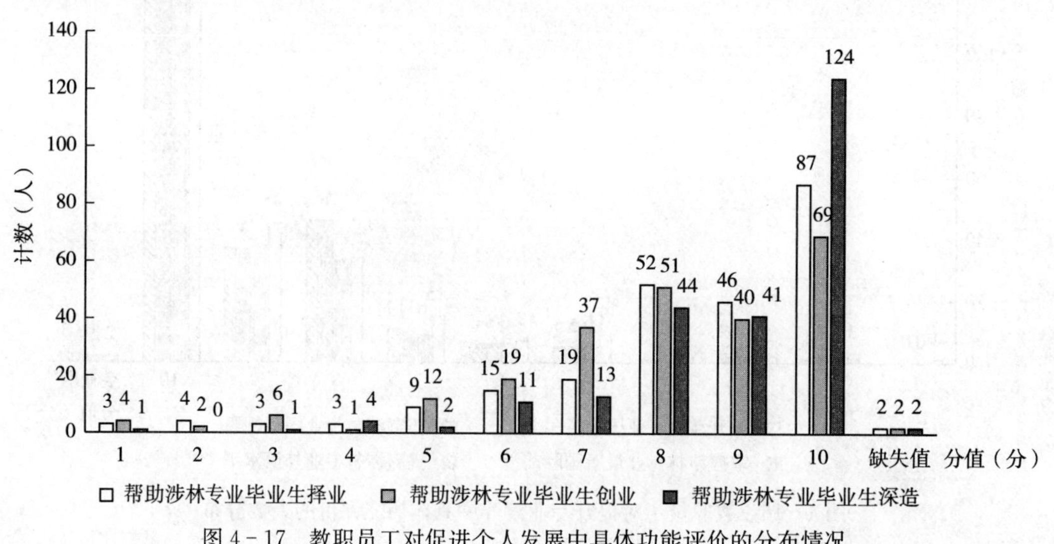

图 4-17 教职员工对促进个人发展中具体功能评价的分布情况

对于林业高等教育国际化推动国际交往这一功能，教职员工对具体促进功能，即拓宽涉林交流渠道、促进涉林国际学术科研合作和加快涉林优质教育资源流动三方面的评价存在一定差异，其中促进涉林国际学术科研合作的程度较高。在 243 名受访教职员工中，有 139 名教职员工表示林业高等教育国际化对促进涉林国际学术科研合作的促进作用很大并给出 10 分的评价，37 名和 32 名给出 9 分和 8 分的评价，表示促进作用较大；有 138 名教职员工表示促进拓宽涉林国际交流渠道的程度很大，略少于前一项，分别有 29 名和 39 名教职员工对于其促进程度给出 9 分和 8 分的评价；认为对于加快涉林优质教育资源流动有很大促进作用的人数相较前两者降低，仅有 127 名教职员工给出 10 分，另有 32 名和 41 名教职员工分别打出 9 分和 8 分表示促进作用较大。总体来看，在林业高等教育国际化促进推动国际交往功能评价中，教职员工对三项具体功能促进程度的评价从高到低依次为：促进涉林国际学术科研合作、拓宽涉林国际交流渠道、加快涉林优质教育资源流动（图 4－18）。

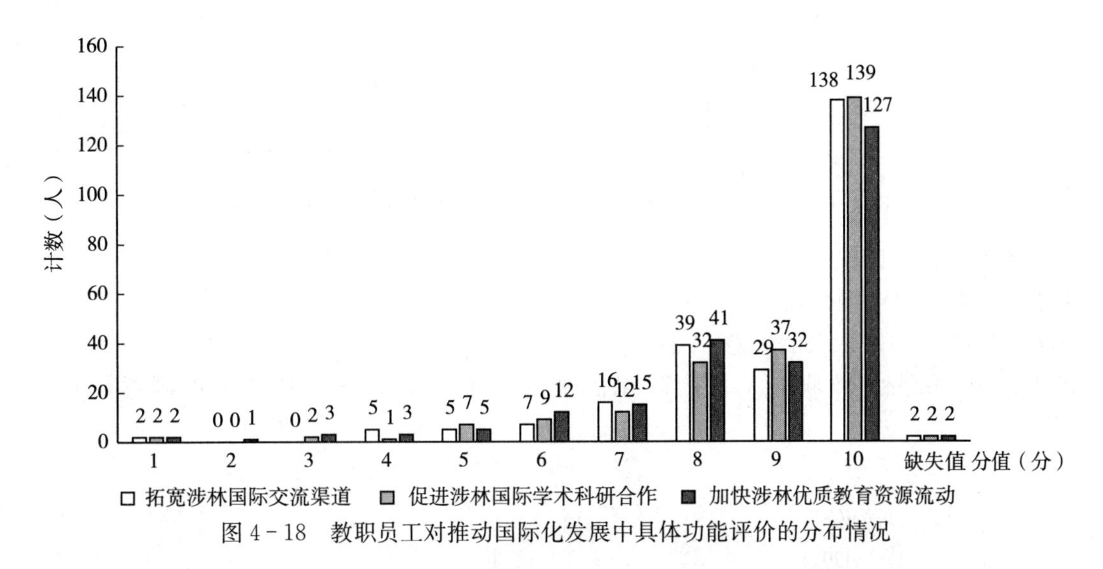

图 4－18 教职员工对推动国际化发展中具体功能评价的分布情况

三、教职员工对林业高等教育国际化的总体认知评价

对于中国林业高等教育是否有必要进行国际化发展，一半以上的教职员工认为有必要进行。128 名（52.67%）教职员工认为中国林业高等教育有必要发展；有 107 名（44.03%）认为中国林业高等教育的国际化发展非常有必要；另有 8 名（3.29%）教师认为林业高等教育国际化需要发展的程度一般（图 4－19）。

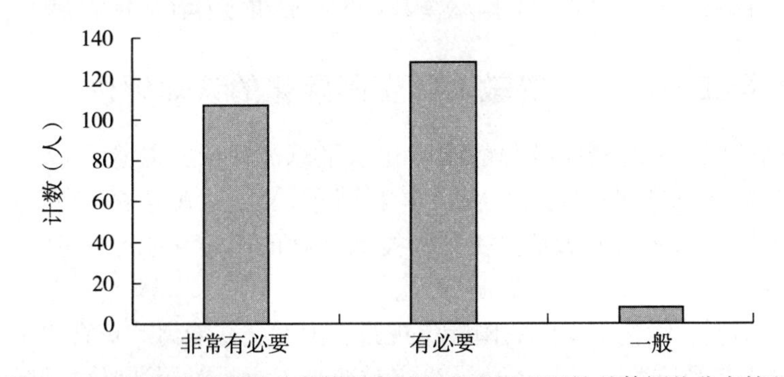

图 4－19 教职员工对林业高等教育国际化发展必要性总体评价分布情况

对于现阶段中国林业高等教育进行国际化发展的紧迫性这一问题的众数为紧迫，即选择紧迫的教职员工相较于其他选项最多。75 名（30.86%）教职员工认为现阶段中国林业高等教育进行国际化发展非常紧迫；有 138 名（56.79%）认为现阶段中国林业高等教育

进行国际化发展紧迫；另有 29 名（11.93%）和 1 名（0.41%）教职员工对现阶段中国林业高等教育进行国际化发展的紧迫性的评价分别为一般和不太紧迫（图 4-20）。

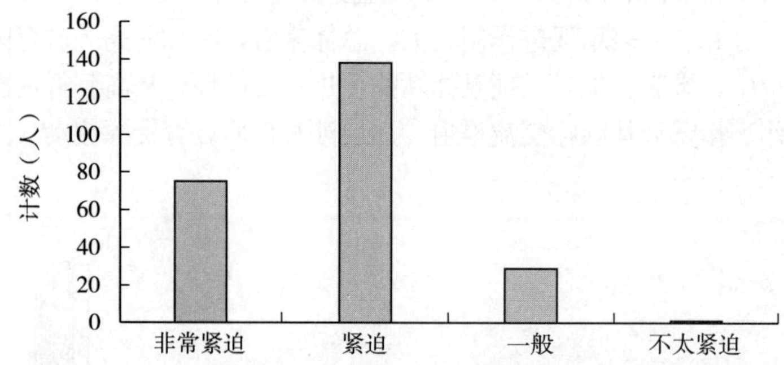

图 4-20　教职员工对林业高等教育发展紧迫性总体评价分布情况

多数教职员工在回答中国林业高等教育国际化水平的总体评价这一问题时表示国际化水平一般。对中国林业高等教育国际化水平非常满意的教职员工有 13 名（5.35%）；有 77 名（31.69%）表示满意；有 138 名（56.79%）表示一般；另有 13 名（5.35%）和 2 名（0.82%）教职员工对国际化水平分别给出了不满意和非常不满意的评价（图 4-21）。

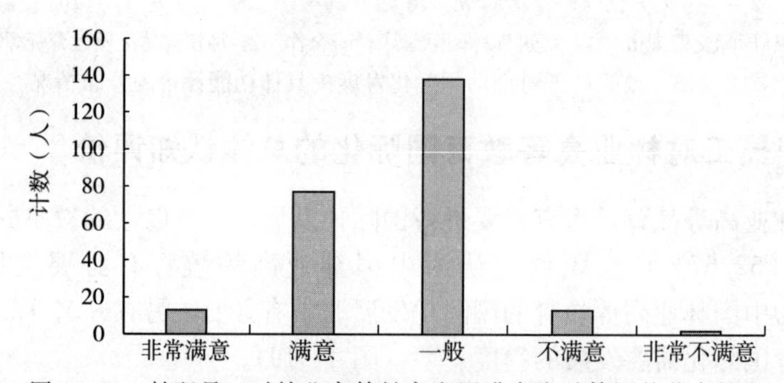

图 4-21　教职员工对林业高等教育发展满意度总体评价分布情况

四、教职员工对林业高等教育师资国际化的认知评价

超过一半的教职员工对授课教师的国际化水平总体评价为满意。19 名（7.82%）教职员工表示对授课教师的国际化水平非常满意；认为满意的教职员工有 134 名（55.14%）；80 名（32.92%）教职员工认为授课教师的国际化水平一般；对其表示不满意的教职员工有 10 名（4.12%）（图 4-22）。

教职员工对师资国际化水平中的国际化视野、国际交往能力和英文水平的满意度评价呈现差异。在 243 名受访教职员工中，有 22 名教职员工表示对授课教师国际化视野非常满意，表示满意的有 138 名；有 16 名教职员工对授课教师国际交往能力非常满意，表示满意的教职员工为 134 名；对英文水平感觉非常满意和满意的教职员工人数分别为 20 名和 130 名。总体来看，在林业高等教育授课教师国际化水平的评价中，教职员工对师资国际化水平中国际化视野满意度最高，对国际交往能力和英文水平满意度相对较低（图 4-23）。

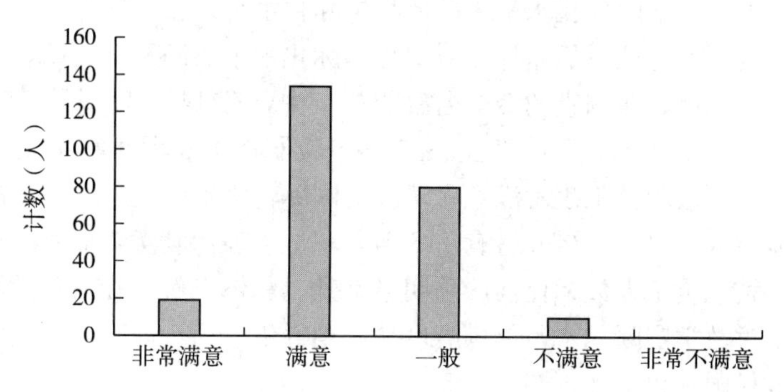

图 4-22　教职员工对林业高等教育师资满意度总体评价分布情况

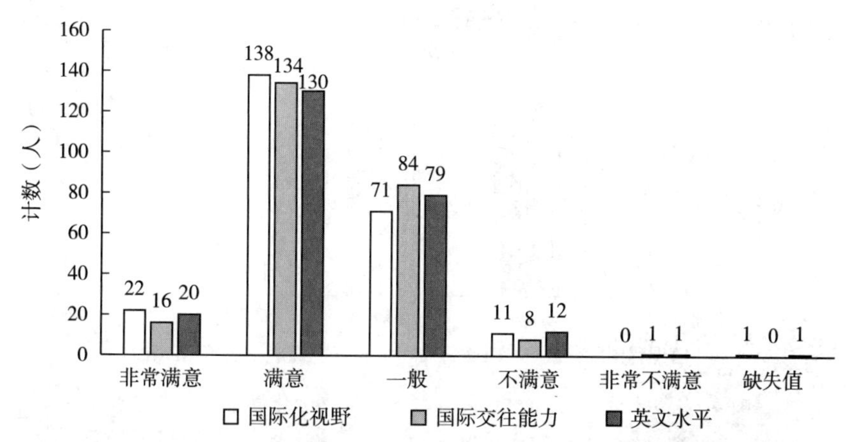

图 4-23　教职员工对林业高等教育师资国际化水平的满意度分布情况

五、教职员工对林业高等教育教学国际化的认知评价

总体来看，教职员工对于本校教学国际化水平的总体评价为满意的人数最多，评价为一般的次之。在调查的 243 名教职员工中，总体评价为非常满意的共计 17 人（7.00%）；表示满意的人数为 141 人（58.02%）；满意度评价为一般的教师共计 75 名（30.86%）；另有 9 名（3.70%）和 1 名（0.41%）教师分别表示不满意和非常不满意（图 4-24）。

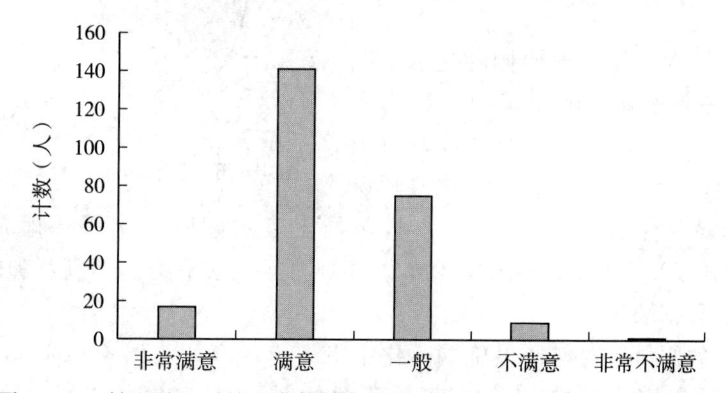

图 4-24　教职员工对林业高等教育教学国际化满意度总体评价分布情况

教职员工对本校教学国际化水平中的课程国际化水平、教材国际化水平和教学设施国际化水平的满意度评价呈现明显差异，对课程国际化水平的满意度更高，而对教材国际化水平则满意度相对较低。在调查的243名教职员工中，有14名教职员工表示对课程国际化水平非常满意，表示满意的有119名；有11名教职员工表示对教学设施国际化水平非常满意，另有113名教职员工表示满意；对教材国际化水平感觉非常满意的教职员工人数相较前两者明显降低，仅有7名，另有116名教职员工表示满意，而对教材国际化水平满意度为不满意的教职员工人数相比前两项明显上升。总体来看，在对教学国际化水平的评价中，教职员工对教学国际化水平的满意度从高到低依次为：课程国际化水平、教学设施国际化水平、教材国际化水平（图4-25）。

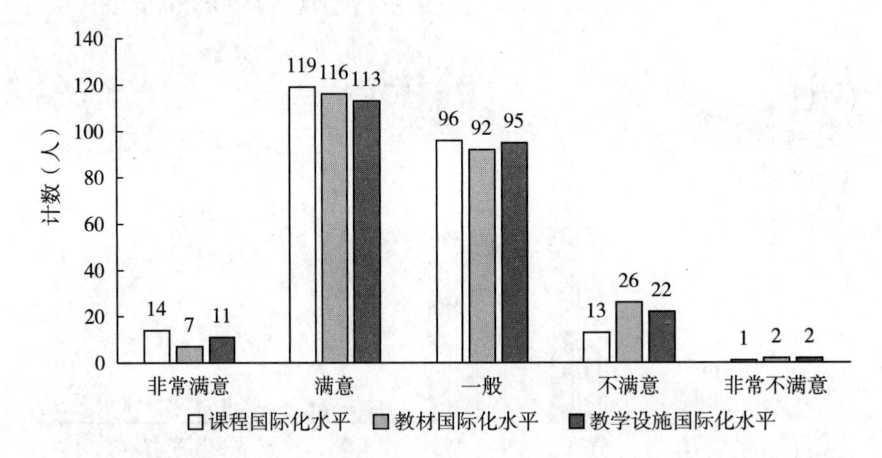

图4-25 教职员工对林业高等教育教学国际化满意度分布情况

六、教职员工对林业高等教育科研国际化的认知评价

通过243名受访教职员工对是否参与过国际科研合作项目这一问题的回答，可以发现参与过国际科研合作项目的教职员工数量较多。其中，参加过国际科研合作项目的教职员工共计比例达58%，而未参加过的教师占比42%（图4-26）。

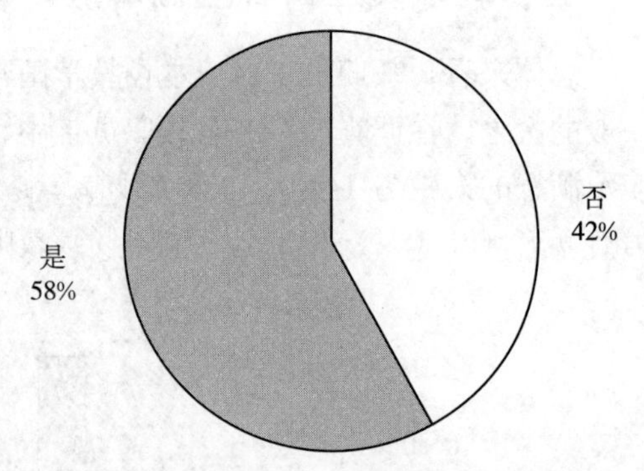

图4-26 教职员工是否参与过科研项目

总体来看，教职员工对科研国际化水平的总体评价集中在满意和一般，其中众数为满意。37名（15.23%）教职员工对本校科研国际化水平表示非常满意，表示满意的教师有112名（46.09%），有83名（34.16%）教职员工表示国际化水平一般。分别有8名（3.29%）和1名（0.41%）教职员工对本校科研国际化水平给出不满意和非常不满意的评价，另有2份数据缺失（图4-27）。

超过一半的教职员工对科研设施国际化水平评价为满意。16名（6.58%）教职员工对科研设施国际化水平非常满意；表示满意的教师为122名（50.21%），有88名

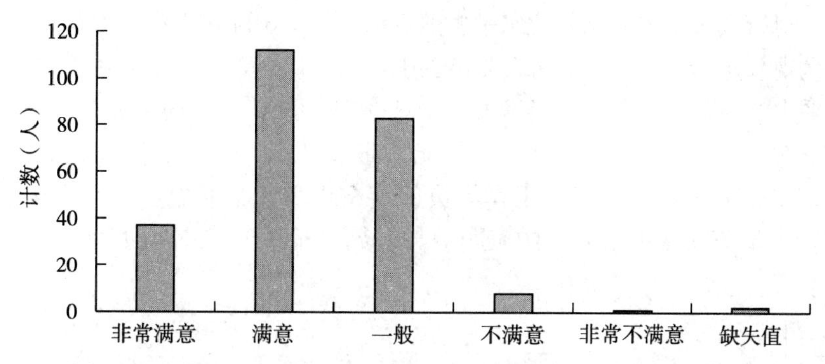

图 4-27　教职员工对科研国际化水平的满意度总体评价情况分布

（36.21%）的教职员工对其评价为一般，有 14 名（5.76%）教职员工表示不满意，认为非常不满意的教师有 2 名（0.82%），另有 1 份数据缺失（图 4-28）。

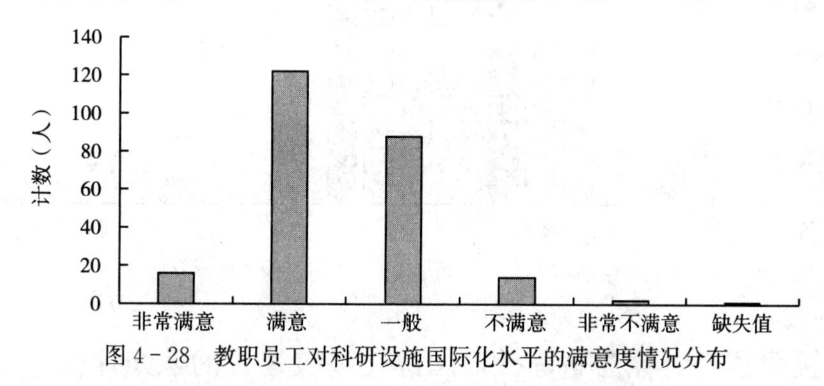

图 4-28　教职员工对科研设施国际化水平的满意度情况分布

七、教职员工对林业高等教育管理国际化的认知评价

在受访的 243 名教职员工中，对行政管理体系国际化水平的总体评价为非常满意的教师有 10 名（4.12%）；给出满意评价的教师共计 139 名（57.20%）；有 79 名（32.51%）教职员工满意度为一般；另分别有 14 名（5.76%）及 1 名（0.41%）教师给出不满意和非常不满意的评价。总体来看，教职员工对本校行政管理体系国际化水平的满意度总体评价较高（图 4-29）。

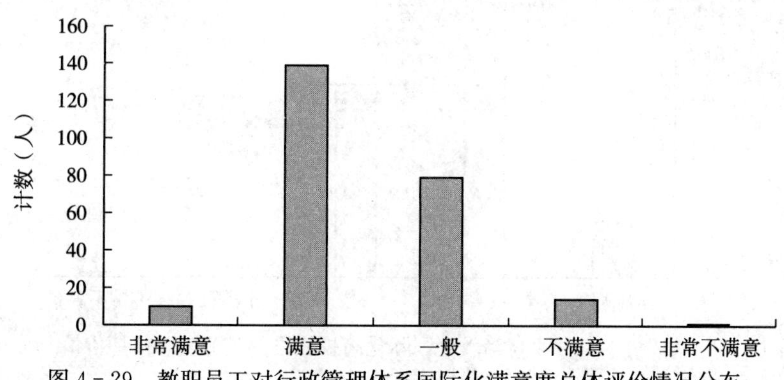

图 4-29　教职员工对行政管理体系国际化满意度总体评价情况分布

教职员工对行政管理体系国际化水平中的英语水平、国际化工作能力和国际交往能力的满意度评价呈现差异。在243名受访教职员工中，有18名教职员工表示对本校行政管理体系国际化水平中的国际交往能力非常满意，高于另外两项，表示满意的有135人；有12名教职员工表示对行政管理体系的国际化工作能力非常满意，对其满意的教职员工为139名；仅有9名教职员工表示对行政管理工作人员的英文水平非常满意，140名教师表示满意，而对行政管理人员英文水平不满意的教职员工人数明显高于另外两项（图4-30）。

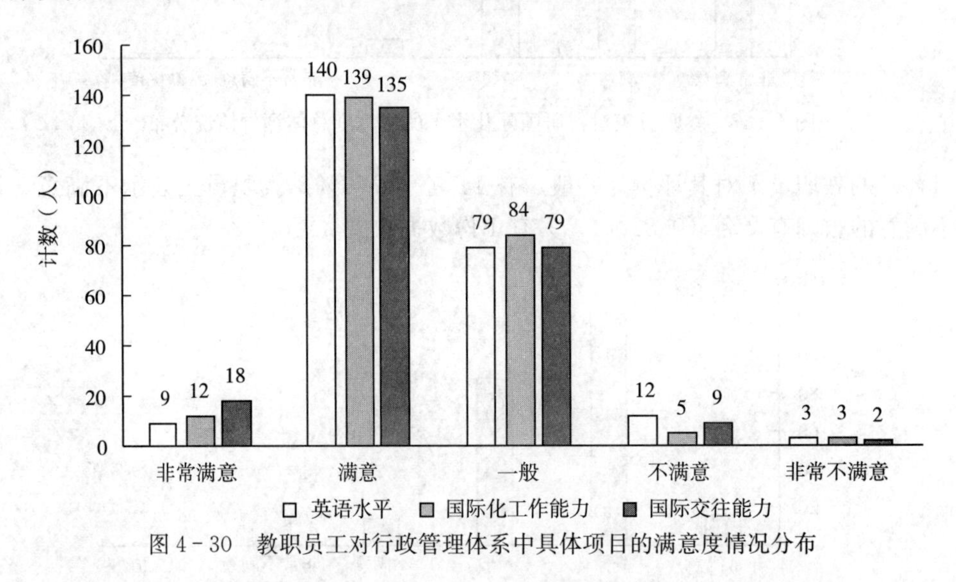

图4-30　教职员工对行政管理体系中具体项目的满意度情况分布

八、教职员工对林业高等教育国际化高校建设的认知评价

教职员工对所在高校国际化发展水平的总体评价的众数为满意。在对243名教师的调查中，对所在高校国际化发展水平表示满意的教职员工最多，为133名（54.73%）；满意度为一般的教职员工数量次之，共计86名（35.39%）；表示非常满意的人数更少，共17人（7.00%）；另有5名（2.06%）和2名（0.82%）教职员工分别给出不满意和非常不满意的评价（图4-31）。

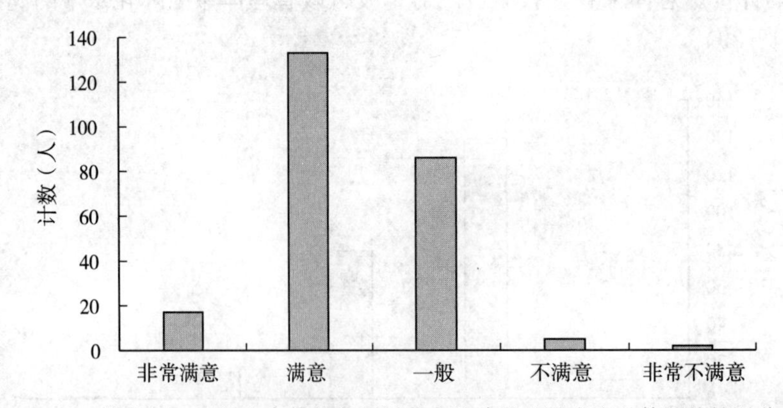

图4-31　教职员工对林业高等教育国际化高校建设的满意度总体评价情况分布

教职员工对所在高校国际化发展水平中的国际化发展定位、国际化发展现状、学术人

文交流国际化水平、基础设施建设国际化水平和教职员工国际交流项目的满意度评价呈现明显差异（图 4-32）。

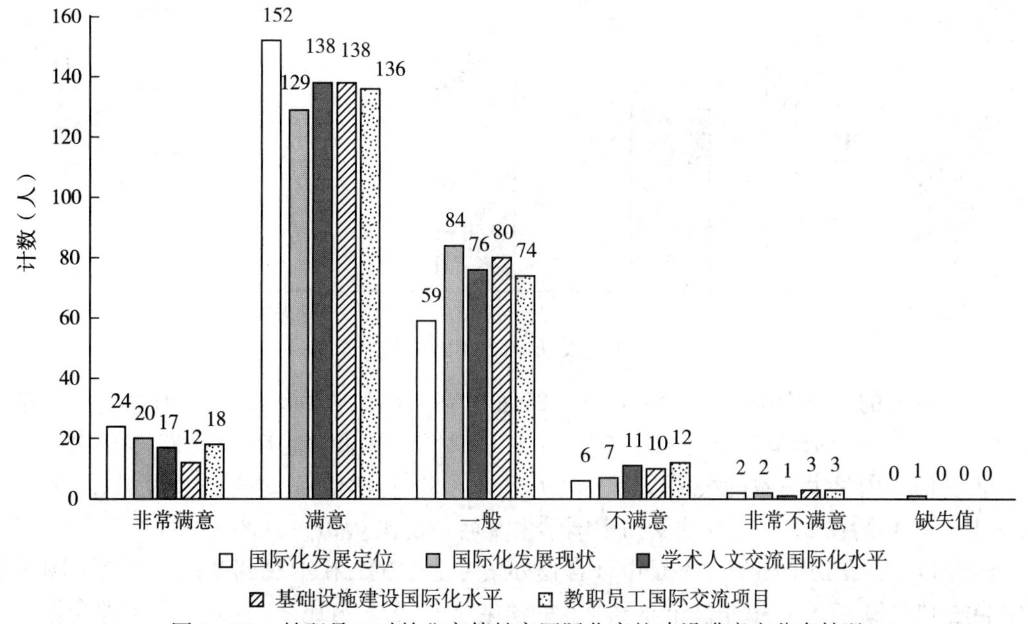

图 4-32　教职员工对林业高等教育国际化高校建设满意度分布情况

受访的 243 名教职员工对国际化发展定位的满意度更高，而对基础设施建设国际化水平和国际化发展现状的满意度较低。有 24 名教职员工表示对本校国际化发展定位非常满意，152 名表示满意；表示对学术人文交流国际化水平非常满意和满意的教职员工数量分别为 17 名和 138 名；在教职员工国际交流项目的满意度方面，有 18 名教职员工表示非常满意，而表示满意的教职员工有 136 名；另有 20 名教职员工表示对国际化发展现状非常满意，对其满意的教职员工数量少于另外四项，为 129 名；对基础设施建设国际化水平非常满意的教职员工人数相较之前四项明显降低，仅有 12 名教师表示对基础设施建设国际化水平非常满意，138 名教师表示满意；对国际化发展现状和基础设施建设国际化水平满意度为一般的教职员工人数多于其他三项。

总体来看，在教职员工对本校国际化发展水平的评价中，国际化发展定位满意度最高，学术人文交流国际化水平及教职员工交流项目次之，国际化发展现状最低。

第四节　中国学生对于中国林业高等教育国际化的认知情况

一、受访中国学生基本情况

本次调查共回收 366 份有效中国学生问卷，以下是对中国学生问卷调查基本信息的描述性统计。

一半以上的受访中国学生为女生。在本次调查的 366 名中国学生中，除去缺失值 2 个，男生有 147 名，占比 40.16%；女生共计 217 名，占受访中国学生总数的一半以上，比例达 59.29%（图 4-33）。

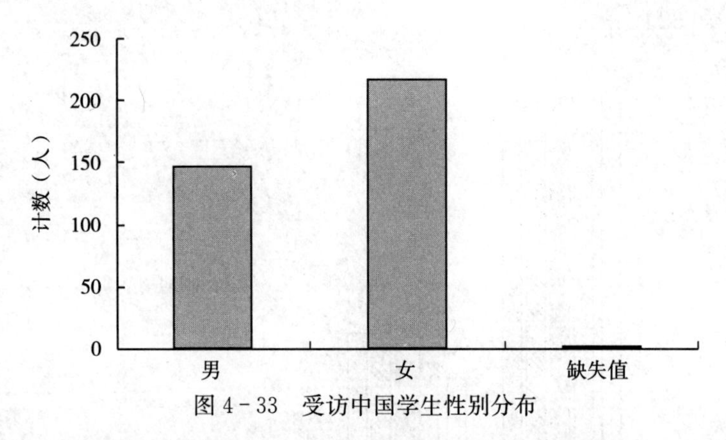

图 4-33　受访中国学生性别分布

大半以上的受访中国学生年龄在 18～25 岁。在本次调查的 366 名中国学生中，除去缺失值 2 个，小于 18 岁的学生有 7 名，占比 1.91%；受访学生在 18～25 岁的共计 337 名，占受访中国学生总数的大半以上，比例达 92.08%；学生在 26～30 岁的共 19 名，占比 5.19%；年龄在 31～35 岁的受访中国学生 1 名，占比 0.27%（图 4-34）。

一半以上的受访中国学生不是中外合作办学专业学生。在本次调查的 366 名中国学生中，除去缺失值 10 个，中外合作办学专业的学生有 84 名，占比 22.95%；非中外合作办学专业的学生共计 272 名，占受访中国学生总数的一半以上，比例达 74.32%（图 4-35）。

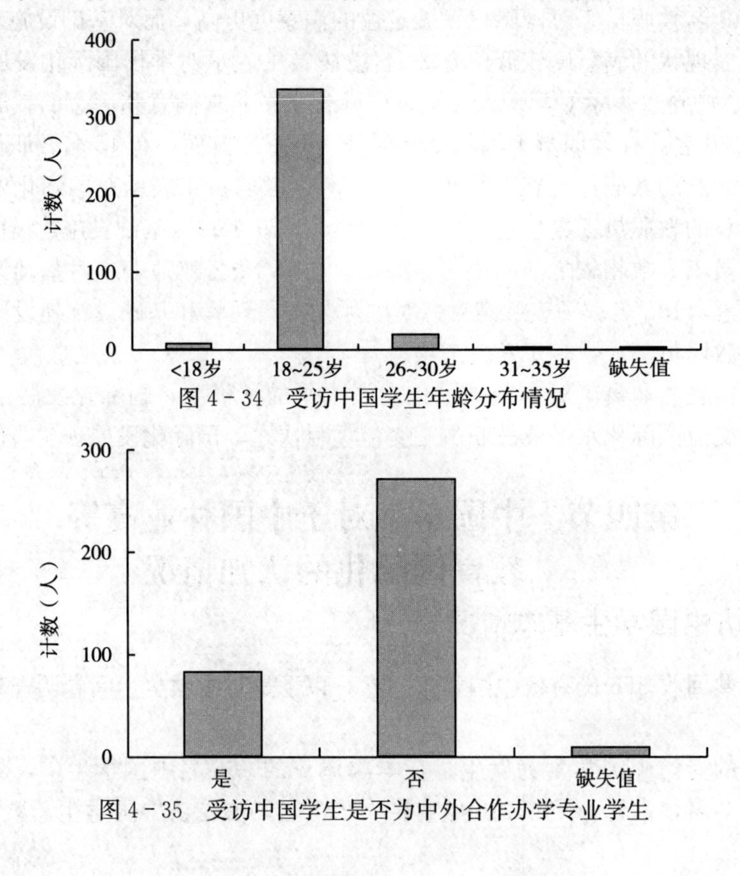

图 4-34　受访中国学生年龄分布情况

图 4-35　受访中国学生是否为中外合作办学专业学生

一半以上的受访中国学生是硕士。在本次调查的 366 名中国学生中，本科生有 158 名，占比 43.17%；硕士生共计 192 名，占受访中国学生总数的一半以上，比例达 52.46%；博士生 16 名，占比 4.37%（图 4－36）。

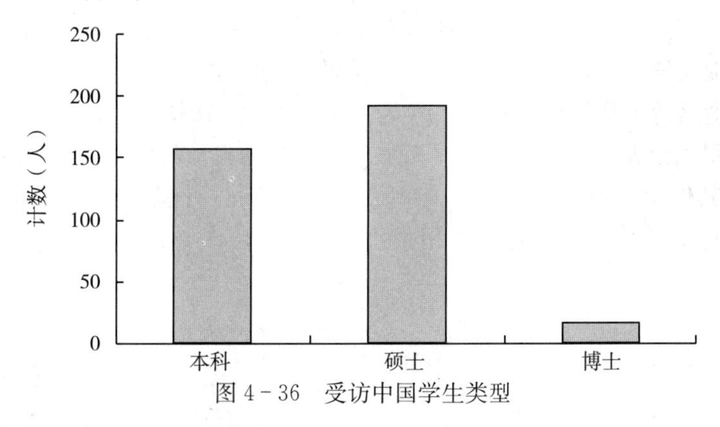

图 4－36　受访中国学生类型

90%以上的受访中国学生没有海外生活学习经历。在本次调查的 366 名中国学生中，有海外经历的学生有 12 名，占比 3.28%；没有海外经历的学生共计 354 名，占受访中国学生总数的 90%以上，比例达 96.72%（图 4－37）。

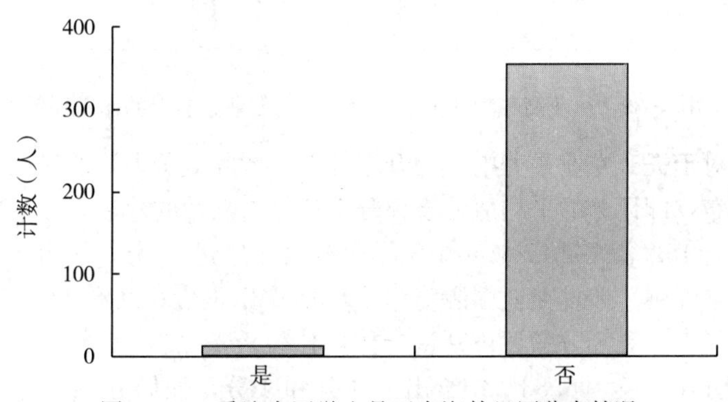

图 4－37　受访中国学生是否有海外经历分布情况

在本次调查的 366 名中国学生中，除去缺失值 1 个，有出国深造或就业打算的学生有 173 名，占比 47.27%；无此项打算的学生共计 192 名，比例达 52.46%（图 4－38）。

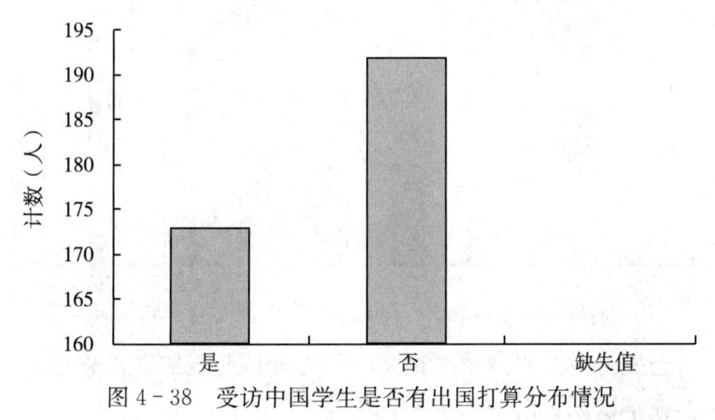

图 4－38　受访中国学生是否有出国打算分布情况

二、中国学生对林业高等教育国际化发展功能的评价

总体来看，对于林业高等教育国际化“提升专业素养”这一功能，中国学生对其评价呈现左偏分布，即评分的平均值处于评分中位数与众数的左边。在本次调查的366名中国学生中，除去缺失值7个，164名（44.81%）中国学生给出5分，认为林业高等教育国际化对提升专业素养的作用很大；有116名（31.69%）中国学生对其作用给出了4分的评价，认为作用比较大；有68名（18.58%）给出3分和5名（1.37%）给出2分的中国学生分别认为其作用一般和较小；另有6名（1.64%）中国学生给出1分认为林业高等教育国际化对提升学生专业素养的作用很小（图4-39）。

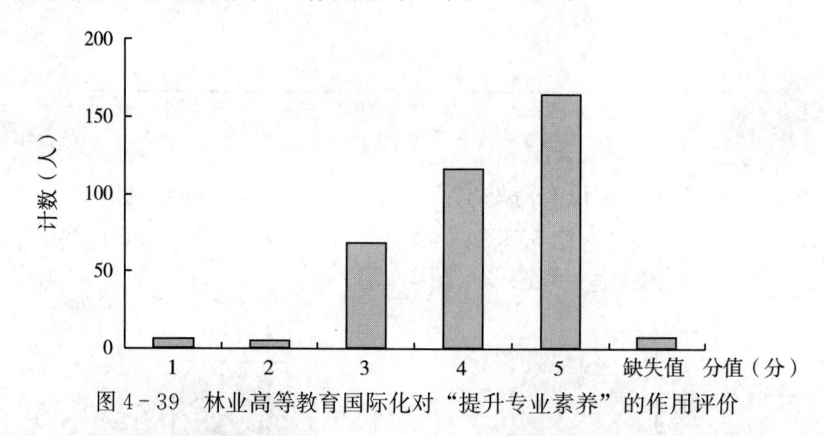

图4-39 林业高等教育国际化对“提升专业素养”的作用评价

总体来看，对于提升专业素养中“提升涉林专业国际竞争力”的作用，中国学生对其评价呈现左偏分布，即评分的平均值处于评分中位数与众数的左边。在本次调查的366名中国学生中，共有152名（41.53%）中国学生给出9分到10分，认为林业高等教育国际化对于提升专业素养中“涉林专业国际竞争力”的作用很大；共有110名（30.06%）学生对该作用给出了7分和8分的评价，认为作用比较大；共有67名中国学生（18.31%）给出了5分和6分，25名（6.83%）给出了3分和4分，他们分别认为其作用一般和较小；另有12名（3.28%）学生认为提升专业素养中“提升涉林专业国际竞争力”的作用很小，仅给出了1分和2分的评价（图4-40）。

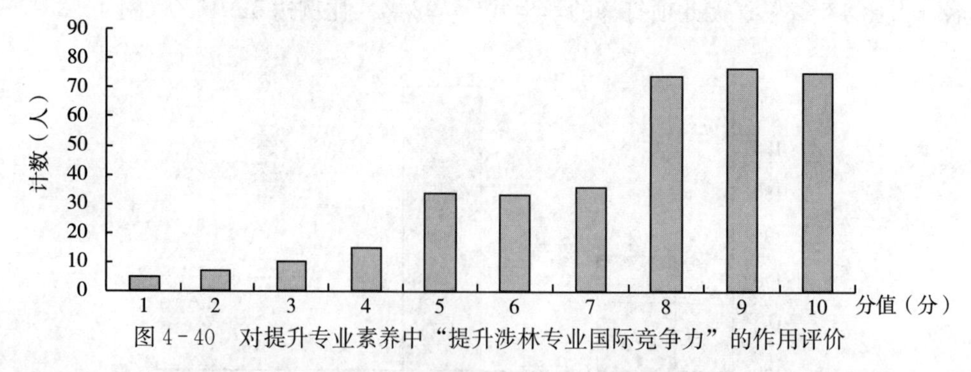

图4-40 对提升专业素养中“提升涉林专业国际竞争力”的作用评价

总体来看，对于提升专业素养中“拓宽涉林专业国际视野”的作用，中国学生对其评价呈现左偏分布。在本次调查的366名中国学生中，共有165名（45.08%）中国学生给

出了 9 分和 10 分的评价，认为林业高等教育国际化对于提升专业素养中“拓宽涉林专业国际视野”的作用很大；共有 127 名（34.70%）中国学生对其作用给出了 7 分和 8 分的评价，认为作用比较大；有 43 名中国学生（11.75%）给出了 5 分和 6 分的评价，认为其作用较小；20 名（5.47%）中国学生给出了 3 分和 4 分的评价，认为其作用较小；另有 11 名（3.01%）中国学生认为提升专业素养中“拓宽涉林专业国际视野”的作用很小，仅给出了 1 分和 2 分的评价（图 4－41）。

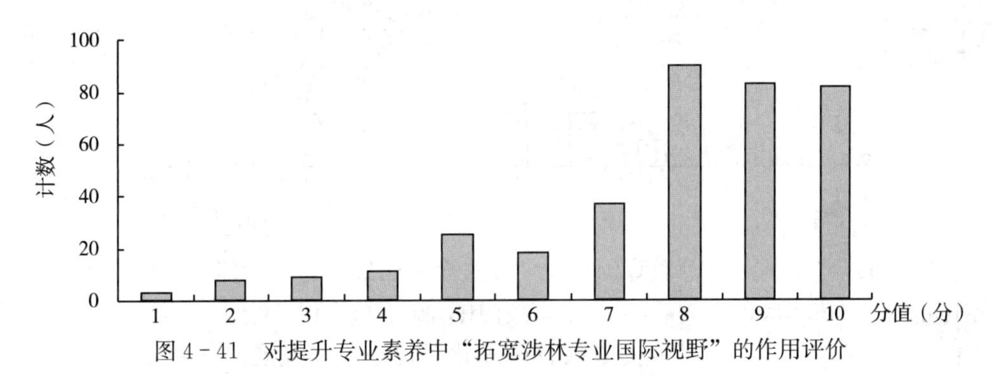

图 4－41　对提升专业素养中“拓宽涉林专业国际视野”的作用评价

总体来看，对于提升专业素养中“掌握涉林专业最新国际前沿”的作用，中国学生对其评价呈现左偏分布。在本次调查的 366 名中国学生中，共有 162 名（44.26%）中国学生给出了 9 分和 10 分，认为林业高等教育国际化对于提升专业素养中“掌握涉林专业最新国际前沿”的作用很大；共有 120 名（32.78%）中国学生对其作用给出了 7 分和 8 分的评价，认为作用比较大；共有 54 名（14.75%）中国学生给出了 5 分和 6 分，认为其作用一般；22 名（6.01%）中国学生给出了 3 分和 4 分，认为其作用较小；另有 8 名（2.19%）学生认为提升专业素养中“掌握涉林专业最新国际前沿”的作用很小，仅给出了 1 分和 2 分的评价（图 4－42）。

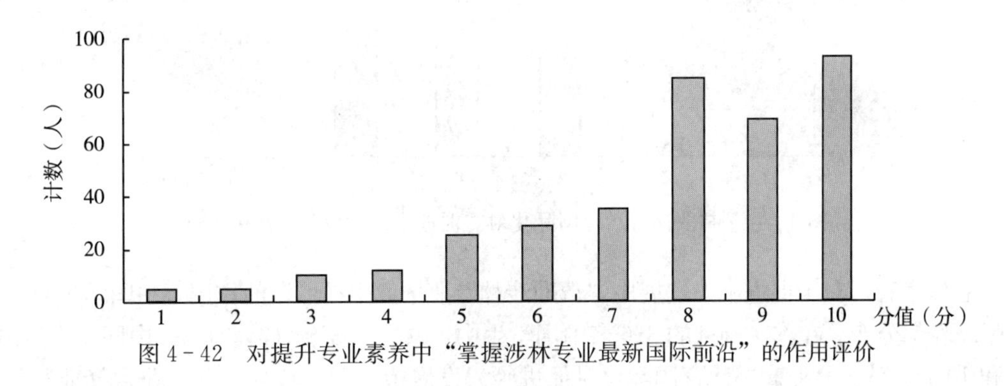

图 4－42　对提升专业素养中“掌握涉林专业最新国际前沿”的作用评价

总体来看，对于提升专业素养中“提高涉林专业外语水平”的作用，中国学生对其评价呈现左偏分布。在本次调查的 366 名中国学生中，除去 1 个缺失值，共有 176 名（48.09%）中国学生给出了 9 分和 10 分的评价，认为林业高等教育国际化对于提升专业素养中“提高涉林专业英语水平”的作用很大；共有 117 名（31.97%）学生对其作用给出了 7 分和 8 分的评价，认为作用比较大；共有 38 名（10.38%）中国学生给出了 5 分和

6分的评价，认为其作用一般；30名（8.19%）中国学生给出了3分和4分，认为其作用较小；另有4名（1.09%）学生认为提升专业素养中“提高涉林专业英语水平”的作用很小，仅给出了1分和2分的评价（图4-43）。

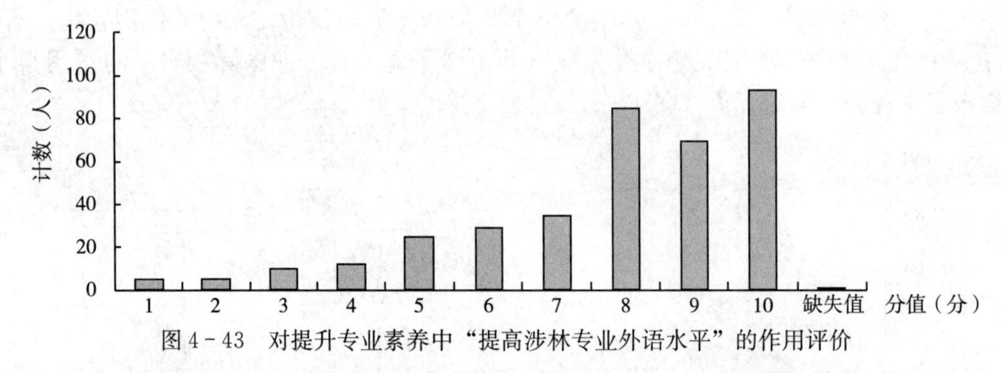

图4-43 对提升专业素养中“提高涉林专业外语水平”的作用评价

总体来看，对于林业高等教育国际化“促进个人发展”这一功能，中国学生对其评价呈现左偏分布。在本次调查的366名中国学生中，除去缺失值7个，有161名（43.99%）中国学生给出了5分，认为林业高等教育国际化对促进个人发展的作用很大；有126名（34.43%）学生对其作用给出了4分的评价，认为作用比较大；有62名（16.94%）中国学生给出了3分，认为其作用一般；7名（1.91%）中国学生给出2分，认为其作用较小；另有3名（0.82%）学生认为林业高等教育国际化对促进学生个人发展的作用很小仅给出了1分的评价（图4-44）。

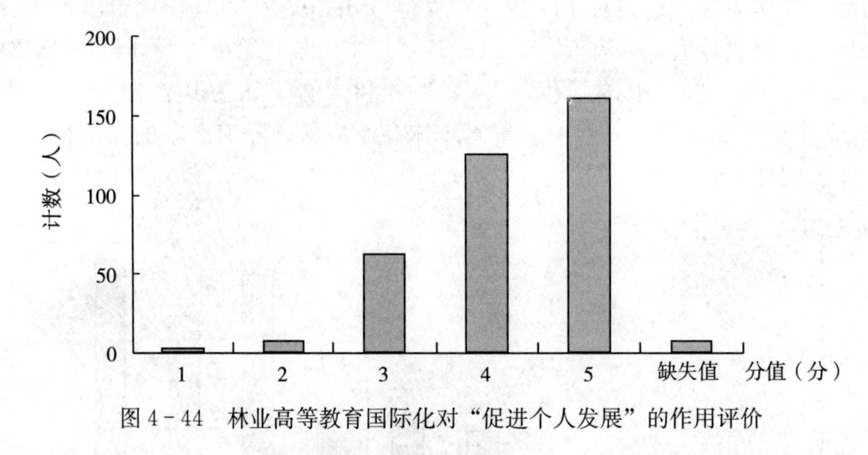

图4-44 林业高等教育国际化对“促进个人发展”的作用评价

总体来看，对于促进个人发展中“帮助涉林专业毕业生择业”的作用，中国学生对其评价呈现左偏分布。在本次调查的366名中国学生中，共有133名（36.34%）中国学生给出9分和10分，认为林业高等教育国际化对促进个人发展中“帮助涉林专业毕业生择业”的作用很大；共有117名（31.97%）学生对其作用给出了7分和8分的评价，认为作用比较大；有73名（19.94%）中国学生给出5分和6分，认为其作用一般；29名（7.92%）中国学生给出了3分和4分，认为其作用较小；另有14名（3.82%）学生认为促进个人发展中“帮助涉林专业毕业生择业”的作用很小，仅给出了1分和2分的评价（图4-45）。

总体来看，对于促进个人发展中“帮助涉林专业毕业生创业”的作用，中国学生对其评价呈现左偏分布。在本次调查的366名中国学生中，共有104名（28.42%）中国学生给出了9分和10分的评价，认为林业高等教育国际化对促进个人发展中“帮助涉林专业毕业生创业”职能的作用很大；共有127名（34.70%）学生对其作用给出了7分和8分的评价，认为作用比较大；有77名（21.04%）中国学生给出5分和6分，认为其作用一般；44名（12.02%）中国学生给出3分和4分，认为其作用较小；另有14名（3.82%）学生认为促进个人发展中“帮助涉林专业毕业生创业”的作用很小，仅给出1分的评价（图4-46）。

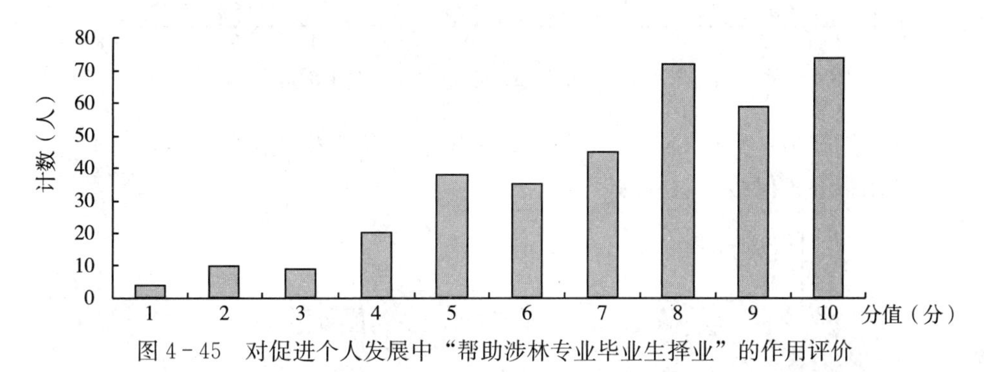

图4-45　对促进个人发展中“帮助涉林专业毕业生择业”的作用评价

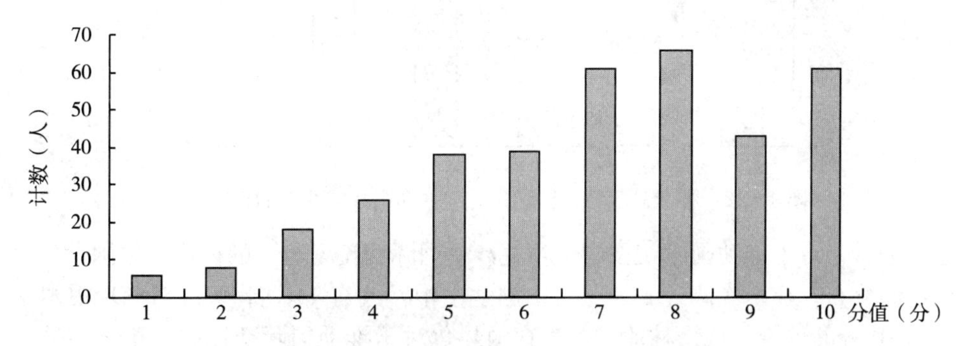

图4-46　对促进个人发展中“帮助涉林专业毕业生创业”的作用评价

总体来看，对于促进个人发展中“帮助涉林专业毕业生深造”的作用，中国学生对其评价呈现左偏分布。在本次调查的366名中国学生中，共有155名（42.35%）中国学生给出了9分和10分的评价，认为林业高等教育国际化促进个人发展中“帮助涉林专业毕业生深造”的作用很大；共有123名（33.61%）学生对其作用给出了7分和8分的评价，认为作用比较大；有52名（14.21%）中国学生给出了5分和6分的评价，认为其作用一般；28名（7.65%）中国学生给出了3分和4分，认为其作用较小；另有8名（2.19%）的中国学生认为促进个人发展中“帮助涉林专业毕业生深造”的作用很小，仅给出了1分和2分的评价（图4-47）。

总体来看，对于林业高等教育国际化“推动国际交往”这一功能，中国学生对其评价呈现左偏分布。在本次调查的366名中国学生中，除去缺失值7个，共有149名（40.71%）中国学生给出了5分的评价，认为林业高等教育国际化对推动国际交往的作用很大；共有97名（26.50%）学生对其作用给出了4分的评价，认为作用比较大；有80名（21.86%）中国学生给出3分，认为其作用一般；21名（5.74%）中国学生给出2

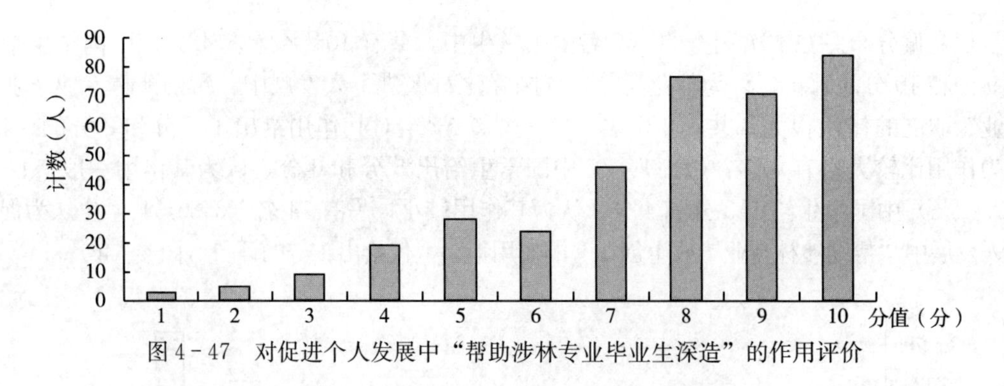

图 4－47　对促进个人发展中"帮助涉林专业毕业生深造"的作用评价

分，认为其作用较小；另有 12 名（3.28%）中国学生认为林业高等教育国际化对推动国际交往的作用很小，仅给出 1 分的评价（图 4－48）。

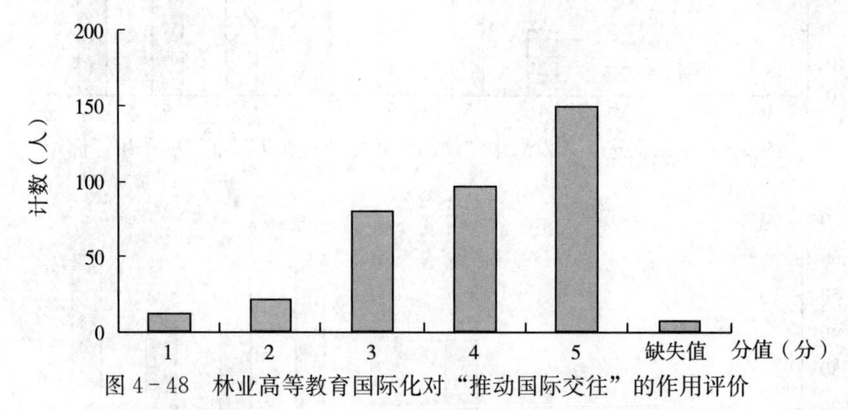

图 4－48　林业高等教育国际化对"推动国际交往"的作用评价

总体来看，对于推动国际交往中"拓宽涉林国际交流渠道"的作用，中国学生对其评价呈现左偏分布。在本次调查的 366 名中国学生中，共有 145 名（39.61%）中国学生给出 9 分和 10 分的评价，认为林业高等教育国际化对于推动国际交往中"拓宽涉林国际交流渠道"的作用很大；有 130 名（35.52%）学生对其作用给出了 7 分和 8 分的评价，认为作用比较大；有 55 名（15.02%）中国学生给出了 5 分和 6 分的评价，认为其作用一般；26 名（7.10%）中国学生给出了 3 分和 4 分的评价，认为其作用较小；另有 10 名（2.74%）学生认为推动国际交往中"拓宽涉林国际交流渠道"的作用很小，仅给出 1 分和 2 分的评价（图 4－49）。

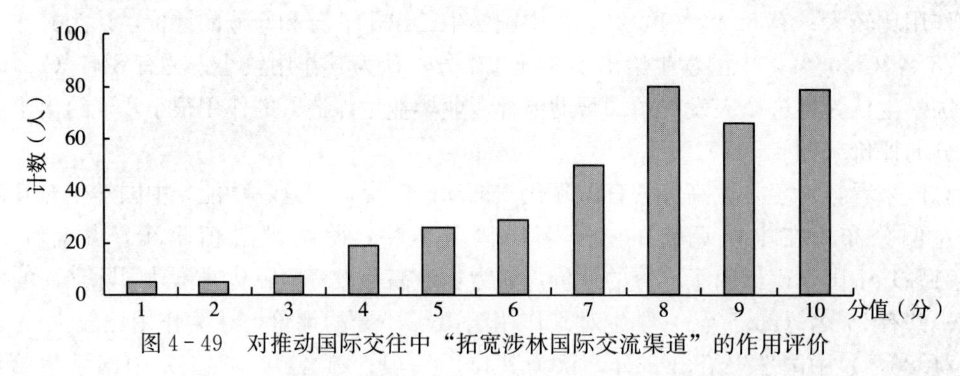

图 4－49　对推动国际交往中"拓宽涉林国际交流渠道"的作用评价

总体来看，对于推动国际交往中“促进涉林国际学术科研合作”的作用，中国学生对其评价呈现左偏分布。在本次调查的366名中国学生中，共有146名（39.89%）中国学生给出9分和10分的评价，认为林业高等教育国际化对于推动国际交往中“促进涉林国际学术科研合作”的作用很大；共有138名（37.70%）学生对其作用给出了7分和8分的评价，认为作用比较大；有42名（11.48%）中国学生给出了5分和6分的评价，认为其作用一般；30名（8.20%）中国学生给出了3分和4分的评价，认为其作用较小；另有10名（2.73%）学生认为林业高等教育国际化对推动国际交往中“促进涉林国际学术科研合作”的作用很小，仅给出1分和2分的评价（图4-50）。

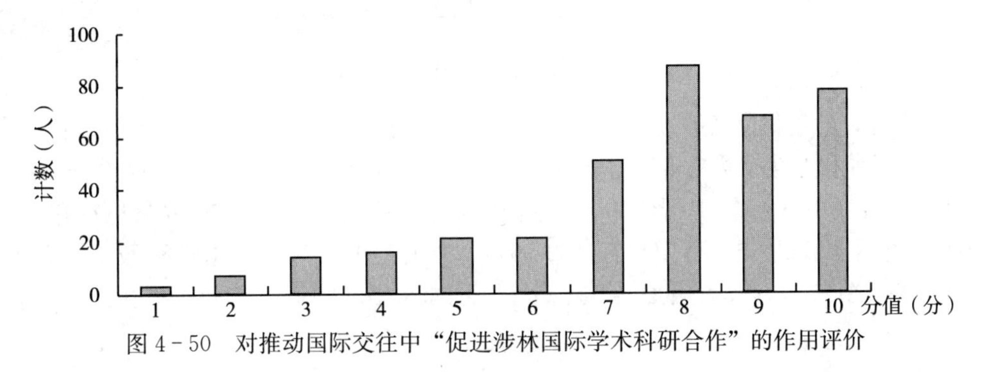

图4-50　对推动国际交往中“促进涉林国际学术科研合作”的作用评价

总体来看，对于推动国际交往中“加快涉林优质教育资源流动”的作用，中国学生对其评价呈现左偏分布。在本次调查的366名中国学生中，共有146名（39.89%）中国学生给出了9分和10分的评价，认为林业高等教育国际化对于推动国际交往中“加快涉林优质教育资源流动”的作用很大；共有126名（34.43%）学生对其作用给出了7分和8分的评价，认为作用比较大；有54名（14.76%）中国学生给出5分和6分的评价，认为其作用一般；26名（7.10%）中国学生给出3分和4分的评价，认为其作用较小；另有14名（3.83%）学生认为推动国际交往中“加快涉林优质教育资源流动”的作用很小，仅给出1分和2分的评价（图4-51）。

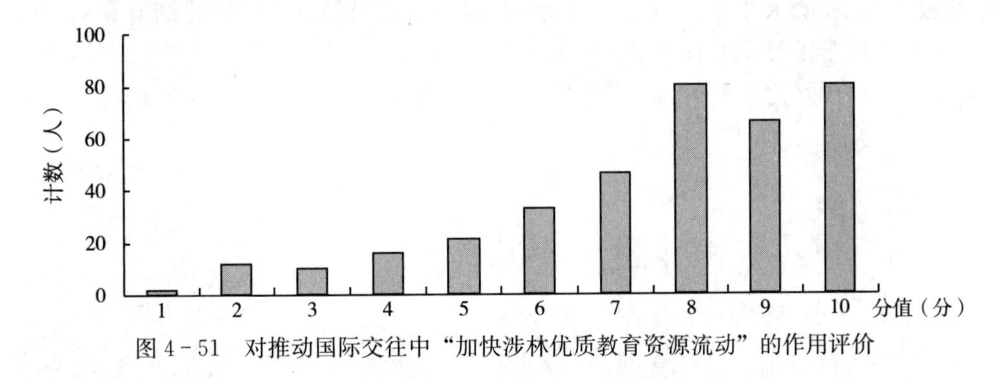

图4-51　对推动国际交往中“加快涉林优质教育资源流动”的作用评价

三、中国学生对林业高等教育国际化总体的认知评价

总体来看，对于林业高等教育国际化发展的必要性，中国学生对其评价呈现右偏分布。在本次调查的366名中国学生中，117名（31.97%）中国学生认为林业高等教育国

际化发展非常有必要；有 197 名（53.83%）学生认为有必要；有 48 名（13.11%）中国学生认为其必要性一般；另有 3 名（0.82%）和 1 名（0.27%）学生认为林业高等教育国际化发展不太必要及没有必要（图 4-52）。

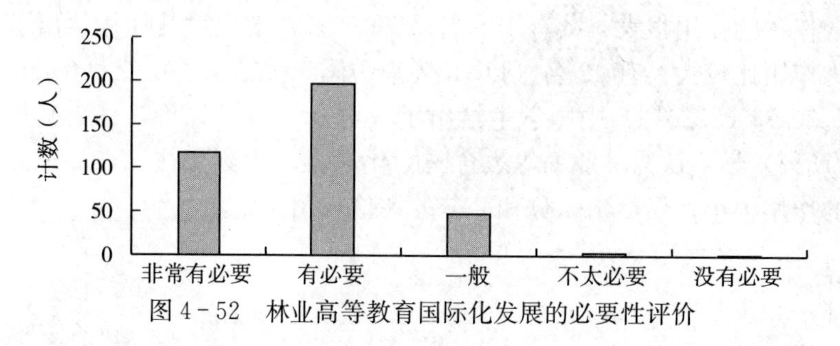

图 4-52　林业高等教育国际化发展的必要性评价

总体来看，对于林业高等教育国际化发展的紧迫性，中国学生对其评价呈现右偏分布；有半数以上的中国学生认为林业高等教育国际化发展具有紧迫性。在本次调查的 366 名中国学生中，67 名（18.31%）中国学生认为林业高等教育国际化发展非常紧迫；有 176 名（48.09%）学生认为紧迫；有 106 名（28.96%）中国学生认为其紧迫性一般；另有 12 名（3.28%）和 5 名（1.37%）学生认为林业高等教育国际化发展不太紧迫及不紧迫（图 4-53）。

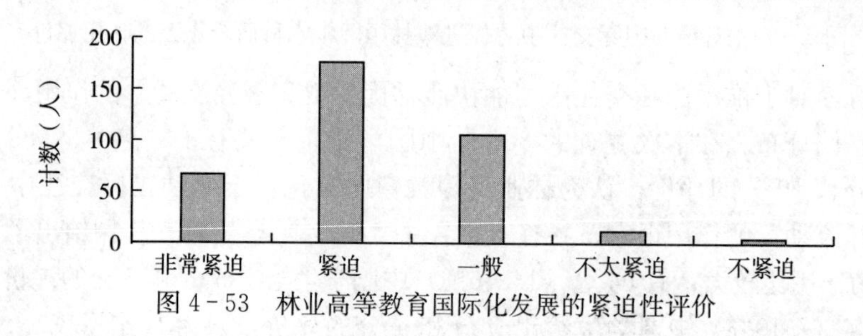

图 4-53　林业高等教育国际化发展的紧迫性评价

总体来看，对于林业高等教育国际化水平的满意程度，中国学生对其评价呈现右偏分布。在本次调查的 366 名中国学生中，除去 6 个缺失值，26 名（7.10%）中国学生对林业高等教育国际化水平非常满意；有 141 名（38.52%）学生对其满意；有 167 名（45.63%）中国学生对此感觉满意度一般；另有 22 名（6.01%）和 4 名（1.09%）学生对林业高等教育国际化水平不满意及非常不满意（图 4-54）。

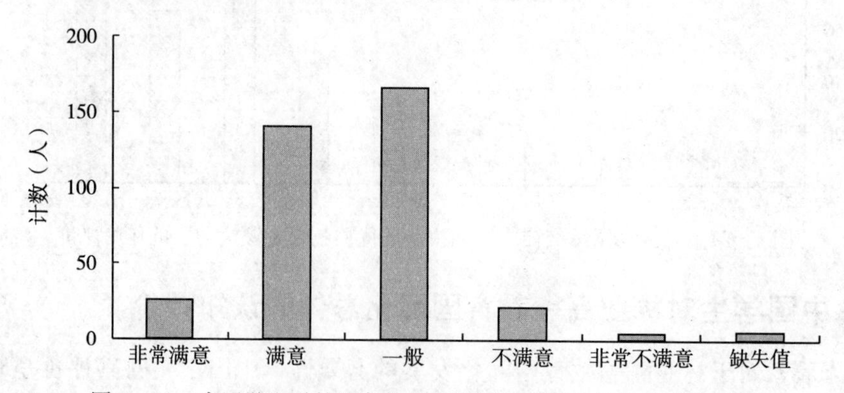

图 4-54　中国学生对林业高等教育国际化水平的总体满意度评价

四、中国学生对林业高等教育师资国际化的认知评价

总体来看，对于授课教师的国际化水平总体满意程度，中国学生对其评价呈现右偏分布。在本次调查的 366 名中国学生中，除去 6 个缺失值，49 名（13.39%）中国学生对授课教师的国际化水平非常满意；有 178 名（48.63%）学生表示满意；有 110 名（30.05%）中国学生满意度一般；另有 20 名（5.46%）和 3 名（0.82%）学生对授课教师国际化水平不满意及非常不满意（图 4-55）。

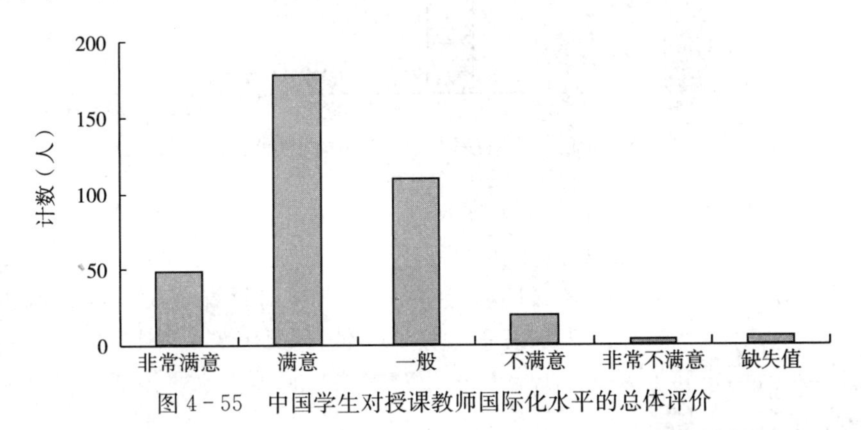

图 4-55　中国学生对授课教师国际化水平的总体评价

总体来看，对于授课教师的国际化视野的满意程度，中国学生对其评价呈现右偏分布。在本次调查的 366 名中国学生中，除去 7 个缺失值，58 名（15.85%）中国学生对授课教师的国际化视野非常满意；有 178 名（48.63%）学生表示满意；有 110 名（30.05%）中国学生满意度一般；另有 12 名（3.28%）和 1 名（0.27%）学生对授课教师国际化视野不满意及非常不满意（图 4-56）。

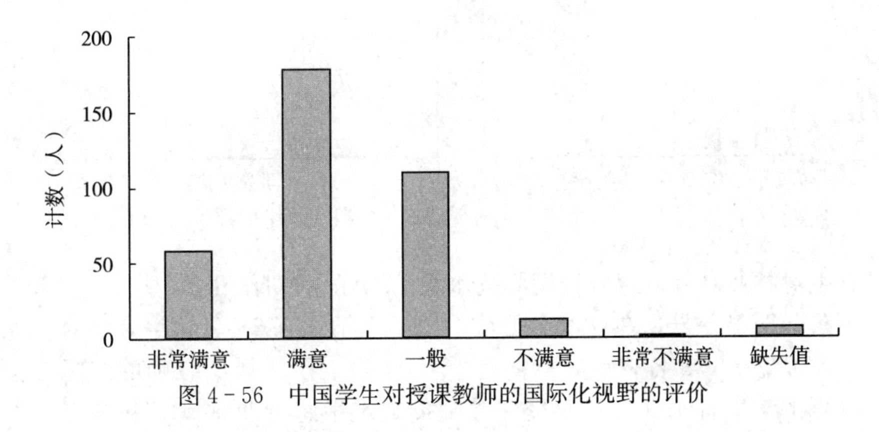

图 4-56　中国学生对授课教师的国际化视野的评价

总体来看，对于授课教师的国际交往能力的满意程度，中国学生对其评价呈现右偏分布，对授课教师的国际交往能力满意的中国学生达到半数以上。在本次调查的 366 名中国学生中，除去 6 个缺失值，46 名（12.57%）中国学生对授课教师的国际化视野非常满意；有 190 名（51.91%）学生表示满意；有 109 名（29.78%）中国学生满意度一般；另有 14 名（3.83%）和 1 名（0.27%）学生对授课教师国际交往能力不满意及非常不满意

(图 4-57)。

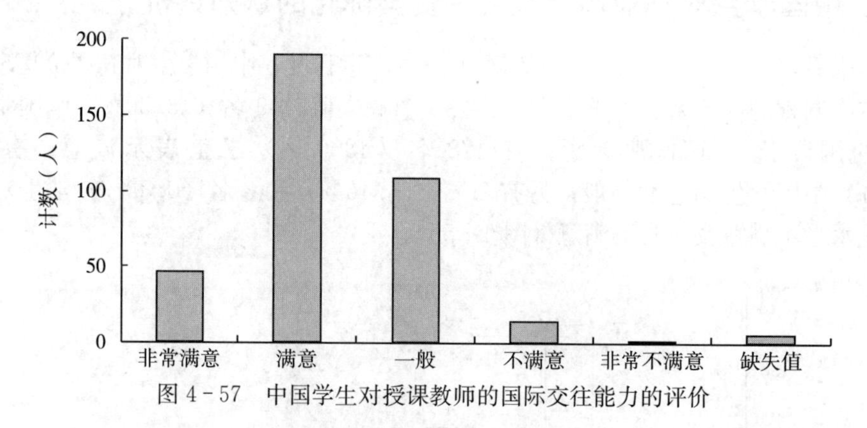

图 4-57　中国学生对授课教师的国际交往能力的评价

总体来看，对于授课教师的英文水平的满意程度，中国学生对其评价呈现右偏分布，对授课教师的英文水平满意的中国学生达到半数以上。在本次调查的 366 名中国学生中，除去 6 个缺失值，56 名（15.30%）中国学生对授课教师的英文水平非常满意；有 186 名（50.82%）学生表示满意；有 106 名（28.96%）中国学生满意度一般；另有 11 名（3.01%）和 1 名（0.27%）学生对授课教师英文水平不满意及非常不满意(图 4-58)。

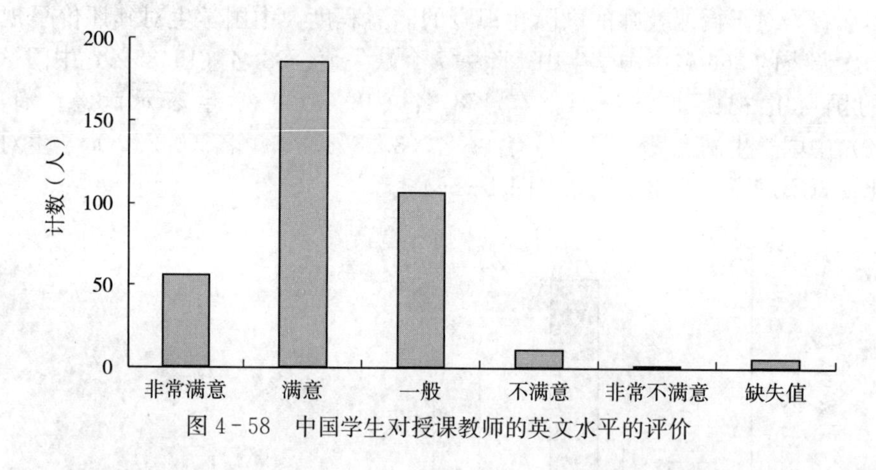

图 4-58　中国学生对授课教师的英文水平的评价

中国学生对林业高等教育师资国际化水平的国际化视野、国际交往能力和英文水平的满意度评价无明显差异。在 366 名受访中国学生中，有 58 名学生表示对授课教师国际化视野非常满意，178 名表示满意；有 46 名学生表示对授课教师的国际交往能力非常满意，满意的学生有 190 人；对授课教师英文水平感觉非常满意和满意的中国学生人数分别为 56 人和 186 人；且对授课教师国际化视野、国际交往能力和英文水平满意度一般和不满意的学生人数也无明显差异。总体来看，在林业高等教育师资力量的国际化认知评价中，中国学生对授课教师三种高等教育国际化能力的满意度无显著差异(图 4-59)。

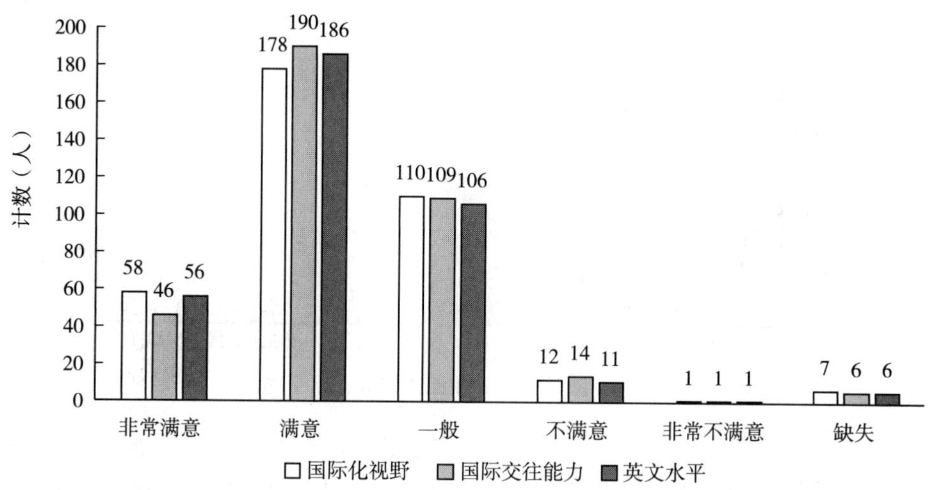

图4-59　中国学生对林业高等教育师资国际化不同能力认知评价比较

五、中国学生对林业高等教育教学国际化的认知评价

总体来看，对于教学国际化水平的总体满意程度，中国学生对其评价呈现右偏分布。在本次调查的366名中国学生中，除去7个缺失值，47名（12.84%）中国学生对教学国际化水平非常满意；有163名（44.54%）学生表示满意；有130名（35.52%）中国学生满意度一般；另有16名（4.37%）和3名（0.82%）学生对教学国际化水平不满意及非常不满意（图4-60）。

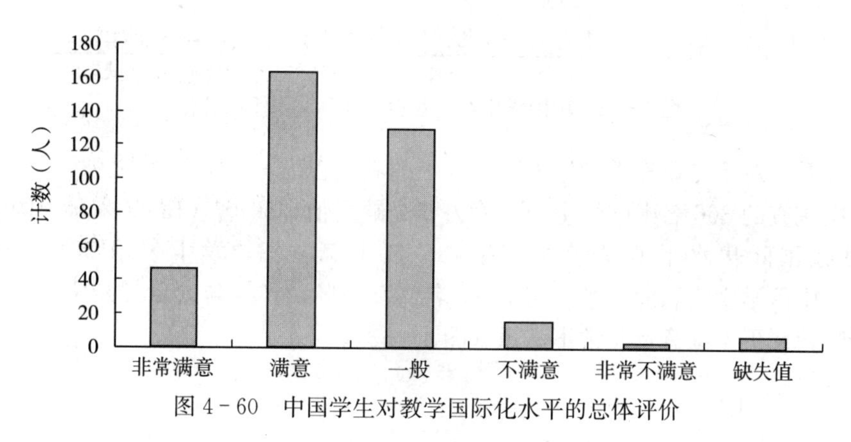

图4-60　中国学生对教学国际化水平的总体评价

总体来看，对于专业课程国际化水平的满意程度，中国学生对其评价呈现右偏分布。在本次调查的366名中国学生中，除去6个缺失值，52名（14.21%）中国学生对专业课程国际化水平非常满意，有140名（38.25%）学生表示满意，有145名（39.62%）中国学生满意度一般，另有17名（4.64%）和6名（1.64%）学生对专业课程国际化水平不满意及非常不满意（图4-61）。

总体来看，对于专业教材国际化水平的满意程度，中国学生对其评价呈现右偏分布。在本次调查的366名中国学生中，除去6个缺失值，47名（12.84%）中国学生对专业教材国

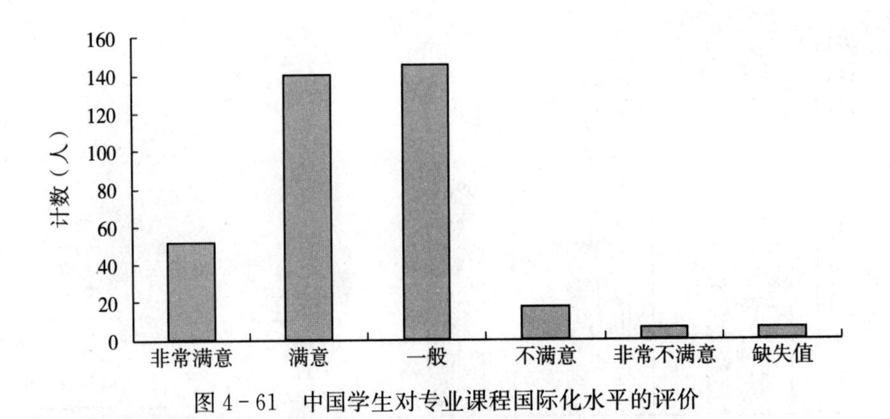

图 4-61　中国学生对专业课程国际化水平的评价

际化水平非常满意，有 125 名（34.15%）学生表示满意，有 151 名（41.26%）中国学生满意度一般，另有 30 名（8.20%）和 7 名（1.91%）学生对专业教材国际化水平不满意及非常不满意（图 4-62）。可见中国学生对本专业教材的国际化水平的不满意程度较高。

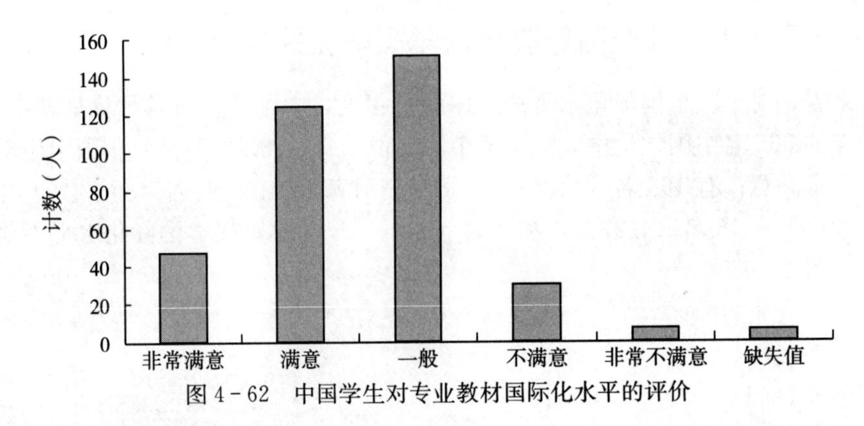

图 4-62　中国学生对专业教材国际化水平的评价

总体来看，对于专业教学设施国际化水平的满意程度，中国学生对其评价呈现右偏分布。在本次调查的 366 名中国学生中，除去 6 个缺失值，50 名（13.66%）中国学生对专业教学设施国际化水平非常满意，有 136 名（37.16%）学生表示满意，有 142 名（38.80%）中国学生满意度一般，另有 27 名（7.38%）和 5 名（1.37%）学生对专业教学设施国际化水平不满意及非常不满意（图 4-63）。

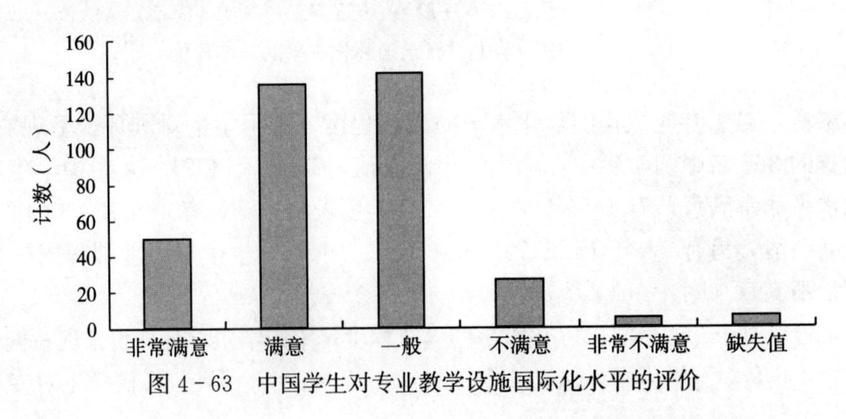

图 4-63　中国学生对专业教学设施国际化水平的评价

中国学生对林业高等教育教学国际化水平的课程国际化、教材国际化和教学设施国际化的满意度评价呈现明显差异，对专业课程国际化的满意度更高，而对专业教材国际化满意度较低。在366名受访中国学生中，有52名学生表示对本专业课程国际化水平非常满意，140名表示满意；有50名学生表示对专业教学设施国际化水平非常满意，对其满意的学生相较于对专业课程国际化水平满意的学生更少，为136名；对专业教材国际化水平感觉非常满意和满意的中国学生人数相较前两者明显降低，仅有47名学生表示对专业教材国际化水平非常满意，125名学生表示满意，而认为对专业教材国际化水平满意度一般和不满意的学生人数相比前两项明显上升（图4-64）。

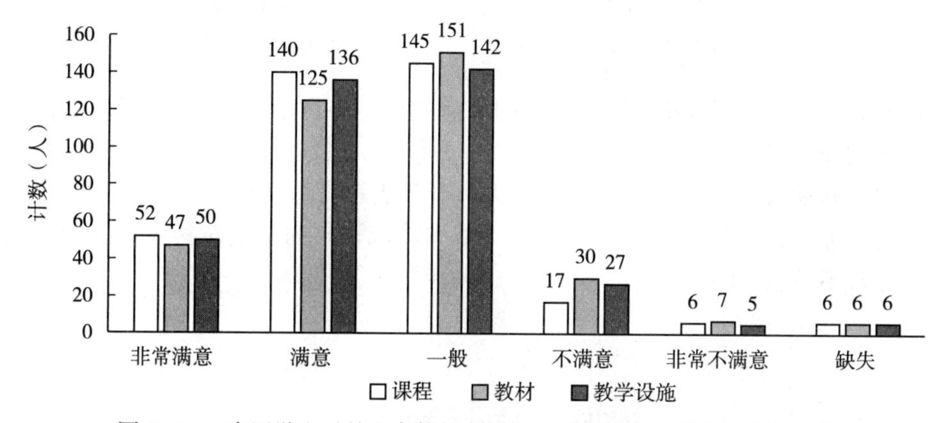

图4-64 中国学生对林业高等教育教学国际化不同方面认知评价比较

总体来看，在林业高等教育教学国际化水平认知评价中，中国学生对专业教学三种高等教育国际化指标的满意度从高到低依次为：专业课程国际化水平、专业教学设施国际化水平、专业教材国际化水平。

六、中国学生对林业高等教育科研国际化的认知评价

近90%的受访中国学生未参与过国际科研项目。在本次调查的366名中国学生中，除去6个缺失值，参与过国际科研项目的中国学生有32名，占比9%；未参与过国际科研项目的中国学生共计328名，占受访中国学生总数的比例接近90%。这一结果反映出中国学生对国际科研项目的参与程度较低（图4-65）。

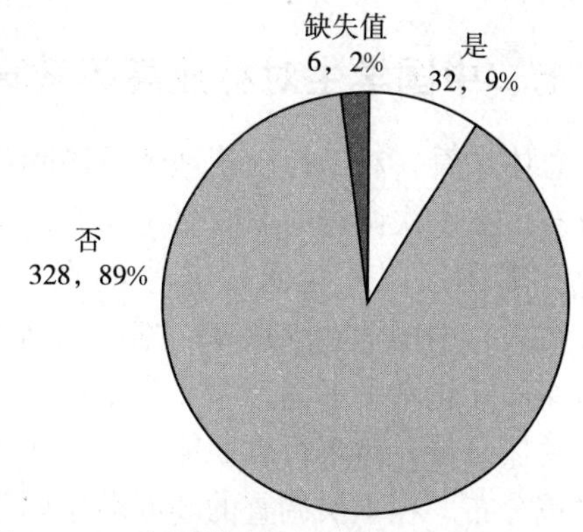

图4-65 中国学生是否参与过国际科研项目

总体来看，对于科研国际化水平总体满意程度，中国学生对其评价呈现右偏分布。在本次调查的366名中国学生中，除去7个缺失值，40名（10.93%）中国学生对科研国际化水平非常满意，有168名（45.90%）学生表示满意，有140名（38.25%）中国学生满意度一般，另有8名（2.19%）和3名（0.82%）学生对科研国际化水平不满意及非常不满意（图4-66）。

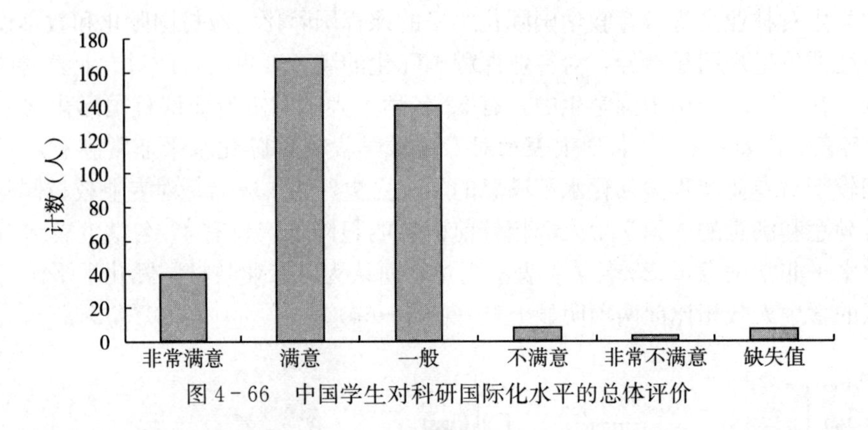

图 4-66　中国学生对科研国际化水平的总体评价

总体来看，对于科研设施国际化水平的满意程度，中国学生对其评价呈现右偏分布。在本次调查的 366 名中国学生中，除去 3 个缺失值，35 名（9.56%）中国学生对科研设施国际化水平非常满意，有 165 名（45.08%）学生表示满意，有 143 名（39.07%）中国学生满意度一般，另有 17 名（4.64%）和 3 名（0.82%）的学生对科研设施国际化水平不满意及非常不满意（图 4-67）。

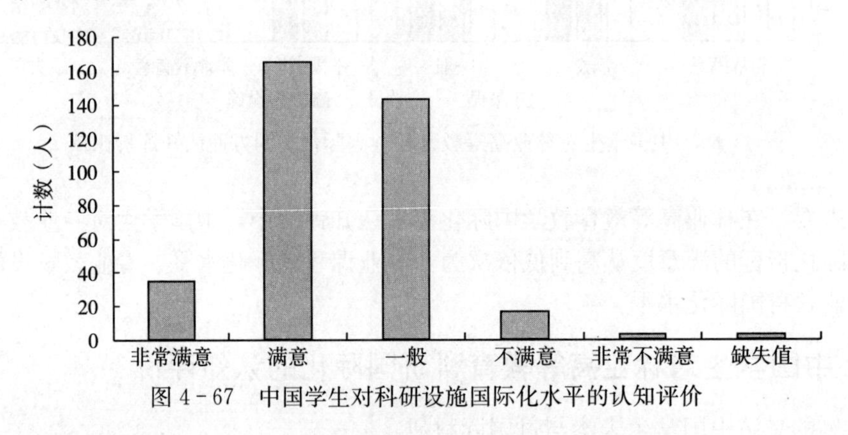

图 4-67　中国学生对科研设施国际化水平的认知评价

七、中国学生对林业高等教育管理国际化的认知评价

总体来看，对于行政管理体系国际化水平的总体满意程度，中国学生对其评价呈现右偏分布。在本次调查的 366 名中国学生中，除去 2 个缺失值，41 名（11.20%）中国学生对政管理体系国际化水平非常满意，有 150 名（40.98%）学生表示满意，有 156 名（42.62%）中国学生满意度一般，另有 11 名（3.01%）和 6 名（1.64%）学生对行政管理体系国际化水平不满意及非常不满意。

总体来看，对于行政职能部门工作人员的英语水平的满意程度，中国学生对其评价呈现右偏分布。在本次调查的 366 名中国学生中，除去 2 个缺失值，39 名（10.66%）中国学生对行政职能部门工作人员的英语水平非常满意，有 145 名（39.62%）学生表示满意，有 166 名（45.36%）中国学生满意度一般，另有 13 名（3.55%）和 1 名（0.27%）学生对行政职能部门工作人员的英语水平不满意及非常不满意（图 4-69）。

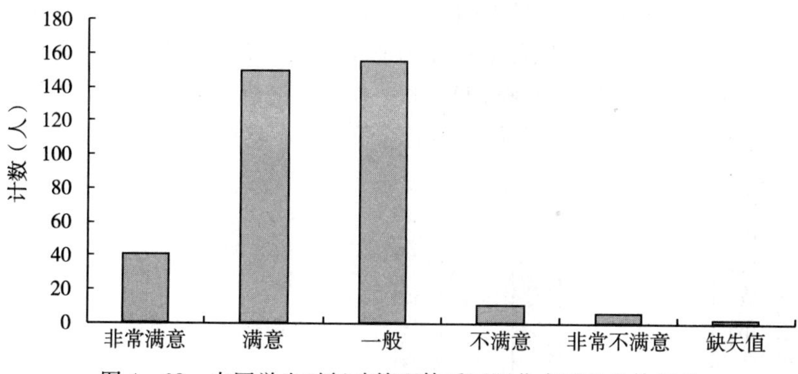

图 4-68　中国学生对行政管理体系国际化水平的总体评价

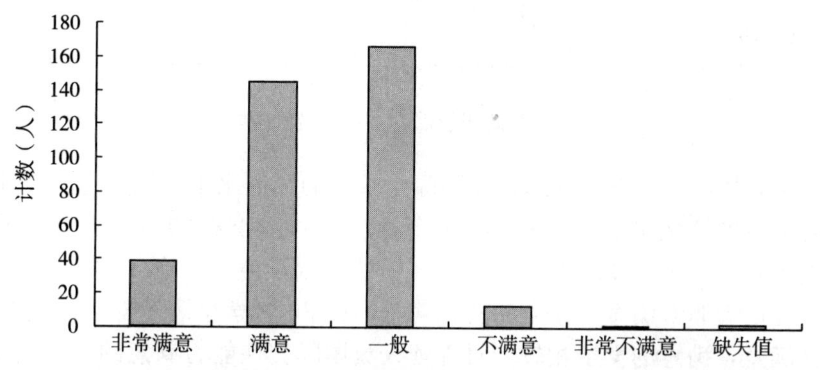

图 4-69　中国学生对行政职能部门工作人员的英语水平的评价

总体来看，对于行政职能部门工作人员的国际化工作能力的满意程度，中国学生对其评价呈现右偏分布。在本次调查的 366 名中国学生中，除去 2 个缺失值，36 名（9.84%）中国学生对行政职能部门工作人员的国际化工作能力非常满意，有 160 名（43.72%）学生表示满意，有 153 名（41.80%）中国学生满意度一般，另有 12 名（3.28%）和 3 名（0.82%）学生对行政职能部门工作人员的国际化工作能力不满意及非常不满意（图 4-70）。

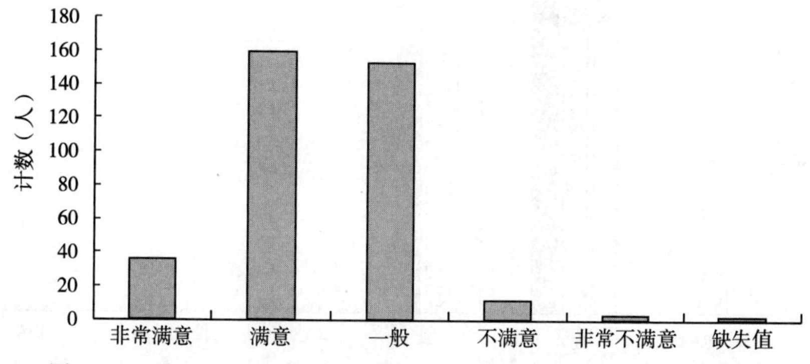

图 4-70　中国学生对行政职能部门工作人员的国际化工作能力的评价

总体来看，对于行政职能部门工作人员的国际交往能力的满意程度，中国学生对其评价呈现右偏分布。在本次调查的366名中国学生中，除去3个缺失值，41名（11.20%）中国学生对行政职能部门工作人员的国际交往能力非常满意，有164名（44.81%）学生表示满意，有149名（40.71%）中国学生满意度一般，另有7名（1.91%）和2名（0.55%）学生对行政职能部门工作人员的国际交往能力不满意及非常不满意（图4-71）。

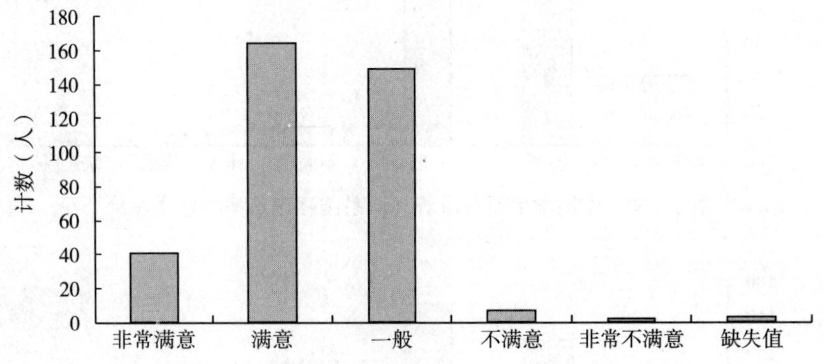

图4-71　中国学生对行政职能部门工作人员的国际交往能力的评价

中国学生对林业高等教育管理人员国际化水平的英语水平、国际化工作能力和国际交往能力的满意度评价呈现明显差异，对管理人员国际交往能力的满意度更高，而对管理人员英语水平的满意度较低。在366名受访中国学生中，有41名学生表示对管理人员国际交往能力非常满意，164名表示满意；有36名学生表示对管理人员国际化工作能力非常满意，满意的学生相较于对管理人员国际交往能力满意的学生更少，为160名；对管理人员英语水平非常满意和满意的中国学生人数相较前两者明显降低，仅有39名学生表示对管理人员英语水平非常满意，145名学生表示满意，而认为对管理人员英语水平满意度一般和不满意的学生人数相比前两项有些许上升。总体来看，在林业高等教育管理水平的国际化认知评价中，中国学生对三种高等教育管理国际化指标的满意度从高到低依次为：管理人员国际交往能力、管理人员国际化工作能力、管理人员英语水平（图4-72）。

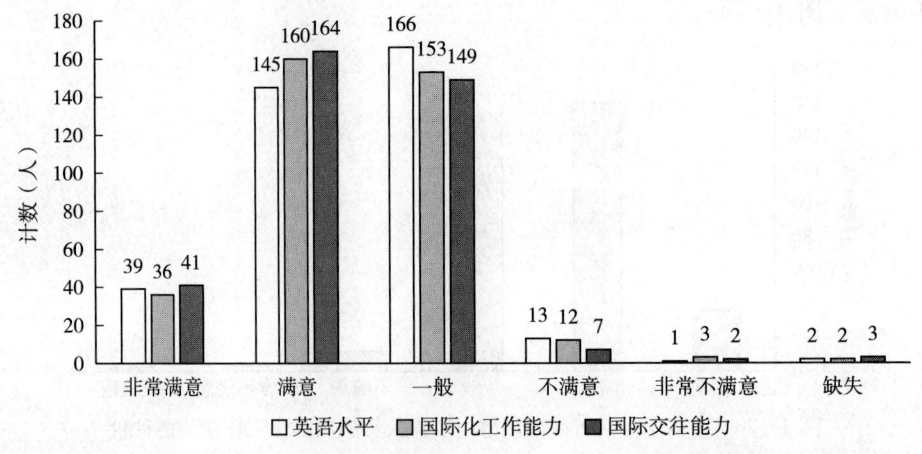

图4-72　中国学生对林业高等教育管理国际化的不同能力的认知评价比较

八、中国学生对林业高等教育国际化高校建设的认知评价

总体来看，对于林业高等教育国际化高校建设的总体满意程度，中国学生的评价呈现右偏分布，其中评价为满意的受访中国学生达到半数。在本次调查的366名中国学生中，除去2个缺失值，43名（11.75%）中国学生对林业高等教育国际化高校建设非常满意，有183名（50.00%）学生表示满意，有123名（33.61%）中国学生满意度一般，另有12名（3.28%）和3名（0.82%）学生对林业高等教育国际化高校建设不满意及非常不满意（图4－73）。

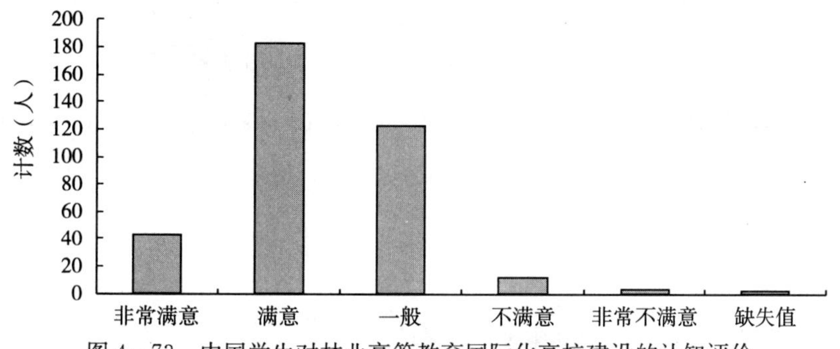

图4－73　中国学生对林业高等教育国际化高校建设的认知评价

总体来看，对于国际化发展定位的满意程度，中国学生对其评价呈现右偏分布。在本次调查的366名中国学生中，除去2个缺失值，53名（14.48%）中国学生对国际化发展定位非常满意，有182名（49.73%）学生表示满意，有108名（29.51%）中国学生满意度一般，另有18名（4.92%）和3名（0.82%）学生对国际化发展定位不满意及非常不满意（图4－74）。

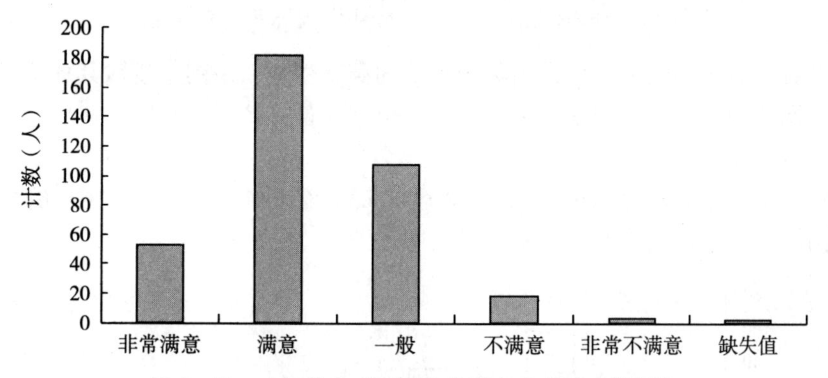

图4－74　中国学生对国际化发展定位的满意度评价

总体来看，对于国际化发展现状的满意程度，中国学生对其评价呈现右偏分布。在本次调查的366名中国学生中，除去2个缺失值，47名（12.84%）中国学生对国际化发展现状非常满意，有165名（45.08%）学生对其满意，有127名（34.70%）中国学生满意度一般，另有22名（6.01%）和3名（0.82%）学生对国际化发展现状不满意及非常不满意（图4－75）。

总体来看，对于学术人文交流国际化水平的满意程度，中国学生对其评价呈现右偏分布。在本次调查的366名中国学生中，除去2个缺失值，51名（13.93%）中国学生对学术人文交流国际化水平非常满意；有162名（44.26%）学生表示满意；有124名

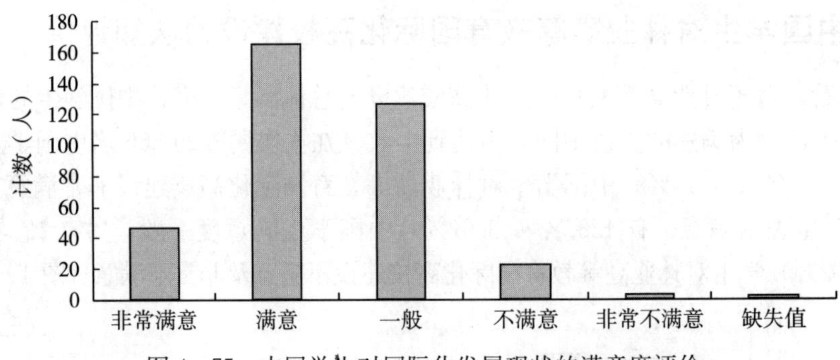

图 4-75　中国学生对国际化发展现状的满意度评价

(33.88%) 中国学生满意度一般，另有 22 名 (6.01%) 和 5 名 (1.37%) 学生对学术人文交流国际化水平不满意及非常不满意（图 4-76）。

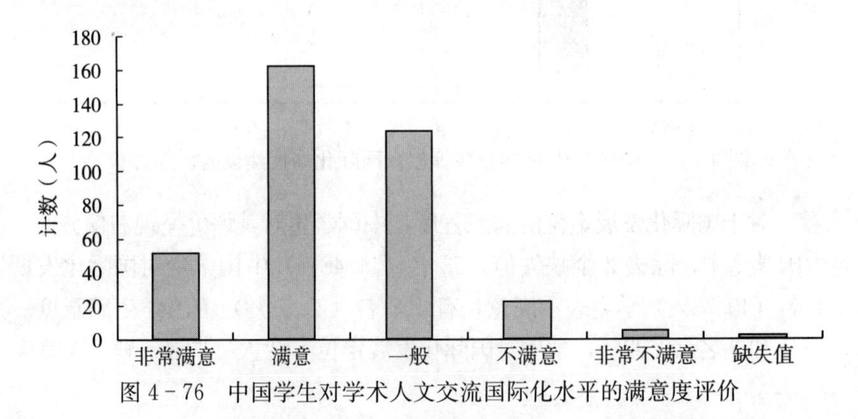

图 4-76　中国学生对学术人文交流国际化水平的满意度评价

总体来看，对于基础设施建设国际化水平的满意程度，中国学生对其评价呈现右偏分布。在本次调查的 366 名中国学生中，除去 2 个缺失值，43 名 (11.75%) 中国学生对基础设施建设国际化水平非常满意，有 159 名 (43.44%) 学生表示满意，有 134 名 (36.61%) 中国学生满意度一般，另有 23 名 (6.28%) 和 5 名 (1.37%) 的学生对基础设施建设国际化水平不满意及非常不满意（图 4-77）。

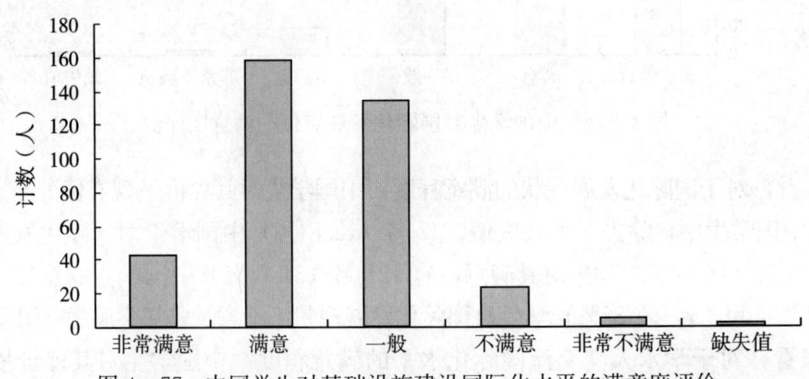

图 4-77　中国学生对基础设施建设国际化水平的满意度评价

总体来看，对于学生国际交流项目的满意程度，中国学生对其评价呈现右偏分布。在本次调查的 366 名中国学生中，除去 2 个缺失值，51 名（13.93%）中国学生对学生国际交流项目非常满意，有 162 名（44.26%）学生表示满意，有 124 名（33.88%）中国学生满意度一般，另有 22 名（6.01%）和 5 名（1.37%）学生对学生国际交流项目不满意及非常不满意（图 4-78）。

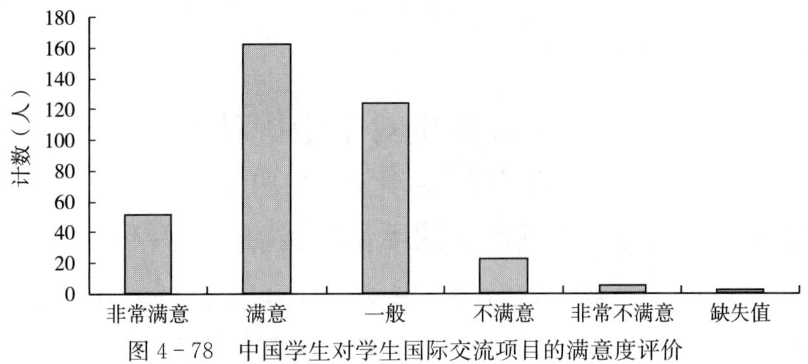

图 4-78　中国学生对学生国际交流项目的满意度评价

中国学生对林业高等教育国际化高校建设的发展定位、发展现状、学术人文交流、基础设施建设和学生国际交流项目的满意度评价呈现较明显差异，可分为三个层次：发展定位，学术人文交流与学生国际交流项目，发展现状与基础设施建设。受访中国学生对林业高等教育国际化高校建设发展定位的满意度最高，对发展现状和基础设施建设的满意度较低。在 366 名受访学生中，除去缺失值 2 个，有 53 名和 182 名受访中国学生对国际化发展定位持非常满意或满意态度，共计 235 人有满意及以上评价。仅有 108 位和 18 位学生表示满意度一般或不满意，另有 3 名非常不满意的学生。相比于发展定位，对国际化发展现状与基础设施建设持满意以及以上态度学生明显较少，仅有 212 位与 202 位学生；而对此满意度一般及以下的受访学生则明显较多。学术人文交流与学生国际交流项目相比国际化发展定位的满意及以上的人数则较少，一般及以下的人数较多；相比于国际化发展现状与基础设施建设，满意及以上的人数较多，一般及以下的人数较少（图 4-79）。

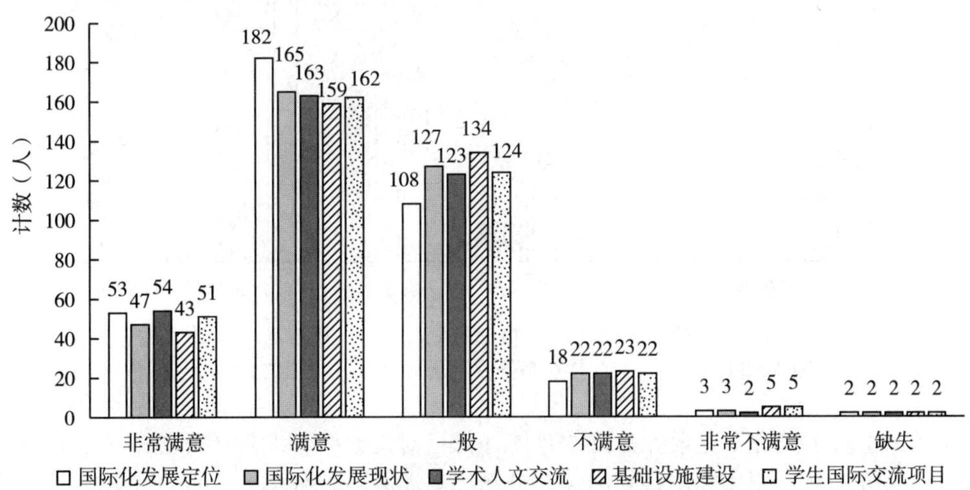

图 4-79　中国学生对林业高等教育国际化高校建设不同方面的认知评价比较

对后两个层次再各自进行比较：对学术人文交流持非常满意或满意态度的人数略多于学生国际交流项目的人数，一般及以下的人数略少于后者；对国际化发展现状持非常满意或满意态度的人数略多于对基础设施建设的人数，一般及以下的人数略少于后者。

总体来看，在林业高等教育国际化高校建设的认知评价中，中国学生对高校建设国际化不同方面的满意度从高到低依次为：国际化发展定位、学术人文交流、学生国际交流项目、国际化发展现状、基础设施建设。

第五节　国际学生对于中国林业高等教育国际化的认知情况

一、国际学生对林业高等教育国际化发展功能的评价

国际学生对于林业高等教育在提升专业素养、促进个人发展和推动国际交往的功能认知存在一定的差异，受访国际学生认为推动国际交往的作用更大，而对促进个人发展以及提升专业素养这两方面的作用则比较小。在 195 名学生当中，96 名学生表示林业高等教育国际化对推动国际交往很有作用，53 名学生觉得有作用，12 名学生表示作用一般；有 88 名学生表示林业高等教育国际化在提升专业素养这一方面很有作用，47 名同学表示有作用，24 名同学表示作用一般，相较于推动国际交往，满意度有所下降；有 81 名同学表示林业高等教育国际化在促进个人发展这一方面起重要作用，58 名同学表示有作用，18 名同学表示作用一般，而认为作用不大的有 5 人，认为不重要或者没必要的有 4 人。从上述数据可以看出，国际学生认为林业高等教育国际化对于三方面的促进作用由大到小依次为：推动国际交往、提升专业素养、促进个人发展。

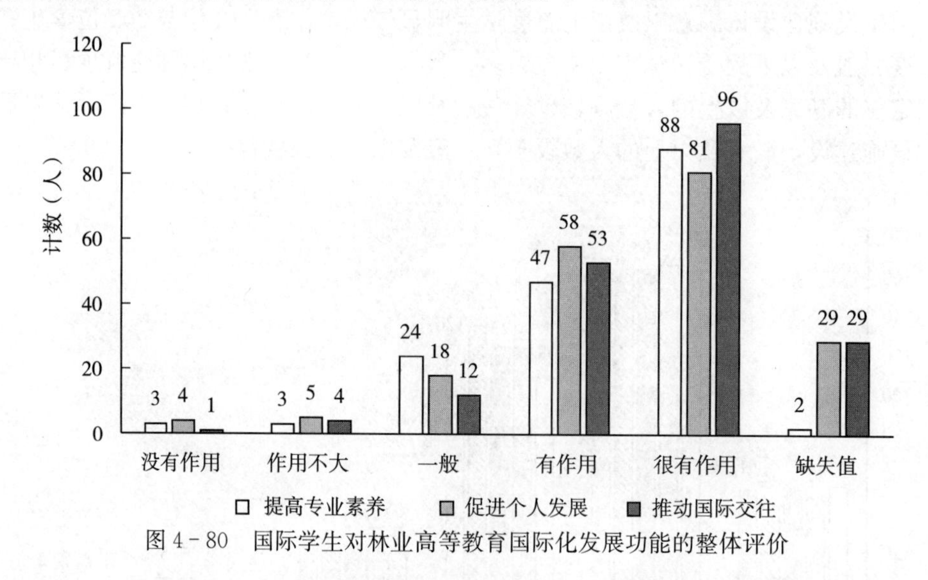

图 4-80　国际学生对林业高等教育国际化发展功能的整体评价

国际学生对于提升专业素养功能的具体评价：对提升涉林专业国际竞争力、拓宽涉林专业国际视野、掌握涉林专业最新国际前沿和提高涉林专业外语水平的评价出现了一定的差异，对于提升涉林专业国际竞争力这一方面的作用有 82 人打出 9～10 分，打 8 分的人

有 36 人，5 人认为几乎没有作用，整体评价相对较好；对于拓宽涉林专业国际视野，有 85 人给出 9～10 分，认为作用很大，42 人给出 8 分，7 人给出 1～2 分，认为几乎没有作用或作用不大；对于涉林专业最新国际前沿这一项有 85 人给出 9～10 分，认为很有作用或非常有作用，有 9 人给出 1～2 分，认为没有作用或者不太有作用；对于提高涉林专业外语水平有 15 人给出 1～2 分，认为作用很小，认为作用大或者比较大的仅 88 人，人数不到总体的一半，整体评价较低（图 4－81）。

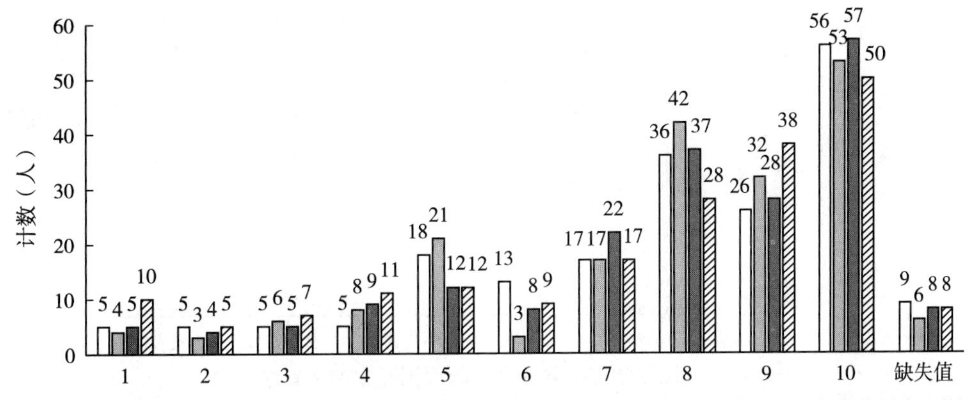

图 4－81　国际学生对林业高等教育国际化提升专业素养功能的具体评价

林业高等教育国际化促进个人发展功能主要包括对于毕业生择业、创业、深造的促进作用。对于毕业深造的促进作用，有 111 人给出 9～10 分，认为对深造很有促进作用，觉得没有作用或作用不大的（1～2 分）只有 6 人；而对于择业，有 86 人认为有很大帮助或者有一定帮助，同时也有 9 人认为没有作用或者作用不大（1～2 分）；而对于毕业生创业，仅 72 人认为有促进作用（9～10 分），相较于择业和深造人数明显减少，并且觉得没有作用或作用不大（1～2 分）的人数高达 15 名，相较于择业和深造的促进作用明显下降。由此可见，国际学生认为林业高等教育国际化对于个人发展的促进作用由大到小依次为深造、择业和创业（图 4－82）。

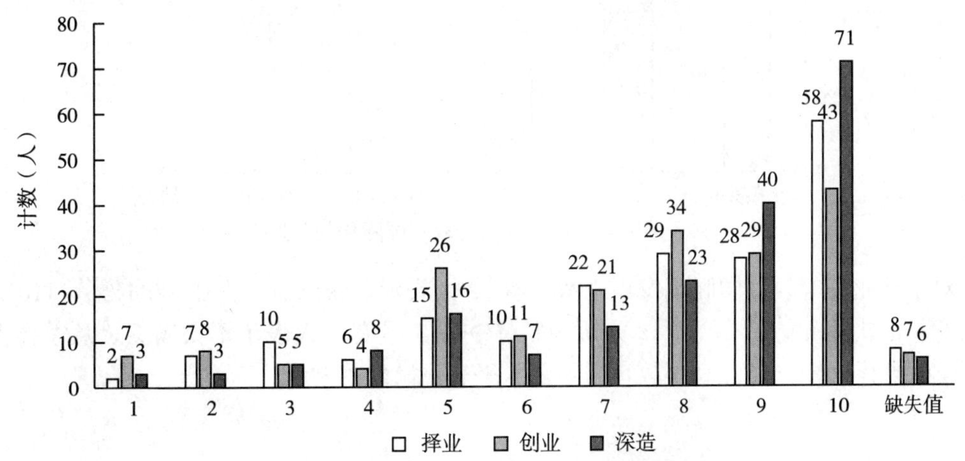

图 4－82　国际学生对林业高等教育国际化促进个人发展功能的具体评价

二、国际学生对林业高等教育国际化的总体认知评价

对于林业高等教育国际化发展必要性的评价，有 96 名受访学生认为非常有必要，占比达 49.23%；78 人认为有必要进行国际化发展，占比 40.00%，即大部分受访者认为有必要进行国际化发展（图 4－83）。

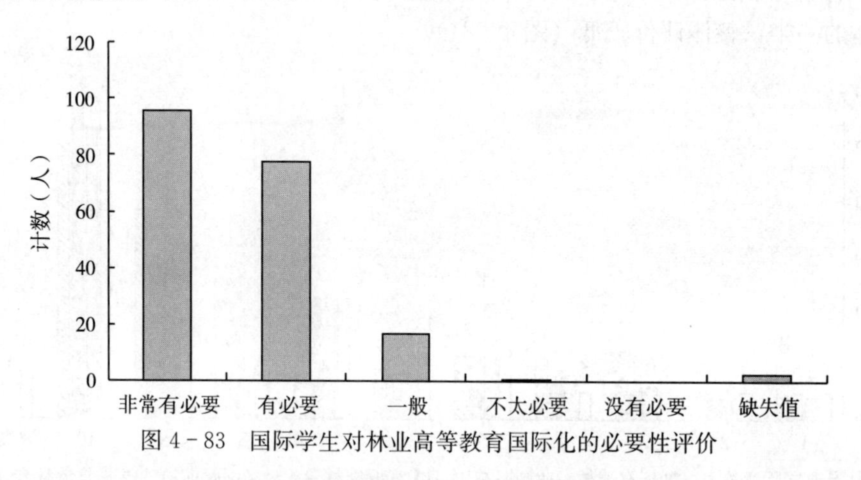

图 4－83　国际学生对林业高等教育国际化的必要性评价

对于林业高等教育国际化发展的紧迫性，57 人认为非常紧迫，占 29.23%；认为紧迫的有 85 人，占 43.59%；认为一般紧迫的有 41 人，占 21.03%；认为不太紧迫的有 9 人，占 4.62%；认为不紧迫的仅 1 人。可以看出大部分的受访学生认为推进林业高等教育国际化发展是比较紧迫的，整体比例与林业高等教育国际化发展必要性的评价情况类似（图 4－84）。

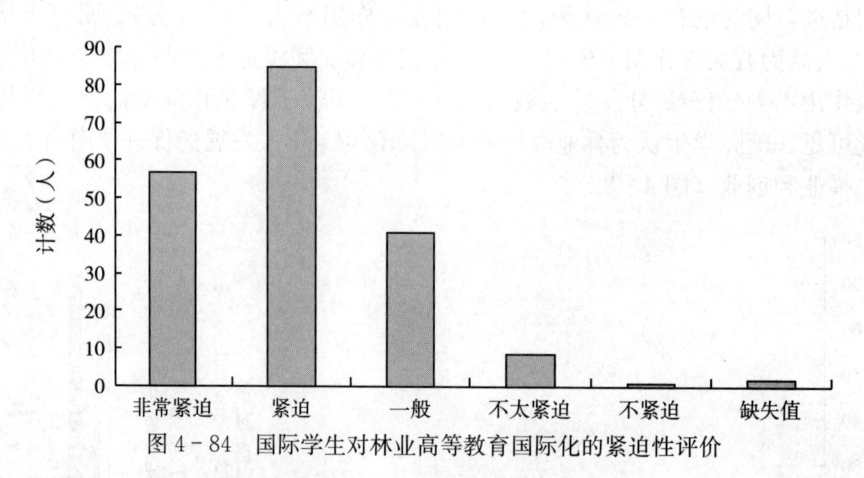

图 4－84　国际学生对林业高等教育国际化的紧迫性评价

对于林业高等教育国际化发展现状，有 32 人表示非常满意，占比 16.41%，118 人表示满意，占比达 60.51%，有 42 人认为整体一般，另有 1 人表示不太满意，从总体上看国际学生群体对中国林业高等教育国际化水平表示满意（图 4－85）。

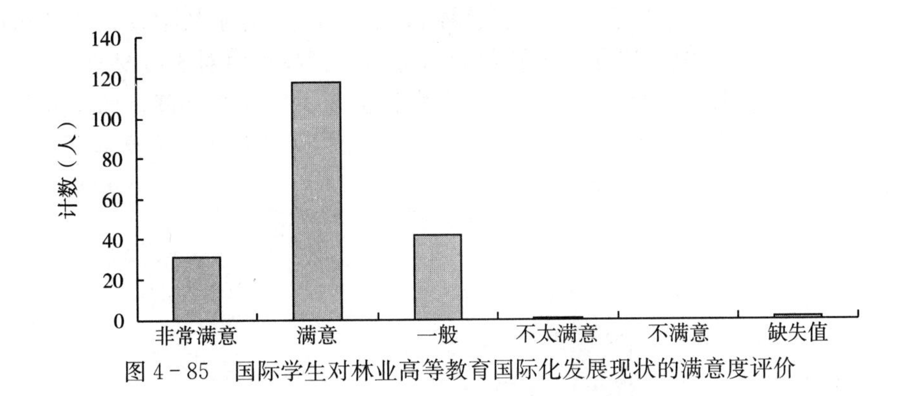

图 4-85　国际学生对林业高等教育国际化发展现状的满意度评价

三、国际学生对林业高等教育师资国际化的认知评价

国际学生对林业高等教育师资国际化水平的国际化视野、国际交往能力和英文水平的满意度评价呈现明显差异，对授课教师国际化视野的满意度最高，而对其英文水平满意度较低。在 195 名受访国际学生中，有 36 名学生表示对授课教师国际化视野非常满意，112 名表示满意；有 36 名学生表示对授课教师的国际交往能力非常满意，对国际交往能力表示满意的人数略少，为 93 名；对授课教师英文水平感觉满意和非常满意的国际学生人数相较前两者明显降低，仅有 26 名学生表示对授课教师英文水平非常满意，86 名学生表示满意，而对授课教师英文水平表示满意度一般和不满意的学生人数相比前两项明显上升。总体来看，在林业高等教育师资力量的国际化认知评价中，国际学生对授课教师三种高等教育国际化能力的满意度从高到低依次为：国际化视野、国际交往能力、英文水平（图 4-86）。

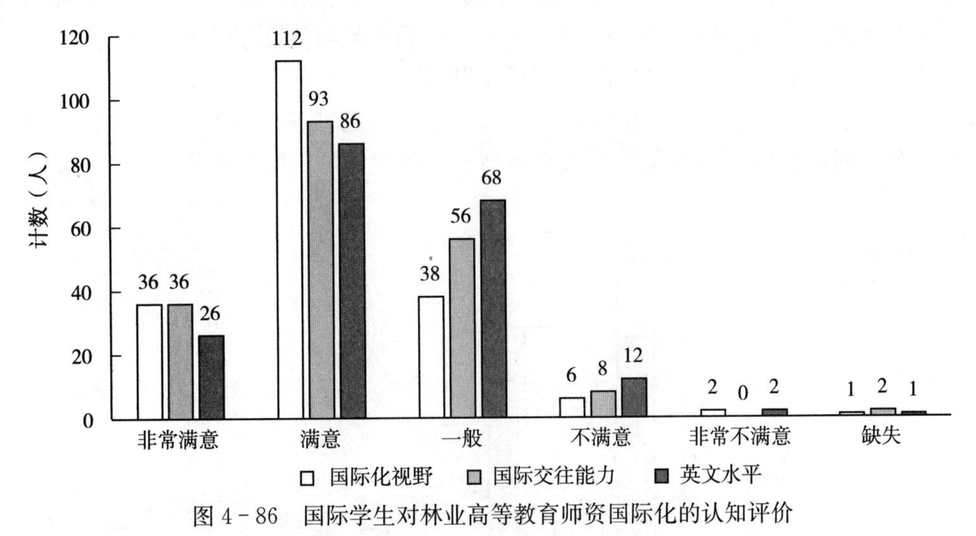

图 4-86　国际学生对林业高等教育师资国际化的认知评价

四、国际学生对林业高等教育教学国际化的认知评价

国际学生对于课程、教材、教学设备的满意程度呈现出明显的差异性，其中 29 人对

课程的国际化水平表示非常满意，109 人表示满意；有 49 人对于教学设施的国际化表示非常满意，100 人表示满意，比课程国际化的满意程度更高；而对于教材只有 27 人表示非常满意，85 人表示满意，相较于前两项，满意程度有了明显的下降，而一般、不满意和非常不满意的人数相比前两项有了明显的上升，对于国际化认知的满意程度从高到低的顺序依次为：教学设备、课程、教材。

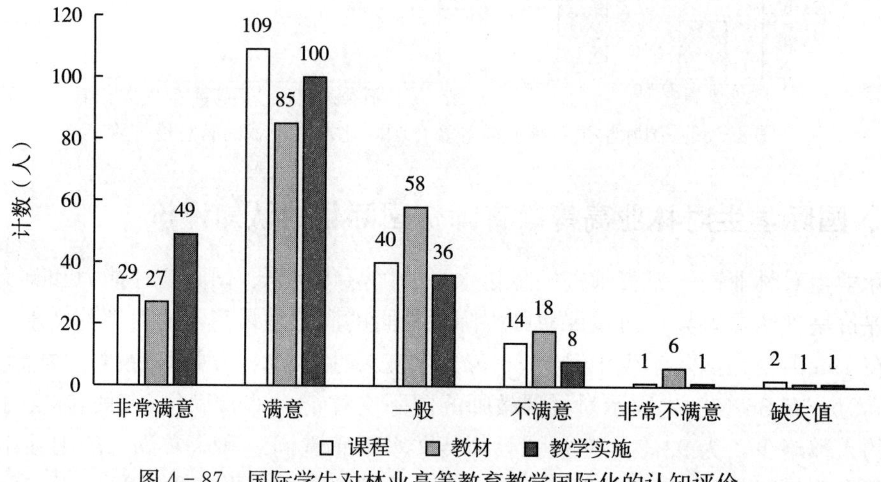

图 4－87　国际学生对林业高等教育教学国际化的认知评价

五、国际学生对林业高等教育科研国际化的认知评价

对于科研国际化水平，有 30 人对科研国际化总体水平感到非常满意，82 人感到满意；对于科研设备国际化水平有 41 人感到非常满意，92 人感到满意，整体满意度高于科研国际化总体水平。认为科研国际化总体水平一般的人数明显高于认为科研设备国际化水平一般的人数，而对于科研总体国际化水平和设备国际化水平不满意或非常不满意的人数相差不多，分别为 7 人和 8 人。整体来看，国际学生认为科研国际化水平总体令人满意，但仍有上升空间，科研设备的国际化水平要高于科研整体的国际化水平（图 4－88）。

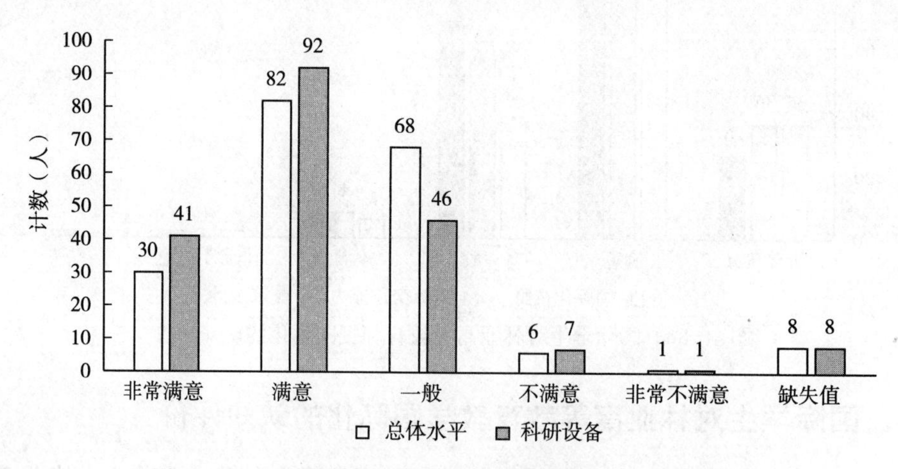

图 4－88　国际学生对林业高等教育科研国际化的认知评价

六、国际学生对林业高等教育管理国际化的认知评价

国际学生对林业高等教育管理人员的英语水平、国际化工作能力和国际交往能力的满意度存在差异。对英语水平感到非常满意的有 47 人，满意的有 98 人，但是对英语水平不满意的人数高达 11 人，比其他两种能力不满意人数明显增多；对国际化工作能力感到非常满意的有 49 人，满意的有 95 人，整体满意度较高；对国际交往能力感到非常满意的有 38 人，满意的有 101 人，不满意的有 7 人，相较于其他两项，国际学生对于国际交往能力的满意度明显下降。国际学生对 3 项管理国际化能力的评价由高到低依次为：国际化工作能力、国际交往能力、英语水平（图 4－89）。

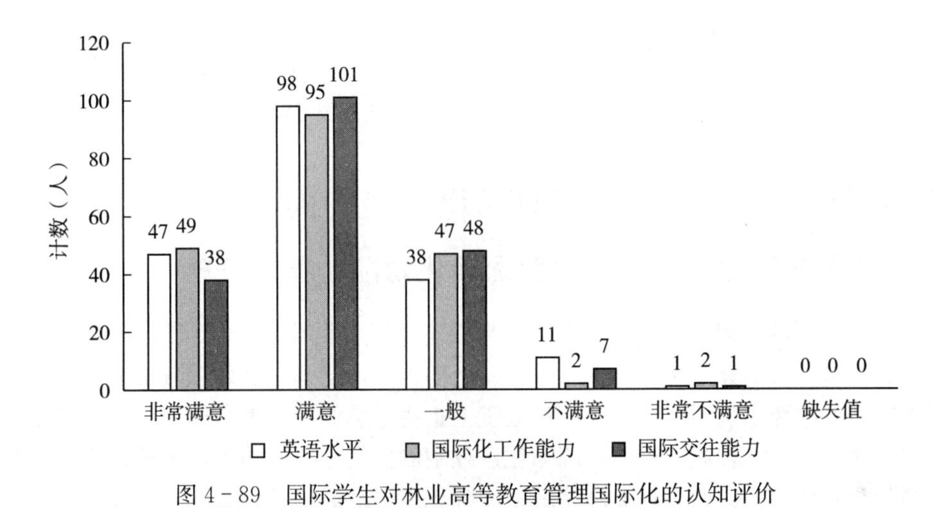

图 4－89　国际学生对林业高等教育管理国际化的认知评价

七、国际学生对林业高等教育国际化高校建设的认知评价

国际学生对林业高等教育国际化高校建设的国际化发展定位、国际化发展现状、学术人文交流国际化水平、基础设施建设国际化水平和学生国际交流项目的满意度评价呈现明显差异。在被调查的 195 名国际学生中，有 41 人对国际化发展定位感到非常满意，109 人感到满意；对于发展现状，有 30 人感到非常满意，比其他几项人数明显减少，105 人感到满意，49 人感到一般，相较于其他几项，人数增加，不满意人数为 6 人，是对发展定位不满意人数的 2 倍；对于学术人文交流的国际化水平，有 36 人感到非常满意，97 人感到满意，17 人感到不满意，是这 5 项中不满意人数最多的一项；对于基础设施建设国际化水平，有 55 人感到非常满意，对比其他几项，非常满意的人数明显增加，98 人表示满意；对于学生国际交流项目，有 38 人感到非常满意，89 人感到满意，60 人感到一般，相较于其他几项人数有明显增加。总体来看，国际学生对于高校建设国际化水平的满意度从高到低依次是：基础设施国际化水平、国际化发展定位、国际化发展现状、学生国际交流项目、学术人文交流国际化水平（图 4－90）。

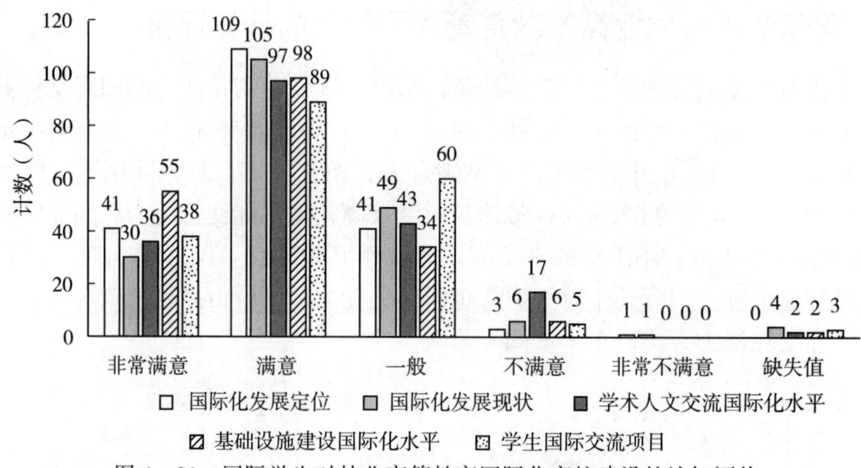

图 4-90 国际学生对林业高等教育国际化高校建设的认知评价

第六节 林业高等教育国际化发展的内部影响因素分析

一、中国学生对林业高等教育国际化功能的需求分析

对于林业高等教育国际化发展，不同参与主体对其功能的认知、定位和预期在不同程度和不同侧面反映了对于林业高等教育国际化发展的诉求，这些主观诉求既构成了林业高等教育国际化发展的内部影响因素，也在一定程度上指明了林业高等教育国际化发展未来应该侧重的方向。因此，研究林业高等教育国际化过程中的参与主体的功能性诉求对于明确林业高等教育国际化发展方向、促进林业高等教育国际化发展提质增效具有非常重要的参考意义。

从表 4-4 可以看出，在林业高等教育国际化三大功能选项中，中国学生群体为促进个人发展这一功能打分均值最高，标准差最小，偏度为负。这些统计特征都说明中国学生更关注林业高等教育国际化发展对于个人发展情况的改善，而分数标准差较小并且偏度为负值则从另一个侧面反映出大多数学生对促进个人发展这个功能的判断有很强的共识。促进个人发展这一项打分的均值最大，标准差最小，可以在一定程度上说明调查样本中的中国学生对于林业高等教育国际化对个人发展的促进作用给予更高期待，而这也应该是林业高等教育国际化发展应该重点关注的方面。

表 4-4 中国学生对林业高等教育国际化功能的评价

功　能	N	极小值	极大值	均值	标准差	偏度	标准误
提升专业素养	359	1	5	4.190	0.905	−1.043	0.129
促进个人发展	359	1	5	4.210	0.855	−0.933	0.129
推动国际交往	359	1	5	3.970	1.084	−0.863	0.129
有效的 N（列表状态）	359						

如表 4-5 所示，在促进个人发展的三个具体功能选项中，帮助毕业生深造的均值在三个具体功能选项中数值最大，并且标准差最小，偏度为负并且绝对值最大。样本数据反

映中国学生给毕业生深造这一选项打出的分数最高，与其他两个选项相比，大多数人对于深造的共识变化是不大的，除此之外，选择深造这一项的同学的分布左偏，即给这一项打5分的同学是大多数，因此可以看出中国学生对于林业高等教育国际化对毕业深造的促进作用最为关注。

表4-5　中国学生对林业高等教育国际化促进个人发展的具体功能评价

具体功能	N	极小值	极大值	均值	标准差	偏度	标准误
帮助涉林专业毕业生择业	366	1	10	7.360	2.240	−0.738	0.128
帮助涉林专业毕业生创业	366	1	10	6.980	2.291	−0.536	0.128
帮助涉林专业毕业生深造	366	1	10	7.700	2.109	−0.944	0.128
有效的N（列表状态）	366						

二、国际学生对林业高等教育国际化功能的需求分析

如表4-6所示，国际学生对于林业高等教育国际化三大功能的评价，整体上看平均分值比中国学生低。在所有三个选项中，推动国际交往这一项的平均分最高，标准差最小，偏度为负且绝对值最大。样本数据表明国际学生认为林业高等教育国际化发展最主要的一个功能是推动国际间的交往。

表4-6　国际学生对林业高等教育国际化功能的评价

功　能	N	极小值	极大值	均值	标准差	偏度	标准误
提升专业素养	192	1	5	3.470	2.107	−1.372	0.175
促进个人发展	190	1	5	3.440	2.092	−1.362	0.176
推动国际交往	191	1	5	3.620	2.091	−1.541	0.176
有效的N（列表状态）	190						

如表4-7所示，在推动国际交往三个具体功能选项中，促进涉林国际学术科研合作这一具体功能选项得分均值最高，但是标准差较其他两项也是最高的，偏度为负，且绝对值较其他两项最大。样本数据表明，多数国际学生认为林业高等教育领域的国际合作会促进涉林高校彼此间的学术科研合作，尽管标准差较其他两项略大，但是偏度统计量为负，打分值左偏，打高分的国际学生是多数，可以看出国际学生对于林业高等教育国际化发展对涉林国际学术科研合作的促进作用期待值更高。

表4-7　国际学生对林业高等教育国际化推动国际交往的具体功能评价

具体功能	N	极小值	极大值	均值	标准差	偏度	标准误
拓宽涉林国际交流渠道	183	1	10	8.160	2.090	−1.162	0.180
加快涉林优质教育资源流动	181	1	10	8.310	2.069	−1.601	0.181
促进涉林国际学术科研合作	189	1	10	8.530	2.113	−1.697	0.177
有效的N（列表状态）	175						

三、教职员工对林业高等教育国际化功能的需求分析

如表 4-8 所示，教职员工对提升专业素养这一功能打分的均值最大，标准差最小(0.686)，偏度为负且在三个绝对值中最大。从得分的分布上来看，该分布左偏，说明打高分的占大多数。该结果说明教职员工普遍希望通过林业高等教育国际化发展来不断提升自身在专业领域的业务水平，通过不断与国际同行之间的交流合作，深度参与林业高等教育国际合作。

表 4-8 教职员工对林业高等教育国际化功能的评价

功　能	N	极小值	极大值	均值	标准差	偏度	标准误
提升专业素养	236	1	5	4.600	0.686	−1.928	0.158
促进个人发展	235	1	5	4.480	0.736	−1.413	0.159
推动国际交往	235	2	5	4.580	0.702	−1.666	0.159
有效的 N（列表状态）	235						

如表 4-9 所示，在提升专业素养的具体功能中，教职员工最关注的功能是拓宽林业专业国际视野。这个选项的偏度为负且最大，尽管其标准差不是四个选项中最小的，但是该打分分布右偏可以说明大部分教职员工在这个选项中打了高分，可见教职员工对同外界开展教育交流合作、参与林业高等教育国际合作具有很高的热情。

表 4-9 教职员工对林业高等教育国际化提升专业素养的具体功能评价

具体功能	N	极小值	极大值	均值	标准差	偏度	标准误
提升涉林专业国际竞争力	241	1	10	8.800	1.764	−1.960	0.157
拓宽涉林专业国际视野	241	2	10	9.030	1.589	−2.161	0.157
掌握涉林专业最新国际前沿	241	2	10	9.010	1.483	−1.969	0.157
提高涉林专业外语水平	240	2	10	8.980	1.497	−1.963	0.157
有效的 N（列表状态）	240						

第七节　林业高等教育国际化发展的外部影响因素分析

林业高等教育国际化发展参与主体的主观诉求构成了内部影响因素，而师资、教学、科研、管理、高校建设等客观条件则构成了林业高等教育国际化的外部影响因素，对林业高等教育国际化发展产生了外在的影响或制约作用。因此，了解林业高等教育国际化参与主体对这些外部影响因素的认知情况，对于如何改善和提高这些因素的国际化水平进而全面提升林业高等教育国际化水平具有重要的参考价值。

一、师资国际化水平对林业高等教育国际化的影响程度

结合问卷数据，运用专家评分法，对林业高等教育师资国际化认知评价进行判断矩阵

的赋值和一致性检验，过程如下：

根据专家打分得出判断矩阵 **A**，如表 4－10 所示。

表 4－10　师资国际化水平判断矩阵

项目	总体评价	国际化视野	国际交往能力	英文水平
总体评价	1	4	3	3
国际化视野	1/4	1	1/2	1/3
国际交往能力	1/3	2	1	1
英文水平	1/3	3	1	1

对以上判断矩阵计算特征值和指标权重步骤如下：

（1）将判断矩阵 **A** 的每一列向量归一化得

$$\widetilde{w}_{ij}=\alpha_{ij}/\sum_{i=1}^{n}\alpha_{ij}$$

（2）将归一化的各行相加得

$$\vec{A}\vec{w}_{ij}=\sum_{j=1}^{n}\widetilde{w}_{ij}$$

（3）将向量归一化即得到权重为

$$\widetilde{w}=(\widetilde{w}_1,\ \widetilde{w}_2,\ \cdots,\ \widetilde{w}_n)^T$$

通过 R 语言软件分析得到林业高等教育国际化师资力量认知评价的各个指标权重向量为（0.509 8，0.094，0.188 1，0.208 1）。

（4）判断矩阵的一致性检验得

$$\lambda_{\max}=4.062$$

$$CI=\frac{\lambda_{\max}-n}{n-1}=\frac{4.062-4}{4-1}=0.020\ 7$$

由此可得

$$CR=\frac{CI}{RI}=0.023<0.1$$

由于 $CR<0.1$，因此该判断矩阵通过一致性检验，可以接受由此计算出的各指标权重结果。

经过一致性检验后，各层对林业高等教育国际化中师资的认知情况是，英文水平的高低对林业高等教育师资国际化发展的影响更大。这从一个角度说明，林业高等教育中，提高教师的英文水平是提升林业高等教育师资国际化水平的重要保障。

二、教学国际化水平对林业高等教育国际化的影响程度

结合问卷数据，运用专家评分法，对林业高等教育教学国际化认知评价进行判断矩阵的赋值和一致性检验，过程如下：

根据专家打分得出判断矩阵 **A**，如表 4－11 所示。

表 4-11 教学国际化水平判断矩阵

项目	总体评价	课程国际化	教材国际化	教学设施国际化
总体评价	1	3	4	5
课程国际化	1/3	1	2	3
教材国际化	1/4	1/2	1	2
教学设施国际化	1/5	1/3	1/2	1

对以上判断矩阵计算特征值和指标权重步骤如下：

（1）将判断矩阵 **A** 的每一列向量归一化得

$$\widetilde{w}_{ij} = \alpha_{ij} / \sum_{i=1}^{n} \alpha_{ij}$$

（2）将归一化的各行相加得

$$\vec{A}\vec{w}_{ij} = \sum_{j=1}^{n} \widetilde{w}_{ij}$$

（3）将向量归一化即得到权重为

$$\widetilde{w} = (\widetilde{w}_1, \widetilde{w}_2, \cdots, \widetilde{w}_n)^T$$

通过 R 语言软件分析得到林业高等教育国际化师资力量认知评价的各个指标权重向量为（0.545，0.232 9，0.138 5，0.083 7）。

（4）判断矩阵的一致性检验得

$$\lambda_{\max} = 4.051\ 1$$

$$CI = \frac{\lambda_{\max} - n}{n-1} = \frac{4.062-4}{4-1} = 0.017$$

由此可得

$$CR = \frac{CI}{RI} = 0.018\ 9 < 0.1$$

由于 $CR<0.1$，因此该判断矩阵通过一致性检验，可以接受由此计算出的林业高等教育教学国际化水平认知评价中的各指标权重结果。

经过一致性检验后，发现各个指标权重中教学设施国际化水平对林业高等教育教学国际化水平的影响程度最低，说明林业高等教育国际化中教学设施对林业高等教育国际化发展水平没有产生特别重大的影响或制约，而课程、教材的国际化水平对林业高等教育国际化水平的影响程度更大，这与之前调查问卷受访师生对于教学国际化水平的评价是一致的，即课程、教材国际化水平需要大幅提升。

三、科研国际化水平对林业高等教育国际化的影响程度

基于调查问卷数据，运用专家评分法，对林业高等教育科研国际化认知评价进行判断矩阵的赋值和一致性检验，过程如下：

根据专家打分得出判断矩阵 **A**，如表 4-12 所示。

表 4-12　科研国际化水平判断矩阵

项目	总体评价	国际科研合作项目	科研设施国际化
总体评价	5	1	2
国际科研合作项目	1	1/5	1/4
科研设施国际化	3	1/2	1

对以上判断矩阵计算特征值和指标权重步骤如下：

（1）将判断矩阵 **A** 的每一列向量归一化。

（2）将归一化的各行相加。

（3）将向量归一化即得到权重。

通过 R 语言软件分析得到林业高等教育国际化师资力量认知评价的各个指标权重向量为（0.109 5，0.581 6，0.309）。

（4）判断矩阵的一致性检验得

$$\lambda_{max}=3.0037$$

$$CI=\frac{\lambda_{max}-n}{n-1}=\frac{4.062-4}{4-1}=0.018$$

由此可得

$$CR=\frac{CI}{RI}=0.0032<0.1$$

由于 $CR<0.1$，因此该判断矩阵通过一致性检验，可以接受由此计算出的林业高等教育科研国际化维度下的各指标认知评价权重结果。

从结果可以看到，科研合作项目的国际化水平对于科研国际化水平影响程度更大，也就是说制约科研国际化水平的主要因素是科技合作项目的国际化水平，从上一节分析结果来看，参与主体也普遍认为科研项目国际化水平比较低，这也成了制约科研国际化发展的主要外部因素。

四、涉林高校中管理国际化对林业高等教育国际化的影响程度

基于调查问卷数据，运用专家评分法，对林业高等教育管理国际化认知评价进行判断矩阵的赋值和一致性检验，过程如下：

根据专家打分得出判断矩阵 **A**，如表 4-13 所示。

表 4-13　管理国际化水平判断矩阵

项目	总体评价	英语水平	国际化工作能力	国际交往能力
总体评价	1	4	5	3
英语水平	1/4	1	1/2	1/3
国际化工作能力	1/5	2	1	1/2
国际交往能力	1/3	3	2	1

对以上判断矩阵计算特征值和指标权重步骤如下：

（1）将判断矩阵 **A** 的每一列向量归一化。

（2）将归一化的各行相加。

（3）将向量归一化即得到权重。

通过R语言软件分析得到林业高等教育国际化师资力量认知评价的各个指标权重向量为（0.546 5，0.088 7，0.131 3，0.233 5）。

（4）判断矩阵的一致性检验得

$$\lambda_{max}=4.1018$$

$$CI=\frac{\lambda_{max}-n}{n-1}=\frac{4.062-4}{4-1}=0.0339$$

由此可得

$$CR=\frac{CI}{RI}=0.0377<0.1$$

由于$CR<0.1$，因此该判断矩阵通过一致性检验，可以接受由此计算出的林业高等教育教学国际化水平认知评价中的各指标权重结果。

根据结果，学校行政管理部门的英语水平对林业高等教育管理国际化认知的影响程度的权重值较低，表明英语水平制约了管理国际化水平的提升，这与师资国际化水平的评价情况类似，再次印证了教学、管理人员英语水平对于林业高等教育国际化整体水平的重要影响。

五、高校建设对林业高等教育国际化的影响程度

根据相关文献进行综合分析的基础上，运用专家评分法，对林业高等教育管理国际化认知评价进行判断矩阵的赋值和一致性检验，过程如下：

根据专家打分得出判断矩阵**A**，如表4-14所示。

表4-14 高校建设水平判断矩阵

项目	总体评价	发展定位	发展现状	学术人文交流	基础设施建设	国际交流项目
总体评价	1	5	1	2	4	3
发展定位	1/5	1	1/5	1/3	1/2	1/2
发展现状	1	5	1	2	4	3
学术人文交流	1/2	3	1/2	1	2	2
基础设施建设	1/4	2	1/4	1/2	1	1/2
国际交流项目	1/3	2	1/3	1/2	2	1

对以上判断矩阵计算特征值和指标权重步骤如下：

（1）将判断矩阵**A**的每一列向量归一化。

（2）将归一化的各行相加。

（3）将向量归一化即得到权重。

通过R语言软件分析得到林业高等教育国际化师资力量认知评价的各个指标权重向量为（0.301 4，0.052 5，0.301 4，0.163，0.076 2，0.105 6）。

（4）判断矩阵的一致性检验得

$$\lambda_{max}=6.061\ 5$$

$$CI=\frac{\lambda_{max}-n}{n-1}=\frac{4.062-4}{4-1}=0.012\ 3$$

由此可得

$$CR=\frac{CI}{RI}=0.009\ 9<0.1$$

由于$CR<0.1$，因此该判断矩阵通过一致性检验，根据测算结果，除发展现状外，学术人文交流和国际交流项目的国际化水平权重更大，即证明这两项是高校建设国际化水平的重要影响因素，也是对于林业高等教育国际化水平影响程度更大的因素，这与前述问卷分析结果一致，即教师和学生认为学术人文交流和国际交流项目国际化水平应进一步加强。

第八节　分析结论与建议

本次问卷调查以认知、需求、满意度等作为切入点，针对中国学生、国际学生、教职员工三类参与主体对林业高等教育国际化的主观评价进行了深入分析。调查问卷采访对象来自国内主要的几所涉林高校，问卷所呈现出的认知情况可以在一定程度上代表当前中外师生对于中国林业高等教育国际化现状以及未来发展方向的趋势性评价，结合现有林业高等教育国际化发展的客观统计数据及有关情况，将为中国林业高等教育国际化发展战略体系的构建提供重要参考依据。

基于问卷分析情况，对于中国林业高等教育国际化发展主要有以下几方面建议。

一、国际化发展已成为中国林业高等教育发展当务之急

从林业高等教育国际化发展的必要性和紧迫性情况来看，绝大多数受访者都不同程度地表示有必要进行国际化发展，其中相当一部分受访者认为非常有必要进行国际化发展，紧迫程度非常高。同时，从国际化整体水平以及师资、教学、科研等方面国际化水平的满意度来看，受访者均不同程度地表现出不满意态度，整体评价一般，这与中国现阶段林业高等教育国际化发展水平较差的客观情况是相一致的。因此，无论从客观发展现状，还是参与主体的主观评价，以及国家加快推进高等教育对外开放、提升国际竞争力和影响力的大环境因素来看，国际化发展都已成为中国林业高等教育在新时期实现转型发展和突破创新的必选项。国际化发展对于林业高等教育来说已经不是一个“要不要做”的命题，而是一个“如何做”以及“如何做好”的命题，这需要广大涉林高校重新定位国际化发展对于学校综合发展的重要意义，清醒认识自身在全球林业高等教育领域中的位置，找准国际化发展方向，确立国际化发展目标，以科学务实的态度加快推进国际化发展，通过提升人才培养、科学研究、学科发展、师资建设等方面的国际化水平，带动整个林业高等教育的国际化发展，从而满足新时期教育对外开放对于林业高等教育提出的新要求。

二、应大力推进各类国际交流合作全面提升国际化水平

根据调查问卷结果，受访群体对教学和管理人员的国际交往能力、科研国际化水平、

学术人文交流国际化水平以及国际交流项目的评价普遍不高，这表明当前我国林业高等教育对外交流合作的广度和深度还有待进一步提升。加强各类国际交流合作的意义不仅仅在于扩大国际交往的规模和体量，更重要的是要在国际化实践活动中培养参与主体的国际化意识，提升国际化能力，让每一个个体不断提高对国际化发展的认同感。通过开展人才培养、科学研究、学术交流等多个方面、多种形式的国际交流，充分调动中外师生的积极性，使他们成为林业高等教育国际化发展的参与者和受益者，从而使中国林业高等教育实现由内而外、自下而上的国际化发展。

三、应加快建设国际化教学体系以促进人才培养国际化

从中外学生对于教学国际化的评价情况来看，教材、课程国际化水平是教学国际化的严重短板。因此，涉林高校在教材选用、课程设置方面应尽量提高国际化元素所占比例，可通过引进国外优质教材或与国外知名高校共同编写教材等方式，提升教材的国际化水平，在课程设置方面也可结合实际情况提高全英文或双语授课课程比例。在不断提升教材、课程国际化水平的基础上，可进一步探索开设全英文授课专业，进而持续扩大相关学科的国际知名度和影响力，不仅能够提升相关专业中国学生的国际竞争力，同时也将进一步促进相关学科专业来华留学教育的快速发展。教材和课程国际化是教学国际化的两大支柱，只有不断提升教材、课程的国际化水平，才能真正实现中国林业高等教育的教学国际化。

四、教职员工外语能力亟待加强以满足国际化发展需要

在对教学、管理人员国际化能力的评价中，对英语语言能力的不满意程度尤为明显。本次问卷以受访者对英语语言能力的评价作为参考指标，从一个侧面反映出当前涉林高校教职员工外语水平尚不尽如人意。从问卷结果不难看出，外语（英语）能力作为开展国际交流合作的最基本素质，是制约林业高等教育国际化发展的重要因素，不仅影响教职员工直接与国外高校、科研单位、国际组织等进行沟通往来，更严重影响来华留学、国际科研合作、学术人文交流等国际化发展的重要指标。因此，涉林高校应高度重视教职员工的外语能力提升，可将英语作为主要的教学、管理国际化工作语言，同时结合自身特色引入其他相关外语语种，通过不断强化教职员工外语能力，进而全面提升教学、管理的国际化水平，为全面推进国际化发展筑牢基础。

第五章　中国林业高等教育国际化发展战略体系

本章将在明确中国林业高等教育国际化发展战略概念内涵的基础上，探讨中国实施林业高等教育国际化发展战略的总体目标与要求。以前文对于中国林业高等教育发展现状的梳理总结和调查问卷的分析结论为依据，通过 SWOT 战略分析模型，辨析中国林业高等教育国际化发展战略的重点问题，并在此基础上提出中国林业高等教育国际化发展战略框架。

第一节　中国林业高等教育国际化发展战略的概念

笔者认为中国林业高等教育国际化发展战略是指不断扩大中国和国外林业高等教育领域的人力资源和教育资源相互流动的规模和范围，深入参与制定并合理利用高等教育国际合作规则，提高统筹利用国内国外两种环境、两种资源的能力的战略。

从概念来看，林业高等教育国际化发展战略应涵盖以下三个方面。

第一，从对外交往活动的方向上来看，林业高等教育国际化发展战略包括“引进来”与“走出去”两个方向，这也构成了林业高等教育国际化发展战略的主体架构。“引进来”战略和“走出去”战略作为林业高等教育国际化发展战略的两个重要支柱，是中国林业高等教育适应教育全球化、高等教育对外开放，更好地统筹利用两种环境、两种资源，在更大范围、更宽领域、更高层次上参与高等教育国际竞争与合作，提升林业高等教育国际化水平的必要举措。“引进来”的意义在于利用国外优质的高等教育资源和人力资源来不断提升中国林业高等教育的综合实力和国际竞争力，“走出去”的意义在于为中国林业高等教育成果输出与对外合作创造条件，从而为林业高等教育真正实现国际化发展拓展更大空间。这两方面战略相互促进，具有内在的本质统一性，不可顾此失彼。

第二，中国林业高等教育国际化发展战略体系包括人力资源战略举措、教育资源战略举措与国际合作平台利用战略举措，其中人力资源战略举措是指相关人员的交流互动，教育资源战略举措是指教学与科研合作，而国际合作平台的利用又为人力资源战略举措和教育资源战略举措的实施创造了平台条件。所以，在具体的实践过程中，必须将三者有机地紧密结合在一起，互为补充，相辅相成，才能实现林业高等教育国际化发展的最大效益。人力资源战略举措和教育资源战略举措有助于中国与国外高水平林业教育科研机构开展深度的人员、教学、科研交流与合作，不断提升师资和学生的国际化水平，但在此过程中应树立长远眼光，不能仅仅机械照搬国外教育教学模式，而应该在结合本国实际情况的前提下，积极吸收借鉴国外的成功经验和有益成果，同时吸引国外优秀人才，打造本国的林业高等教育品牌，推动林业高等教育国际化发展。从林业高等教育“走出去”层面来看也是类似的情况，不能仅仅满足于招收国际学生来华学习，更要在不断提升自身核心竞争力的情况下，实现优质教育资源的输出，为中国林业高等教育国际化发展开辟更广阔的国外发展空间。在实施人力资源战略举措和教育资源战略举措的过程中，都需要积极利用各类国际教育合作平台，这样才能保证相关战略的有效实施和预期成果的取得。

第三，中国林业高等教育国际化发展战略还包括国家战略举措和高校战略举措两个层面。与林业高等教育国际化相关的各项战略举措都必须依托高校来进行，这就意味着国家战略举措和高校战略举措必须有机地衔接起来。二者之间的关系应该是国家战略举措引导高校战略举措，高校战略举措顺应国家战略举措，这样才能将国家宏观层面的规划设计有效地落到实处。同时，在设计国家战略举措时，应充分考虑对有关高校的支持机制，保障高校能够积极响应配合国家战略，使二者在宏观战略层面和微观战术层面能够紧密衔接，保证林业高等教育国际化发展的有效实施。

林业高等教育国际化发展可以通过与国外开展人力、科技、学术交流与合作，不断借鉴国外在培养体系、学科设置、教学方法等方面的有益经验，推动中国林业高等教育改革创新，充分发挥后发优势，实现林业高等教育内涵式发展。林业高等教育国际化不仅有助于优化国内林业教育资源配置，集中力量进行涉林一流学科建设，同时还可以为中国林业高等教育的发展壮大提供国际舞台和空间，打造中国林业高等教育的国际品牌，进而为中国林业走向世界提供助力。同时，国际化发展进程也将不断向全世界推广中国林业高等教育发展成果，推动中国林业高等教育更深更广地参与国际合作与对话，在更加广阔的多双边国际舞台上发出中国林业高等教育声音，讲述中国林业高等教育故事，积极促进全球林业高等教育的可持续发展，从而不断提升中国林业高等教育的国际知名度，为打造具有国际影响力和竞争力的中国林业高等教育体系做出应有的贡献。

第二节　中国林业高等教育国际化发展战略的目标

战略目标是发展战略希望实现的愿景或者在特定规划时期后的期望状况。一般而言，综合性战略的战略目标包括总体目标与单项具体目标，而战略目标的确定又包括明确战略目标的方向与明确战略目标的水平两个方面。本节将重点讨论中国林业高等教育国际化发展战略的总体目标，主要关注中国林业高等教育国际化发展战略总体目标的方向性问题。

根据以上对中国林业高等教育国际化发展的概念界定，笔者认为中国林业高等教育国际化发展战略的总体目标应该是，持续加大中国与国外林业高等教育领域之间的人力和教育资源交流互动的规模和范围，通过广泛参与国际合作、交流对话，制定并合理利用国际规则，提高中国林业高等教育驾驭国内国际两种环境、两种资源的能力，同时加强林业高等教育国际化能力建设，进而不断提升中国林业高等教育国际竞争力。简而言之，就是通过推进国际化发展战略，加快提升中国林业高等教育自身综合发展水平，并为未来长期可持续发展争取更大的外部空间。

从发展目的来看，提升国际化发展效益与防控国际化发展风险是中国林业高等教育国际化发展的充分条件。具体来说，中国林业高等教育不是为了国际化而国际化，而是要通过国际化实现中国林业高等教育更好的发展，不断培养高素质、高水平的国际化林业人才，为中国林业的国际化发展提供坚实的智力支撑和人才保障。发展国际化具有两面性，即可以实现发展效益的提高，同时也要面临潜在的风险。因此，从国际化发展的目的来看，中国林业高等教育国际化发展战略追求的整体目标方向应该是在尽量规避风险的前提下，实现林业高等教育发展效益的最大化。

从发展手段来看，促进中国林业高等教育对外开放是实现中国林业高等教育国际化发展的必要条件。具体来说，从人力资源的角度看，要不断加大中国林业高等教育人员国际交往的规模和力度，拓宽交往渠道，丰富交往形式，为更深层次的交流合作创造基础条件。从教育资源的角度看，一方面要继续推进国外优质教育资源的引进，另一方面也要加快中国林业高等教育的输出步伐，实现中国林业高等教育资源的对外拓展。从利用国际合作平台的角度看，既要促进中国林业高等教育标准与政策的国际化，同时要积极参与林业高等教育国际合作与交流对话，参与制定并有效利用教育国际合作规则，利用国际平台为自身发展争取更多话语权。从能力建设角度来看，要不断加快提升林业高等教育参与主体的国际化能力，为中国林业高等教育国际化发展提供坚实的基础保障。

第三节　中国林业高等教育国际化发展战略问题的识别

根据以上分析可知，中国林业高等教育国际化发展战略是一项包含复杂任务内容、涉及众多利益主体、影响多个领域方面的系统性综合战略。本节将依据之前章节分析所得结论，利用 SWOT 框架模型，对中国林业高等教育国际化发展战略所涉及的问题进行识别分析。

一、中国林业高等教育国际化发展的 SWOT 态势

（一）中国林业高等教育国际化发展的优势分析

S1，中国已成为世界林业高等教育大国。

S2，中国已基本建立起较为完善合理的林业高等教育体系。

S3，中国林业高等教育国际化水平不断提升。

S4，中国林业高等教育对国际化发展具有广阔的空间和强烈的需求。

（二）中国林业高等教育国际化发展的劣势分析

W1，中国林业高等教育国际知名度不高。

W2，中国林业高等教育国际竞争力不强。

W3，中国林业高等教育国际化能力不足。

W4，中国林业高等教育培养的国际化专业人才有限。

（三）中国林业高等教育国际化发展的机遇分析

O1，中国高度重视生态文明建设，为林业高等教育发展创造广阔空间。

O2，中国持续推动高等教育对外开放，为林业高等教育国际化发展提供有利的政策环境。

O3，全球范围内对生态环境保护的高度重视，为中国林业高等教育国际化发展创造

有利的外部环境。

O4，高等教育全球化进程不断深入，为中国林业高等教育国际化发展提供更多渠道和平台。

（四）中国林业高等教育国际化发展的威胁分析

T1，发达国家林业高等教育体系对中国林业高等教育的挑战。

T2，高等教育国际合作体系及其规则带来的挑战。

T3，国际政治经济环境波动带来的挑战。

二、中国林业高等教育国际化发展的备选战略问题

（一）抓住机遇发挥优势的SO战略问题

（1）利用中国高度重视生态文明建设，持续推动高等教育对外开放所创造的良好发展空间和政策环境，以及全球范围内高度重视生态环境保护，高等教育全球化不断深入所创造的有利外部环境和渠道平台的优势，发挥中国林业高等教育大国体量优势，不断提升中国林业高等教育质量和水平，加快海外发展步伐的战略（S1，O1～O4）。

（2）利用中国高度重视生态文明建设，持续推动高等教育对外开放所创造的良好发展空间和政策环境，以及全球范围内高度重视生态环境保护，高等教育全球化不断深入推进所创造的有利外部环境和渠道平台的优势，发挥中国现有较为系统完善的林业高等教育体系的优势，不断优化合理中国林业高等教育体系，吸引国外优秀人才来华学习工作的战略（S2，O1～O4）。

（3）利用中国高度重视生态文明建设，持续推动高等教育对外开放所创造的良好发展空间和政策环境，以及全球范围内高度重视生态环境保护，高等教育全球化不断深入推进所创造的有利外部环境和渠道平台的优势，发挥中国林业高等教育国际化水平不断提升的优势，不断推进中国林业高等教育国际合作平台建设的战略（S3，O1～O4）。

（4）利用中国高度重视生态文明建设，持续推动高等教育对外开放所创造的良好发展空间和政策环境，以及全球范围内高度重视生态环境保护，高等教育全球化不断深入所创造的有利外部环境和渠道平台的优势，发挥中国林业高等教育国际化发展的空间和需求优势，全方位加大投入，不断提升林业高等教育国际化水平的战略（S4，O1～O4）。

（二）发挥优势减轻威胁的ST战略问题

（1）发挥中国已发展成为林业高等教育大国，构建起较为系统完善的林业高等教育体系，林业高等教育国际化水平不断提升，且具有广阔发展空间和较强发展需求的优势，应对来自发达国家林业高等教育带来的冲击，不断提升中国林业高等教育国际竞争力的战略（S1～S4，T1）。

（2）发挥中国已发展成为林业高等教育大国，构建起较为系统完善的林业高等教育体系，林业高等教育国际化水平不断提升，且具有广阔发展空间和较强发展需求的优势，不断深入推进林业高等教育国际合作，提升中国林业高等教育对于国际合作体系及其规则适应能力的战略（S1～S4，T2）。

（3）发挥中国已发展成为林业高等教育大国，构建起较为系统完善的林业高等教育体系，林业高等教育国际化水平不断提升，且具有广阔发展空间和较强发展需求的优势，持

续提升中国林业高等教育国际化综合实力，以应对国际政治经济形势波动的战略（S1～S4，T3）。

（三）抓住机遇弥补劣势的 WO 战略问题

（1）利用中国高度重视生态文明建设，持续推动高等教育对外开放所创造的良好发展空间和政策环境，以及全球范围内高度重视生态环境保护，高等教育全球化不断深入推进所创造的有利外部环境和渠道平台的优势，通过加大对外拓展力度，不断提高中国林业高等教育国际知名度的战略（W1，O1～O4）。

（2）利用中国高度重视生态文明建设，持续推动高等教育对外开放所创造的良好发展空间和政策环境，以及全球范围内高度重视生态环境保护，高等教育全球化不断深入推进所创造的有利外部环境和渠道平台的优势，通过不断提升自身国际化水平，参与国际合作，提升中国林业高等教育国际化竞争力的战略（W2，O1～O4）。

（3）利用中国高度重视生态文明建设，持续推动高等教育对外开放所创造的良好发展空间和政策环境，以及全球范围内高度重视生态环境保护，高等教育全球化不断深入推进所创造的有利外部环境和渠道平台的优势，通过加强自身能力建设，不断提升中国林业高等教育国际化能力的战略（W3，O1～O4）。

（4）利用中国高度重视生态文明建设，持续推动高等教育对外开放所创造的良好发展空间和政策环境，以及全球范围内高度重视生态环境保护，高等教育全球化不断深入推进所创造的有利外部环境和渠道平台的优势，加快培养林业国际化专业人才，以适应国家林业发展需求的战略（W4，O1～O4）。

（四）改变劣势减轻威胁的 WT 战略问题

（1）通过提升和增强中国林业高等教育国际影响力、国际竞争力和国际化能力，以应对来自发达国家林业高等教育带来的挑战的战略（W1～W3，T1）。

（2）通过提升和增强中国林业高等教育国际影响力、国际竞争力和国际化能力，以适应林业高等教育国际合作体系及其规则的战略（W1～W3，T2）。

（3）通过提升和增强中国林业高等教育国际影响力、国际竞争力和国际化能力，以减弱国际政治经济环境波动带来的影响的战略（W1～W3，T3）。

第四节　中国林业高等教育国际化发展战略问题的评价

根据以上 SWOT 模型的分析，可将中国林业高等教育国际化发展的备选战略问题汇总成表 5－1。表中的 14 个问题虽然都具各自的独立性，但在分析的过程中也不能忽略彼此之间的关联性。

表 5－1　中国林业高等教育国际化发展战略备选问题

序号	备选战略问题	SWOT 组合类型	问题评价		
			紧迫性	重要性	复杂性
1	加快林业高等教育海外发展步伐	（S1，O1～O4）	+++	+++	+++
2	吸引优秀人才来华工作学习	（S2，O1～O4）	++	+++	++

（续）

序号	备选战略问题	SWOT 组合类型	问题评价		
			紧迫性	重要性	复杂性
3	加快推进林业高等教育国际合作平台建设	（S3，O1～O4）	++	++	+++
4	加大投入，提升林业高等教育国际化水平	（S4，O1～O4）	+++	++	++
5	提升林业高等教育国际竞争力，应对外部冲击	（S1～S4，T1）	+	++	+
6	深入推进国际合作，提升林业高等教育对于国际合作体系规则的适应能力	（S1～S4，T2）	+++	+++	+
7	持续提升林业高等教育国际化综合实力，应对国际政治经济环境波动	（S1～S4，T3）	+	+	++
8	加大对外拓展力度，提升林业高等教育国际知名度	（W1，O1～O4）	+++	+++	++
9	积极参与国际合作，提升林业高等教育国际竞争力	（W2，O1～O4）	++	+++	+
10	加强自身建设，不断提高林业高等教育国际化能力	（W3，O1～O4）	++	++	++
11	培养林业国际化人才，满足林业国际化发展需求	（W4，O1～O4）	+++	+++	+++
12	提升林业高等教育国际竞争力，应对外部挑战	（W1～W3，T1）	+	++	+
13	积极参与国际合作，适应林业高等教育国际合作体系及其规则	（W1～W3，T2）	+++	+++	+
14	提升林业高等教育国际化能力，削弱国际政治经济环境影响	（W1～W3，T3）	+	+	++

表 5-1 所列的问题是通过 SWOT 模型归纳整理出的中国林业高等教育国际化发展战略的备选问题，可以从紧迫性、重要性和复杂性 3 个维度对这 14 个问题进行宏观的主观评价。

从紧迫性来看，通过加快海外发展、积极参与国际合作，提升林业高等教育国际影响力和竞争力，适应国际合作体系和规则；通过加大投入，提升林业高等教育国际化水平；培养林业国际化人才，满足国家林业国际化发展需求等是相对更加紧迫的战略问题。

从重要性来看，通过加快海外发展步伐，提升林业高等教育国际知名度；通过积极参与国际合作，提升国际竞争力，适应国际合作体系和规则；培养林业国际化人才，满足国家林业国际化发展需求；吸引优秀国外人才来华工作学习等是相对更加重要的战略问题。

从复杂性来看，加快林业高等教育海外发展步伐；加快推进林业高等教育国际合作平台建设；培养林业国际化人才，满足国家林业国际化发展需求等是相对更复杂的战略问题。

第五节　中国林业高等教育国际化发展战略框架

一、中国林业高等教育国际化发展战略整体思路

根据上一节关于中国林业高等教育国际化发展战略的概念、目标和战略重点的有关论述，中国林业高等教育国际化发展是一个坚持“引进来”和“走出去”相结合，同时利用

各类合作平台开展多边合作，提升中国林业高等教育体系统筹国际、国内两种环境，利用人力、教育两种资源水平的过程。因此，以用好两种环境和两种资源作为出发点，可以得到如图 5-1 所示的中国林业高等教育国际化发展的整体思路。

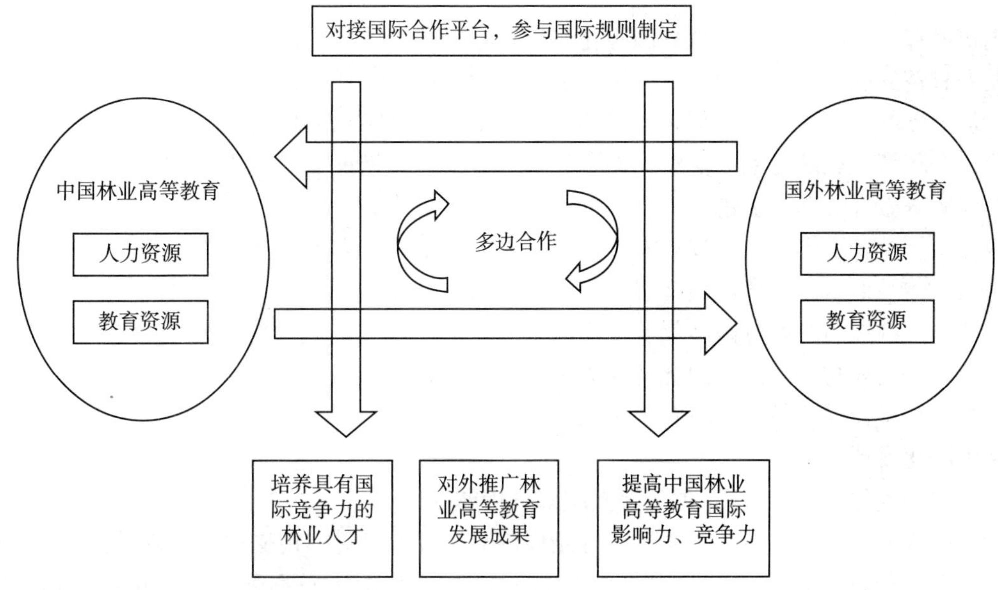

图 5-1　中国林业高等教育国际化发展整体思路

由图 5-1 可知，国际和国内两种环境的互动主要是靠人力资源的国际流动和教育资源的相互转移来实现的，由于教育活动的主体是人力资源，因此人力资源在国际交往中发挥着最重要的作用。由此可见，中国林业高等教育国际化发展就是要不断扩大中国与国际林业高等教育领域的人力资源和教育资源交流互动的规模和范围，提高统筹利用国际、国内两种环境和人力、教育两种资源的能力，参与制定和合理利用高等教育国际合作规则，使林业高等教育国际合作与国内林业发展及生态文明建设有机结合，利用优质合作资源服务中国林业高等教育“双一流”建设和可持续发展，同时，通过参与林业高等教育国际合作，对外推广中国林业高等教育发展成果，提升中国林业高等教育的国际知名度、影响力和竞争力，深度参与全球林业高等教育治理，为世界林业高等教育发展发出中国声音、提出中国方案，为全球生态环境治理，构建人类命运共同体做出应有的贡献。

二、中国林业高等教育国际化发展战略框架

以中国林业高等教育国际化发展战略的基本概念为基础，结合中国林业高等教育国际化发展战略的目标要求，以国际化发展整体思路为主线，同时综合考虑中国林业高等教育国际化发展战略备选问题的紧迫性、重要性和复杂性，本节提出了由资源引进战略、对外拓展战略、合作平台战略、能力建设战略四部分组成的中国林业高等教育国际化发展战略体系。

（一）中国林业高等教育国际化发展资源引进战略

中国林业高等教育国际化发展资源引进战略是指通过吸收引进国外优质的人力资源和

教育资源并进行本土化整合，从而不断提升中国林业高等教育综合发展水平，全面提升其国际竞争力的战略。

从中国林业高等教育国际化发展整体框架来看，资源引进战略是实现中国林业高等教育国际化发展的两种主要手段之一。引进国外优秀的人力资源和优质的教育资源可以在短期内快速补充中国林业高等教育国际化发展存在的短板，并通过吸收借鉴国外林业高等教育发展有益经验，从长远角度为中国林业高等教育积蓄发展后劲。

从中国林业高等教育国际化发展的目标要求来看，实现国际化发展必然要加强与国外林业高等教育领域的互动与交流，而资源引进就是其中最重要的形式之一。通过对国外优质林业高等教育资源的引进，不仅有助于提升中国林业高等教育自身发展水平，同时可以积极借鉴国外发展模式，掌握其发展规律和运行规则，实现中国林业高等教育与世界林业高等教育体系的深度融合，最终实现国际化发展的目标。

从中国林业高等教育国际化发展现状来看，由于林业高等教育国际化起步相对较晚，国际化水平尚属初级阶段，因此急需通过资源引进在短期内实现自身国际化水平的快速提升，缩短与其他高等教育领域在国际化发展方面的差距，以满足国家高等教育整体对外开放和国际化发展的要求。

（二）中国林业高等教育国际化发展对外拓展战略

中国林业高等教育国际化发展对外拓展战略是指通过对外传播和转化成果，将中国林业高等教育的发展成果作为公共产品向世界进行推广，从而不断提升其国际影响力的战略。

从中国林业高等教育国际化发展整体框架来看，对外拓展战略是实现中国林业高等教育国际化发展的另一种重要手段。虽然中国林业高等教育国际化尚处在发展阶段，但也取得了一些阶段性成果，对广大发展中国家的林业教育发展具有较好的借鉴意义和带动作用，同时也已成为林业高等教育国际合作的重要力量。国际化发展的终极目标应该是在国际范围内占有一席之地，并发挥自身应有的影响力，参与全球林业高等教育治理，为世界林业高等教育发展做出贡献。因此，对外拓展战略是中国林业高等教育实现国际化发展的必然选择。

从中国林业高等教育国际化发展的目标要求来看，真正的国际化发展不可能只停留在国内，而要将发展成果在国际舞台上进行推广，通过带动和促进有关国家林业高等教育共同发展，不断提升中国林业高等教育的国际知名度和影响力，为更长一个时期的可持续国际化发展争取有利的外部环境和资源。

从中国林业高等教育国际化发展现状来看，目前的对外开放程度还远不能达到国际化发展的需求，与中国林业高等教育整体发展水平不相适应，也未能为中国林业高等教育“走出去”战略提供良好的外部空间和环境。因此要通过实施对外拓展战略来为中国林业高等教育“走出去”寻求落脚点，在打造中国林业高等教育国际品牌的同时，为中国林业高等教育更加长远的国际化发展开拓外部空间。

（三）中国林业高等教育国际化发展合作平台战略

中国林业高等教育国际化发展合作平台战略是指通过对接各类现有政策制度和国际合作机制，并自主搭建有关国际合作平台等，不断为中国林业高等教育国际化开拓外部发展空间、争取国际话语权的战略。

从中国林业高等教育国际化发展整体框架来看，各类合作平台的建设为资源引进和对外拓展战略进一步构建了框架基础，在国际化发展的形式上为其提供了有力的结构性补充，形成了“走出去”“引进来”与“多边合作”有机结合、相得益彰的国际化发展态势。

从中国林业高等教育国际化发展的目标要求来看，随着国际化程度的不断提升，中国林业高等教育必然要积极地参与世界林业高等教育多双边合作，并在这一过程中发出自己的声音，发挥自己的作用，并为自身发展争取更多话语权。为了实现这一目标，不仅要积极参与国际合作、国际对话，对接高等教育国际合作政策，适应国际合作体系和规则，更要采取主动打造符合自身发展需求的创新型国际合作平台，与现有合作平台形成良性互动、优势互补，为中国林业高等教育国际化发展打造更高水平的国际舞台。

从中国林业高等教育国际化发展现状来看，中国林业高等教育参与国际合作程度较低，对于现有国际合作平台的政策、资源利用程度也不高，而且也尚未自主建立具有国际影响力的多边合作平台。鉴于此，为了在国际化发展过程中争取更多主动权，建立更有利于自身发展的国际合作规则，中国林业高等教育国际化发展过程中必须要积极实施合作平台战略，构建更高水平的合作框架，实现更高层次的国际化发展。

（四）中国林业高等教育国际化发展能力建设战略

中国林业高等教育国际化发展能力建设战略是指通过提升国际化意识、强化国际化素质、完善国际化设施等方式，全方位提高中国林业高等教育国际化发展能力，确保资源引进、对外拓展、合作平台等战略能够顺利实施的基础性战略。

从中国林业高等教育国际化发展整体框架来看，能力建设战略是确保各项国际化发展目标能够实现的重要前提条件，为资源引进、对外拓展、合作平台战略提供了根本性的结构保障，构成了中国林业高等教育国际化发展的根基。

从中国林业高等教育国际化发展的目标要求来看，国际化能力建设保证了国际化发展的顺利开展以及相关战略手段的有效实施，而随着国际化程度的提升，国际化能力也会随之得到不断加强，从而形成了国际化能力建设与国际化发展手段之间的良性循环，最终确保中国林业高等教育国际化的长期健康发展。

从中国林业高等教育国际化发展现状来看，目前林业高等教育主体的国际化能力并不尽如人意，国际化水平也参差不齐，尚不足以支撑资源引进、对外拓展、平台建设等战略的实施。因此在整个林业高等教育国际化发展战略体系中是比较紧迫的一个战略问题，应该在尽可能短的时期内加快建设整个林业高等教育国际化能力，以便为其他各项国际化发展战略的实施提供源源不断的动力。

以上四项具体战略在总体战略体系中各司其职、互相关联，共同组成了中国林业高等教育国际化发展战略体系。通过资源引进战略吸收利用国外优质教育、科研资源，与中国现有林业高等教育资源进行本土化融合，不断提升中国林业高等教育国际竞争力；通过对外拓展战略在全球范围内推广中国林业高等教育发展成果，为世界林业可持续发展提供中国方案，进而不断提高中国林业高等教育国际影响力；通过合作平台战略对接各类与林业高等教育有关的机制平台，为中国深度参与林业高等教育全球治理不断争取更多话语权；在推进资源引进、对外拓展、合作平台战略的过程中，还要将能力建设战略贯穿始终，这也是推进总体战略的基础，通过全面提升国际化能力，不断提高中国林业高等教育国际化发展的质量和水平；在推进资源引进、对外拓展、合作平台、能力建设四大战略的同时，还要出台一系列配套政策措施，为各项战略的有序推进提供相关保障，确保战略举措的稳妥落实。按照这一战略体系建设思路，图 5-2 即是中国林业高等教育国际化发展战略体系结构框架。

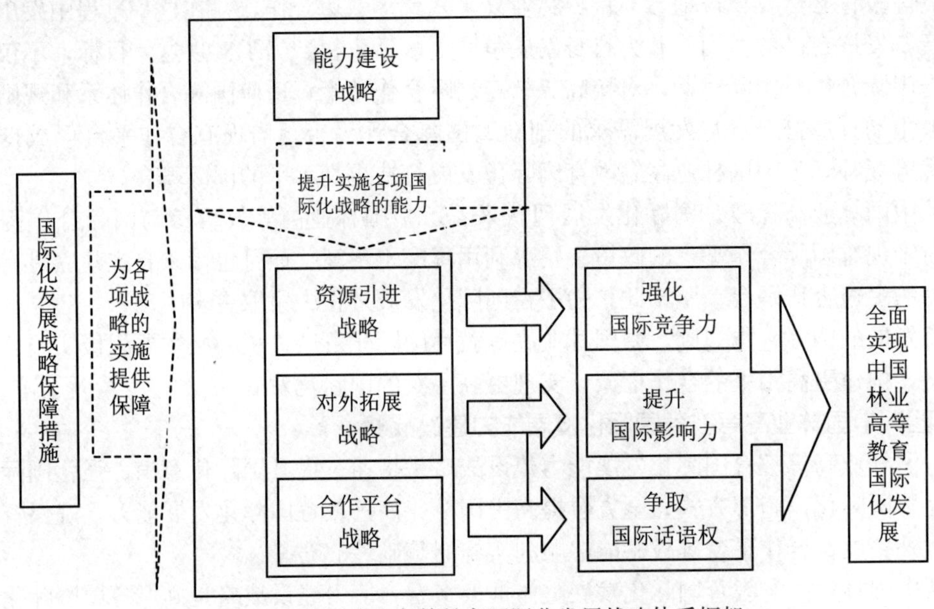

图 5-2　中国林业高等教育国际化发展战略体系框架

第六章　中国林业高等教育国际化发展资源引进战略

开展林业高等教育对外开放，实施国际化发展，最重要的一个目标就是引进、消化和吸收国外优质的教育资源、先进的教育理念和成熟的教育体系，并将其与中国自身特色进行有机结合，取其精华，去其糟粕，最终服务中国林业高等教育的综合发展。经过 60 余年的发展，中国已经建成了世界最大规模的林业高等教育体系，每年培养数以万计的林业高等人才，服务国家生态文明建设和社会经济发展，同时积极参与全球生态环境治理。但同时，中国林业高等教育也存在着开放程度差、国际知名度低、国际竞争力弱等问题，亟须通过不断引进优质合作资源来提升自身国际化发展水平。

本章将从教育资源的直接引进和国内林业高等教育参与主体的国际化能力提升两个角度探讨中国林业高等教育国际化发展的资源引进战略。

第一节　中国林业高等教育国际化发展资源引进战略内涵

从第四章中国林业高等教育国际化发展认知分析结果来看，问卷受访者对于林业高等教育本身的国际化程度和教育活动参与主体的国际化水平普遍评价不高。因此，实施国际化发展战略，首先要针对林业高等教育本身和教育活动参与主体进行国际化提升，而这一过程就包含了直接的国外人力资源和教育资源引进、对国外教育资源的本土化以及在此过程中开展的国内人力资源开发。

一、加强国外优质资源引进，直接推动林业高等教育国际化发展

直接教育资源引进主要包括人力资源引进和教学资源引进两种形式。

人力资源引进包括聘请国外知名专家学者开展高层次专业合作；聘请国外教学及科研人员开展联合教学、合作科研等形式的合作；招收国外博士后共同开展科学研究、发表文章等；长期聘任外籍人员担任专职教师或开展教育行政管理工作。人力资源引进不仅可以直接快速地提升教育国际化水平，同时通过人力资源的双向适应和本土化，还能进一步提升中国林业高等教育人力资源的国际影响力和竞争力，从而在根本上推动中国林业高等教育国际化发展。

教学资源引进主要包括国外优质的教育体制、教学理念、培养方案、课程教材等方面的引进。最行之有效的方式就是开展中外合作办学，将国外的优质教学资源同中国现行林业高等教育教学体系进行有机整合，不仅可以作为现有教学体系的有力补充，同时可以最直接地提升专业教学、课程设置、培养方案甚至师资建设的国际化水平，进而促进中国林

业高等教育人才培养的国际化发展。

二、加强国外教育资源消化吸收，为林业高等教育国际化发展做好根本性储备

除了直接的资源引进，对高等教育活动参与主体进行国际化提升才能从根本上推动中国林业高等教育国际化发展。这一过程主要包括师资的国际化提升和学生的国际化提升。师资的国际化提升主要是通过选派教学人员和行政管理人员赴外进行交流访学，学习借鉴国外林业高等教育国际化发展的成果经验，用以改进和提升中国林业高等教育国际化发展现状。学生的国际化提升主要是通过各类联合办学项目、长短期留学、海外实习实践项目等形式，拓宽学生的国际化视野，提升学生国际化意识，强化学生国际化竞争力，从而提升中国林业高等教育人才培养国际化水平。

第二节 中国林业高等教育国际化发展资源引进战略举措

一、公派出国留学

为进一步提升中国林业高等教育人才培养国际化水平，特别是满足林业对于高级专业人才以及具有国际竞争力人才的需求，中国应持续有针对性地推动涉林相关学科专业开展出国留学。出国留学不仅有利于提升高层次人才的专业水平，加快林业教育、科研领域的交流与合作，同时对于缩小中国林业与世界林业发展前沿的差距、提高中国在林业教育全球治理中的参与度和显示度也将发挥重要作用。

由于因私留学受留学主体意愿、经济条件、就业环境等因素制约，具有较大的不确定性，因此在推动林业高等教育出国留学方面应更多地通过公派出国留学的形式加以统筹和引导。各涉林高校应结合自身国际化发展需求，广泛征求林业主管单位的意见，制定系统科学的公派出国留学工作规划，充分用好教育部国家公派出国留学项目资源，形成“国家协调统筹、院校鼓励支持、个人积极申报”的林业高等教育公派出国留学发展态势。从派出对象来看，公派出国留学大体可分为两类：学生类公派出国留学、学者类公派出国留学。

（一）学生类公派出国留学

学生类公派出国主要指由教育部国家留学基金管理委员会（简称国家留学基金委）和各级地方政府提供资助的赴外留学活动，国家公派出国具体派出类型包括攻读博士学位、博士生联合培养、赴国际组织实习等。

通过选派学生赴外攻读博士学位，开展完整的全学程博士专业学习，可以系统全面地接触并掌握国外优秀的高层次林业高等教育教学体系、研究模式以及教育思路等，培养具有国际视野的高层次林业人才，学生毕业回国后将有力补充中国林业高等教育、科学研究以及行业发展专业人才队伍，为林业发展持续提供高水平人才补给。

博士生联合培养主要选派国内在读优秀博士研究生，前往国外高校及科研院所开展涉林学科的科学研究、数据采集、论文撰写等活动。通过开展联合培养，可以进一步提升国内在读博士生的国际化能力，加强与国外有关院校和科研机构在涉林学科的学术科研交

流，逐步构建稳定的双向高层次人才交流机制，可以在短时期内迅速提升林业高等教育高层次人才培养国际化水平，与赴外攻读博士学位的长效机制相得益彰，共同组成林业高等教育公派出国学历教育的两大支柱。

另外一种学生公派出国的重要形式是选派在校学生赴各类涉林国际组织开展实习。随着中国综合实力的不断提升，对于国际事务的参与程度和影响力也在稳步提升，对于能够胜任各类国际组织工作的专业人才也提出了更高要求。选派专业人才全面深入地参与各类涉林国际组织的管理工作，对于中国林业走出去战略，争取更多国际话语权具有不可替代的重要意义。选派学生前往涉林国际组织，如联合国粮食及农业组织、联合国开发计划署、联合国环境署、国际林业研究组织联盟等开展实习工作，能够加快提升中国在国际组织管理工作中的参与程度，不断了解掌握国际组织管理模式、运行规则等，同时也将持续补充中国国际组织人才后备力量，满足国家对于国际组织特别是涉林国际组织储备人才提出的新要求。同时，国际组织实习项目对于提升在校学生对国际事务的参与热情也具有重要的推动作用，能够激发优秀学生赴国际组织开展实习的热情和意愿，服务于国家外交战略。

除国家公派出国留学外，各涉林高校还应结合自身实际情况和国际化办学定位，设立专项资金，选派优秀在校生或应届毕业生赴国外开展联合培养或攻读学位，有针对性地支持重点学科或薄弱学科的国际化人才培养，为相关学科专业的发展拓宽国际合作渠道，也为本校师资队伍建设提供国际化人才储备。

（二）学者类公派出国

学者类公派出国主要指涉林高校和科研机构的教学、科研及行政管理人员由教育部、科学技术部等主管部委或各级地方政府提供资助，前往国外有关高校、科研机构、国际组织等开展合作科研、学习研修等。学者类公派出国可以有效加强中国林业高等教育与国外相关领域的实质性合作，通过人员互访、学术交流、联合科研等形式，不仅可以吸收借鉴国外有益的成果经验，提升对林业教育科研国际合作的参与程度，加快推进中国林业高等教育自身国际化发展，同时对于加强双向学术科研往来、构建长效国际合作机制、打造林业高等教育国际合作国家队都将发挥重要的推动作用。各高校应结合国家林草发展战略、学科发展布局以及师资队伍发展方向，有重点、分步骤、系统化地开展学者类公派出国留学，通过教育部国家留学基金委访问学者、青年骨干教师等项目，科学技术部徐光启项目、蔡元培项目、中外杰出青年项目等渠道，逐步打造教学科研以及行政管理的国际化人才梯队，满足中国林业高等教育“走出去”的战略需求。

除国家层面的学者类公派出国，各涉林高校和科研机构还应在条件允许的情况下，探索自设资金资助项目，选派教学科研及行政管理人员赴外交流学习，从而形成“层次丰富、结构合理、布局完整”的学者类公派出国体系。

典型案例

北京林业大学依托与法国农业食品环境研究院共建的“中法欧亚森林入侵生物联合实验室”，结合联合实验室课题组项目，紧密对接欧亚大陆面临的林业跨境入侵生物问题，以联合实验室为平台，开展了一系列实质性高水平公派出国留学活动。

通过国家留学基金管理委员会与法国“农业、食品、动物健康与环境研究联合体”（Agreenium）的专项资助，以及“双一流”建设学校自设项目，选派在读博士生赴法国农业食品环境研究院及有关合作高校，进行博士生联合培养，开展高水平联合科研项目，产出一系列高水平科研论文，相关科研成果为双方开展深度合作提供了重要的数据和成果支撑。同时，选派优秀硕士毕业生赴法国农业食品环境研究院在法国境内的合作高校攻读博士学位，为双方打造长期稳固的双向学术交流和科研合作奠定坚实基础，构建起学历学位教育与联合培养相结合的高层次人才培养体系，有力提升了相关学科的人才培养国际化水平。

通过科学技术部“中法杰出青年科研人员交流计划”项目，选派联合实验室骨干人员赴法进行短期学术交流和联合科研，进一步提升双方的合作共识，精准定位联合科研攻关主题，夯实高层次科研人员双向交流机制，为联合实验室常态化双边互动打造框架基础。

以“中法欧亚森林入侵生物联合实验室”为依托，通过教育部、科技部以及校内自设项目，北京林业大学与法国农业食品环境研究院构建起全方位、立体化的教学科研人员及博士生高层次交流机制，是我国林业高等教育公派出国留学整合式发展的一次积极探索，对于国内其他涉林高校开展高水平国际化人才培养具有非常重要的借鉴和参考意义。

二、中外合作办学

自改革开放以来，特别是进入20世纪90年代之后，中外合作办学作为国外高等教育资源引进的最重要形式之一，为中国高等教育质量提升、现代化课程教材体系建设、师资队伍发展等做出了重要贡献。

进入新时期以来，国家生态文明建设重大战略和建设美丽中国伟大构想对高层次林业人才提出了更加迫切的需求。如何在中国现有林业高等教育体系基础上，通过进一步加强国际合作引进国外优质教育资源，实现林业高等教育提质增效，跻身国际一流领军行列，为国家林草事业不断输送具有国际竞争力的高素质人才，就成了林业高等教育中外合作办学新的历史使命。总体来看，开展中外合作办学对于林业高等教育国际化发展具有以下促进作用。

（一）构建国际化课程体系

教育部对于中外合作办学外方授课比例、课时数等提出了明确要求，以确保国外优质课程资源能与国内课程有机结合，构建起科学合理的联合培养方案和教学计划。这些国外优质课程资源通过外教来华授课、视频教学、远程在线教学、中外方联合授课等形式，不仅保证了中外合作办学自身的国际化水平，同时对涉林学科专业的师资国际化也具有重要的推动作用，为构建符合中国林业高等教育国际化发展需求的现代化课程体系提供了非常直观有效的参考。

（二）引进优质教材资源

伴随着中外合作办学的课程引进，另一项重要的资源引进就是国外优质教材的引进。开展合作办学的中方院校可通过直接引进、翻译引进或借鉴融合等方式对国外课程涉及的外方教材、讲义、参考资料等进行多种形式的引进吸收，用以补充和丰富现有国内涉林专业课程教材体系，提升涉林教材国际化水平，甚至直接推动全外文授课或中外双语授课课程的建设。

(三) 提升师资国际化水平

开展中外合作办学也是国外优质师资引进的过程。中方院校不仅可以通过直接引进的形式安排国外教师参与教学、实习、管理等各个环节，从而营造国际化的专业学习氛围，同时也可以通过安排中外方教师联合授课或中方教师担任助教等形式，吸收借鉴国外有益的教学经验和模式，强化中方教师中外文交替授课能力，进一步提升中外合作办学中方师资的国际化水平。

(四) 助推学科专业国际化发展

通过引进课程、教材和师资，中外合作办学能为涉林学科专业的国际化发展提供关键的必要条件，因此中外合作办学并不只是单纯的林业高等教育资源引进，更是涉林学科专业国际化发展的长期储备，其重要意义在于不仅能够培养一批符合国家生态文明建设需要的国际化人才，更重要的是搭建了中外林业高等教育交流合作的重要桥梁，为打造世界一流的涉林学科专业提供了源源不断的动力。

鉴于此，中国涉林院校应积极拓展国外合作院校，寻求高水平的优质合作伙伴，开展满足国家林草战略需要、符合自身学科专业发展定位、对于生态文明建设和经济社会发展具有积极推动作用的中外合作办学项目，在培养具有国际视野的高水平林业人才的同时，为林业高等教育长期国际化发展做好扎实的资源储备。

典型案例

北京林业大学与加拿大不列颠哥伦比亚大学自2013年开始举办生物技术（森林科学）、木材科学与工程（木材加工）两个本科合作办学项目。项目采取“3+2”模式，通过将中外合作双方的优质教育资源进行科学对接和有机结合，为学生营造了高水平、国际化的专业学习氛围，使学生不仅获得了扎实的专业知识和技能，同时具备良好的中英双语交往能力和国际化视野。项目培养了一批具有国际竞争力的林业及木材加工领域高素质人才，已逐步发展为国内林业高等教育中外合作办学的标杆，获得了教育部的高度认可，起到了良好的示范作用。

三、引进外国智力

相较于中外合作办学过程中的国外师资引进，另一种更加高层次的国外智力资源引进是通过科学技术部外国专家局开展的外国专家项目。目前面向高校开展的外国专家项目主要包括人才类项目（包括“高端外国专家引进计划”“一带一路创新人才交流外国专家项目”和“外国青年人才计划”）以及平台类项目（包括“国家引才引智示范基地”“高等学校学科创新引智计划”和“高校国际化师范学院推进计划”）。

(一) 人才类项目

1. 高端外国专家引进计划　高端外国专家引进计划旨在服务创新型国家建设，面向中国经济社会发展重点行业和关键领域需求，重点引进能够促进原始创新、突破关键技术、发展高新产业、带动新兴学科的科学家、科技领军人才、经营管理人才以及创新创业人才。

2. “一带一路”创新人才交流外国专家项目 “一带一路”创新人才交流外国专家项目旨在推动实施共建“一带一路”科技创新行动计划，支持中外创新人才开展科技合作、人文交流、联合研究，提升中国与“一带一路”沿线国家的科技合作水平。

3. 外国青年人才计划 外国青年人才计划旨在聚焦国家创新驱动发展战略，支持一批对华友好、年富力强、具有高水平科研潜质的外国青年人才来华开展包括博士后研究在内的科研合作，促进外国青年学者在华开展长期、稳定的学术交流与研究工作。

（二）平台类项目

1. 国家引才引智示范基地 国家引才引智示范基地项目旨在发挥市场主体作用、政府的引导和带动作用，突出“高精尖缺”导向，建设高层次外国人才的集聚平台，国家引才引智政策和体制机制的创新平台，重大引才引智成果培育、转化和推广平台。

2. 高等学校学科创新引智计划（111计划） 高等学校学科创新引智计划旨在瞄准国际学科发展前沿，围绕国家重大战略需求，结合高等学校具有国际前沿水平或国家重点发展的学科领域，以优势特色学科为基础，以国家、省部级重点科研基地为依托，以建设学科创新引智基地为手段，汇聚世界一流人才，与国内科研骨干相互融合，形成国际化创新团队，开展高水平合作研究、高层次人才培养、高质量学术交流，推动“一流学科”建设，提升高等学校的科技创新能力和国际影响力。

3. 高校国际化示范学院推进计划（推进计划） 高校国际化示范学院推进计划旨在加快高等教育治理体系和治理能力现代化，实施科教兴国战略、人才强国战略和创新驱动发展战略，提高高等学校人才培养、科学研究、社会服务、文化传承创新和国际合作交流水平，发展“中国特色、世界水平”现代高等教育的创新实践，采用国际上先进的教学、科研、管理模式，逐步发挥示范推广作用，为推动高水平大学建设“世界一流大学”开拓路径。

外国专家项目作为引进高层次外国智力资源、开展高端合作、推进科研成果转化的国家级平台，为中国林业高等教育引进优质人才创造了重要的资金和渠道资源。广大涉林高校应充分结合自身学科专业特色，精准定位学科发展需求，合理筛选国外合作资源，通过多种不同的智力资源引进渠道，有针对性地吸引国外优秀人才来华进行科研合作、学术交流、讲学授课，为林业重大课题攻关、创新技术研发、产学研协同发展、实用科研成果转化提供智力支持。通过引进国外智力，在不断提升中国林业高等教育国际化水平的同时，为深度参与全球生态环境治理、构建绿色“一带一路”积极做好人力资源储备。

典型案例

北京林业大学通过科学技术部外国专家项目资金支持，先后成立了“树木发育及逆境适应性的分子机制”学科创新引智基地、“林业工程与森林培育”学科创新引智基地、“林木分子设计育种”学科创新引智基地、“林木生物质全质转化”学科创新引智基地。依托四个基地聘请了数十位国外知名专家学者开展合作科研、学术交流，显著提升了林学学科的科学研究和人才培养国际化水平，也有力推动了实验室平台建设，产出了一系列高水平的论文和科研成果，在树木发育与木材形成、林木逆境适应机理、林木遗传育种、森林培育等多个领域取得重大突破。

四个学科创新引智基地自建立以来，在技术创新、科技研发、学科建设、人才培养以及成果产出等方面都取得了理想的成果，促进“产学研用”深度融合，将创新成果、关键技术转变为先进生产力，成为对林业经济发展的重要驱动和有力支撑，真正将国际合作成果在多个方面加以落实落地，成为林业高等教育科研国际合作的成功典范。

四、高校特色项目

除了通过国家层面对国外优质资源进行引进吸收外，中国涉林高校还应该结合自身发展定位和学科专业发展需求，充分激发内生活力，探索创新型资源引进模式。教育主管部门也应制定相应措施调动涉林高校积极性，鼓励院校自主开展形式多样、针对性强的国外优质资源引进，从而形成中国林业高等教育国际化“上下协同、互为补充”的资源引进发展态势。

根据对中国林业高等教育国际化现有发展状况的分析，涉林高校应从自身角度出发，在外籍人员聘用、学生校际交流和留学人员管理两个方面加大工作力度。

（一）外籍人员聘用

在高等教育对外开放程度不断提高、国家出台政策鼓励优秀外籍人才来华工作任教的背景下，广大涉林高校应在国家政策、资金支持的基础上，积极探索符合自身发展实际的外籍人员聘用模式，专门制定外籍员工聘用制度体系，通过“长短期兼顾、多样化结合”的形式，充分发挥外籍教师在学科建设、人才培养、科学研究和社会服务中的重要作用，进一步提高师资队伍的整体水平，促进师资队伍国际化、多元化，优化师资队伍的结构，提高外籍教师在师资队伍中的比例，营造多元校园文化氛围。

涉林高校聘用外籍教师来校工作，应紧密围绕创建世界一流大学的总体目标，从学校教育教学、科学研究和学科建设的需要出发，贯彻“以我为主，按需聘用，择优选聘，保证质量，用其所长，讲求实效”的方针，根据学校发展需要，将优秀外籍人才安排在教学、科研、管理、服务等各类工作岗位，为各高校人才培养、科学研究、学科建设的国际化发展以及海外拓展提供人力资源支撑。

聘用的外籍工作人员应符合以下基本条件：①遵守中华人民共和国法律法规，遵守所在高校校纪校规；②尊重中华民族风俗习惯，对华友好；③无犯罪记录，无学术不端记录，无不良诚信记录，不进行传教活动，与邪教组织无关联；④具备所从事工作岗位所需的专业背景和学历学位；⑤身体健康。

涉林高校应结合自身实际情况和外籍员工特点，构建相应的聘用管理制度体系，做好相应保障措施，在职级、薪资、住房、社保等方面制定落实好有关政策，营造合理有序的外籍员工聘用管理工作氛围，吸引优秀外籍人才来华工作，调动外籍员工积极性，为中国林业高等教育国际化发展做出应有的贡献。

（二）学生校际交流

学生是高等教育的最直接对象，在国家公派出国、中外合作办学项目等形式的基础上，涉林高校还应积极挖掘全球范围内的校际合作资源，为学生开展校际学术、科研、文化交流等打开空间和渠道，将其作为国外教育资源引进的重要环节，为林业高等教育国际化发展提供有力补充。总体来看，适合林业高校自行开展的校际交流项目主要分两类，一类是校际伙伴项目，另一类是合作机构项目。

1. 校际伙伴项目 通过与国外高校、科研院所等机构签订校际合作协议，选派学生赴合作单位开展学期或学年交换学习、合作科研、联合培养、学术文化交流、夏令营等活动。由于伙伴院校间的交流项目一般具备较高的专业匹配性，因此学生可以通过参加这类校际交流项目拓宽学术科研视野，在促进专业学习的同时，培养国际化意识、提升国际化能力，涉林高校也可以通过与校际伙伴开展学生交流来巩固合作关系，为未来开展更加广阔的实质性合作创造有利条件。

2. 合作机构项目 单纯依靠校级合作伙伴开展学生交流有时难以完全满足人才培养国际化的需求，这时就需要通过留学服务机构等第三方渠道，以市场化形式开展学生交流项目，从而补充高校自身在学生校际交流方面存在的缺口。涉林高校可以通过签订服务协议的形式与留学服务机构建立合法的非营利性服务关系，由留学服务机构提供赴外交流项目资源，或根据高校需求定制各类赴外交流项目。学生可根据自身实际情况以及个人发展定位，选择合适的项目开展学分学习、实习实践、学术人文交流等活动。这类第三方项目在为学生提供多元化赴外交流项目选择的同时，也为中国涉林高校同更多国外高水平院校建立合作伙伴关系、开展实质性合作拓宽了渠道，为校际伙伴交流项目提供了有益的补充。

涉林高校应结合自身实际情况，精准定位人才培养国际化方向，有针对性地选择国外合作伙伴单位和留学服务机构，将校际伙伴交流项目与合作机构交流项目有机结合，形成“覆盖全面、形式多样、合理有序”的学生校际交流体系，以更加灵活的形式引进国外优质教育资源，从而不断提升中国林业高等教育人才培养国际化水平。

（三）留学人员管理

随着中国教育对外开放程度的不断提高，高校师生赴外留学的规模呈逐年上升的趋势，涉林高校出国留学人员比例也在不断攀升。因此，涉林高校应做好留学归国人员管理，充分发挥留学报国人才库、建言献策智囊团、民间外交生力军的作用，为推进生态文明建设贡献力量，为助推林业高等教育国际化发展做好人力资源储备。

在开展留学人员管理工作的过程中，各高校应参考国家关于加强欧美同学会（留学人员联谊会）建设的意见，贯彻支持留学、鼓励回国、来去自由、发挥作用的方针，落实党和政府的留学人员政策；加强对归国留学人员的政治引领和政治吸纳，增进对国情林情的认知；吸引和举荐归国留学人才在涉林高校及科研院所任职任教，或从事林业行业发展有关的工作；引导支持归国留学人员创新创业，宣传鼓励优秀归国留学人员弘扬留学报国传统；关心归国留学人员的工作、学习、生活，反映其愿望诉求，维护其合法权益；加强同海外留学人员和留学人员组织的联系，开展形式多样的交往交流活动。

涉林高校可参考欧美同学会（留学人员联谊会）在校内或高校间建立留学归国人员同学会或联谊会等组织。要坚持代表性和广泛性相结合的原则，拓宽发展渠道，创新吸纳方式，积极做好会员发展工作，不断增强吸引力、凝聚力、影响力。坚持质量和数量并重，优化会员结构，规范会员管理，加强培养锻炼，努力建设一支高素质的林业领域归国留学人员代表队伍。依法依规建立留学归国人员组织，要充分发挥留学报国人才库、建言献策智囊团、民间外交生力军的作用。

1. 留学报国人才库　各涉林高校应建立归国留学人员信息库，及时掌握归国留学人才情况，加强统筹协调，促进信息资源共享，维护人才信息安全。发挥人才引进窗口和以才引才作用，拓宽吸引海外人才渠道，组织留学人员服务团，搭建归国留学人员创新创业平台。发挥向涉林国际组织推荐输送优秀人才的重要渠道作用。

2. 建言献策智囊团　紧紧围绕国家生态文明建设和林草战略，运用新媒体等现代科技手段，整合智力资源，拓宽建言渠道，健全工作机制，提高归国留学人员建言献策的针对性和实效性，打造具有留学人员特点的新型林业智库，充分发挥留学人员在林业建言献策方面的作用。

3. 民间外交生力军　鼓励和引导留学人员讲好中国林业故事，传播中国林业声音，当好中外林业交流的使者。按照党和国家外交工作总体部署，各涉林高校应加强同驻华使领馆、商会协会、国际组织（机构）等的联系，积极开展民间林业交流，服务绿色“一带一路”建设，参与构建人类命运共同体，促进中外林业交流合作和友好往来。

各涉林高校党委要高度重视留学归国人员组织建设，结合留学人员工作实际，解决组织建设中存在的突出问题，在政策、资金、设施方面给予倾斜，为留学人员管理工作创造有利条件。加强对留学人员工作的理论研究和宣传，营造留学报国的良好氛围，使留学归国人员为中国生态文明建设、林草事业发展以及林业高等教育长远发展做出应有的贡献。

第七章　中国林业高等教育国际化发展对外拓展战略

高等教育国际化发展不应只是单纯的外部资源引进，当高等教育本身的内涵及国际化能力发展到一定程度之后，其国际化发展路径必将从单纯的“引进来”模式，转向更加外向型的“走出去”模式，将高等教育自身的发展成果对外进行延展，在加强与外界交流沟通的同时，持续推进林业高等教育全球治理，不断提升在全球高等教育国际合作中的参与度，强化自身国际竞争力和话语权，从而不断提升国际化发展水平。

本章将从境内和境外两个维度探讨中国林业高等教育国际化对外拓展战略。

第一节　中国林业高等教育国际化发展对外拓展战略内涵

根据现有统计数据，中国林业高等教育资源的对外推广和成果转化程度相对还是比较低的，这与中国林业高等教育几十年的发展成果和对生态环境的贡献率不相匹配有关，因此亟须通过实施对外拓展战略，来提升中国林业高等教育对于世界林业高等教育的贡献率和参与度，将所取得的成果与林业高等教育发展程度较低的国家和地区的实际情况相结合，有效提升相关国家和地区林业高等教育水平，从而进一步提升中国林业高等教育的国际知名度和竞争力。

对外拓展战略从实施的地理维度上看，主要分为在中国“境内”和“境外”开展的各类林业高等教育合作活动。从活动类型上看，主要包括来华留学教育、人力资源培训、境外教育合作等形式。

一、深入推进来华留学教育，寻求中国林业高等教育国际化发展新增长点

中国林业高等教育发展到现阶段，在满足本国林业高等人才培养需求的同时，已经具备了面向全世界培养高素质林业人才的基本条件。因此，在开展林业高等教育国际化发展对外拓展战略的过程中，最基础也是最直接的方式就是招收国际学生来华学习交流。通过招收国际学生来华接受学历学位教育，开展学术文化交流等，不仅能够以最直观的方式展现中国林业高等教育发展成果，讲好中国林业故事，带动世界林业人才整体素质提升，促进全球林业可持续发展，同时也将为中国林业高等教育走向更加广阔的国际舞台，深度参与全球生态环境治理和林业高等教育治理打开更大空间，不断为中国林业高等教育国际化发展找到新的增长点。

二、加大教育成果对外推广，为林业高等教育国际化发展拓宽外部发展空间

在开展来华留学的基础上，应进一步加大力度开展林业高等教育成果对外推广，向世界宣传中国林业高等教育教学及科研成果，持续扩大同全球各国，特别是广大发展中国家在林业技术领域的交流合作，在为中国林业高等教育实施对外拓展战略打通渠道的同时，也为中国林业“走出去”寻找落脚点，做好战略布局。

作为更高层次的对外拓展战略实施模式，成果推广主要包括在中国境内或境外开展各类专业技术培训，以及在境外开展联合办学、设立分支机构等。通过在境内和境外共同开展相关活动，能够形成“内外协调、同步发展”的林业高等教育成果对外推广模式，从而为我国林业高等教育真正走出国门，深度参与国际交流与合作构建起稳固的网络体系。

第二节　中国林业高等教育国际化发展对外拓展战略举措

一、来华留学教育

作为高等教育的核心组成部分，来华留学项目是中国林业高等教育开展对外拓展的最主要抓手。通过开展来华留学，吸引世界各国的优秀青年学子来华留学深造，是加快提升中国林业高等教育国际化水平、强化国际化能力、对外推广国际化发展成果最有效也是最直接的方式。但同时也应注意，由于受学科专业特点、授课语言、现有国际化程度等方面因素制约，中国林业高等教育在开展来华留学教育过程中，应采取以国家、地方、高校各类奖学金项目为主，兼顾自费留学及其他留学类别的发展模式，稳步提升国际知名度和认知度，加快推进来华留学教育提质增效，实现国家、地方、高校“三级联动、同步协调”的发展态势，不断为中国林业高等教育走向世界打开局面。

（一）来华留学奖学金项目

在目前及今后一个时期，奖学金项目仍将是涉林来华留学教育体系的主要构成部分，在推动涉林来华留学发展、提升中国林业高等教育国际知名度方面将继续发挥不可替代的重要作用。从奖学金授予主体来看，来华留学奖学金可大致分为中国政府奖学金、地方政府奖学金和高校自设奖学金三类。各涉林高校应在充分利用国家和地方政府奖学金的基础上，积极探索设立符合自身实际和发展需要的高校奖学金，将这三类奖学金进行有机结合，构建针对性强、覆盖面广的多元化来华留学奖学金体系。

1. 中国政府奖学金　中国政府奖学金是旨在增进中国人民与世界各国人民的相互了解和友谊、发展中国与世界各国在各领域的交流与合作，由中国政府通过教育部和其他有关部委设立的奖学金，资助世界各国优秀学生、教师、学者到中国的大学学习或开展研究。中国教育部委托国家留学基金委负责中国政府奖学金生的招生录取和管理等工作。主要的中国政府奖学金项目信息如表 7 - 1 所示。

表7-1 主要的中国政府奖学金项目信息

奖学金项目	奖学金简介
国别双边项目	根据中国与有关国家政府、机构、学校以及国际组织等签订的教育合作与交流协议或达成的共识提供全额奖学金或部分奖学金。此项目可招收本科生、硕士研究生、博士研究生、普通进修生和高级进修生
中国高校自主招生项目	向中国部分省、自治区的省级教育行政部门和部分中国高校提供的全额奖学金，用于部分中国高校直接遴选和招收优秀的外国青年学生来华学习。此项目仅招收本科生、硕士研究生和博士研究生
长城奖学金项目	向联合国教科文组织提供的全额奖学金，用于支持发展中国家学生、学者来华学习和研究。此项目仅招收普通进修生和高级进修生
中国-欧盟学生交流项目	向欧盟成员国学生提供的全额奖学金，旨在鼓励欧盟成员国学生来华学习和开展研究，增进相互了解和交流。此项目招收本科生、硕士研究生、博士研究生、普通进修生和高级进修生
中国-AUN奖学金项目	向东盟大学组织（AUN）提供的全额奖学金，旨在鼓励东盟成员国青年学生、教师、学者来华学习，增进相互了解和友谊。此项目仅招收硕士研究生和博士研究生
太平洋岛国论坛项目	向太平洋地区的岛屿国家学生提供的全额奖学金，旨在鼓励和资助这些国家的青年学生来华留学。此项目可招收本科生、硕士研究生、博士研究生、普通进修生和高级进修生
世界气象组织项目	向世界气象组织提供的全额奖学金，旨在鼓励有志于气象学科方面研究的世界各国学生来华学习和开展研究。此项目可招收本科生、硕士研究生和博士研究生
商务部援外高级学历学位教育专项计划	中华人民共和国商务部发展中国家学历学位教育项目是商务部利用中国政府对外援助款项，于2008年创办的。致力于为受援国培养政治、经贸、外交、农业、科教文卫、能源交通、公共管理等领域的高层次、复合型、应用型人才，为推动受援国经济社会发展提供智力支持，包括1年制硕士学位项目、2年制硕士学位项目和3年制博士学位项目。项目主要资助受援国在职政府官员、学术机构研究人员、相关领域中高级管理人员等来华全英文攻读硕士、博士学历学位

资料来源：国家留学基金委官方网站。

除以上几个大类的中国政府奖学金类型，国家留学基金委还会根据来华留学发展需要设置其他各类专项奖学金。涉林高校应紧跟国家来华留学战略部署，结合国家林业“走出去”战略布局方向，以自身优势学科专业为突破口，积极参与中国政府奖学金项目的申报和执行。充分发挥各类中国政府奖学金的作用，从配合国家外交战略的高度，做好整体谋划，将国际学生培养与自身学科专业发展有机结合起来，有步骤、分阶段、有重点地培养涉林学科的国际学生，为国家林草事业国际化发展做好战略储备，也为高校自身的国际化发展不断注入新的活力。

2. 地方政府奖学金 地方政府奖学金一般是由各省、市级政府出资设立，资助当地高校开展来华留学教育，鼓励国外优秀学子到各地方高校进行学习深造的专项奖学金。地方政府奖学金作为中国政府奖学金的有力补充，其意义在于可以进一步提高来华留学奖学金项目的覆盖程度，支持更多地方高校开展来华留学工作，而且能够结合地方经济社会发展实际和对外开放需求，有针对性地面向相关学科专业设立专项奖学金资助，鼓励相关国家的优秀学生前往有关高校进行学习。

涉林高校在有效使用中国政府奖学金的基础上，还应积极探索使用各所在地地方政府奖学金，根据地方政府奖学金的使用规则，结合自身学科专业特色，招收国外优秀学子来华留学深造。涉林高校应通过地方政府奖学金进一步完善自身来华留学教育体系，各地方教育及林业主管部门也应结合国家和地方林业国际化发展需要，有针对性地设置专项奖学金资助相关高校招收国际学生来华学习，形成“政府引导、高校主导、校地合作、产学联合”的地方政府奖学金资助模式，为各地方涉林高校招收国际学生提供更多政策和资金支持，进一步丰富林业高等教育来华留学渠道，为林业高等教育国际化提供自下而上的发展动力。

3. 高校自设奖学金　对于具备自设奖学金实力的涉林高校，除了中国政府奖学金和地方政府奖学金，在条件成熟的情况下，应积极探索高校自设奖学金招收国际学生来华留学。

一方面，高校奖学金可以通过校内经费进行自筹。涉林高校对于校内自筹经费具有高度的使用灵活性，可以有效对接高校“双一流”建设目标、国际化发展定位以及学科建设重点方向，精准发力，有的放矢，成为涉林高校开展来华留学教育最重要的内生动力之一，有效推动林业高等教育来华留学事业发展。

另一方面，高校奖学金可以通过校外合作进行筹资。涉林高校可积极探索与林产企业、社会团体、国际组织等联合设立奖学金招收国际学生。通过与此类第三方机构开展合作，不仅能够有效解决奖学金来源问题，缓解高校自身压力，同时可以在来华留学教育方面加强涉林高校与相关社会力量的合作，形成良好的校内外联动机制，成为涉林高校开展来华留学教育重要的外生动力，进一步推动林业高等教育国际化的多元化发展。

（二）来华留学非奖学金项目

除了中央政府、地方政府和高校自设奖学金项目外，涉林高校还应在条件成熟时积极探索其他来华留学教育形式，逐步打造来华留学的造血功能，使其成为林业高等教育健康可持续国际化发展的原动力。

结合现阶段中国林业高等教育整体发展水平，涉林高校可主要开展自费留学项目、校际交流项目、短期游学项目等三类非奖学金来华留学项目。

1. 自费留学项目　自费留学是高等教育市场化发展的必由之路，也是最直接的途径。从长远来看，中国林业高等教育若想真正实现高质量、可持续的国际化发展，终将摒弃单纯依靠投入的发展模式，而开展自费来华留学就是实现这一目标的最重要手段之一。广大涉林高校在充分汲取来华留学奖学金项目在招生、管理、运行模式经验的基础上，应尽快采取有效措施，探索符合林业高等教育发展规律和自身发展实际的自费来华留学发展模式，从单一学科小范围招生逐步扩大到学科群成建制招生，从被动接受申请转变为主动开拓生源市场，从个别高校单打独斗升级成涉林高校体系集团作战，逐步形成林业高等教育留学中国品牌，不断巩固和提升中国林业高等教育在世界范围内的地位和影响力。

2. 校际交流项目　涉林高校应利用好国外合作伙伴院校资源，通过签订校际合作协议，开展形式多样的校际交流活动，接收国外高校学生来华进行专业学习、科学研究、实习实践、文化交流等。通过开展此类交流项目，涉林高校不仅可以进一步夯实与国外伙伴院校的合作关系，加强人员往来，更可以借助这些交流活动实现高校品牌构建，提升自身的国际认知度，为开展内容更加丰富的实质性国际合作奠定扎实基础。

3. 短期游学项目 在校际交流项目的基础上，涉林高校还应将视野投向全球涉林学科专业的学生，结合自身学科专业优势，打造各具特色的短期游学项目。短期游学可以采取学期内专业研修、学术交流、文化体验等形式，也可以在假期开展暑期学校等形式的短期项目。短期游学项目是目前世界各国高校在推广国际教育、培养潜在生源时所采用的最普遍形式之一，涉林高校应充分挖掘自身专业特色，打造具有中国林业文化显示度的短期游学项目，彰显中国林业高等教育独有的魅力，将生态环境保护、林业发展、人文历史等元素进行有机整合，开辟出中国林业高等教育在短期游学领域的独特发展路径。

涉林高校在开展来华留学教育过程中，不必有意识地将奖学金项目与非奖学金项目加以区分，而应该根据实际情况将二者有机结合，使其互为补充、相得益彰，逐步构建起结构完善、科学合理、协调有序的林业高等教育来华留学体系。

典型案例

北京林业大学作为最早一批开展来华留学的国内林业高校，多年来通过中国政府奖学金、北京市政府奖学金、北京林业大学外国留学生校长奖学金等一系列中央政府、地方政府和校内自设奖学金培养了一大批优秀的国际学生，为广大发展中国家林业领域人才培养做出重大贡献。在此基础上，北京林业大学积极探索创新其他奖学金形式，分别开展了亚太森林恢复与可持续管理组织（以下简称亚太森林组织）奖学金项目和商务部林业经济与政策硕士学历学位项目。

亚太森林组织奖学金项目旨在通过设立国际奖学金，资助亚太和大中亚地区有潜质的青年林业官员、研究人员和学者来华进行为期2年的学习，攻读林业相关专业的硕士或博士学位，培养具有国际视野、适应多元文化环境、掌握先进林业管理理念和专业知识及实践经验、把握森林管理发展趋势的高级管理人才，促进区域内森林恢复与可持续管理。

商务部林业经济与政策硕士学历学位项目是商务部援外培训体系内首个与林业相关的学历学位项目，旨在培养发展中国家林业、农业、资源、环境等领域的业务官员，涉林企业高级管理人员，高等院校、科研院所的相关研究人员。该项目作为林业援外体系的重要组成部分，为落实中国针对发展中国家的多项发展承诺做出了重要贡献，也在世界林业和生态环境保护领域为中国林业高等教育树立了良好的形象，为中国林业走出去积累了重要的储备资源。

二、人力资源培训

自1993年以来，我国林业领域面向发展中国家的人力资源培训工作稳步向前推进，为促进我国林业对外开放和实施林业“走出去”战略、培养发展中国家知华友华力量发挥了重要作用。随着全球生态治理和国际森林问题的不断升温，重视森林、保护生态已成为国际社会的广泛共识，林业在实现联合国《2030年可持续发展议程》和应对气候变化等方面发挥的作用日益凸显，发展中国家林业领域人力资源培训需求快速增长，为我国林业人力资源培训注入了强劲的发展动力。

林业高校和科研机构作为掌握林业人才培养、科学研究、社会服务等核心技术的组织机构，在林业人力资源培训中发挥着重要的作用。对外开展林业领域人力资源培训不仅有助于对外推广我国林业高等教育发展成果，同时也将加快推进我国林业高等教育外向型国际化发展。涉林高校在开展林业人力资源培训的过程中，应遵循以下基本原则：

第一，扩大林业人力资源培训领域，推动我国林业优势领域先进技术、标准、设备与人才的输出，分享我国生态文明和林业建设的经验，在交流合作中寻求广泛共识。

第二，适应国家外交新布局，重视林业人力资源培训的长远影响，服务林业现代化建设，服务国家外交战略。立足长远，在林业人力资源培训中争取获得发展中国家对我国立场和实践的理解，壮大知华友华力量。

第三，科学谋划林业人力资源培训重点领域和重点地区布局，坚持广泛覆盖与精准投入相结合，坚持短期培训与长期教育相结合，坚持技术培训与学历教育相结合。

林业人力资源培训要以服务林业、服务外交为宗旨，把握全球可持续发展形势和国际国内林业发展趋势，涉林高校应结合自身特色和优势，精准对接国家林业人力资源培训战略部署，进一步提升林业人力资源培训的质量与成效，具体应做好以下几方面工作：

第一，加强短期国内培训。进一步巩固和提升传统集中授课式培训的成效，扩大短期培训人数规模。加强竹产业、荒漠化防治、野生动植物保护、森林执法与施政等领域已初显品牌效应的培训课程，逐步开发森林可持续经营、林业产业、生物多样性保护、湿地保护与恢复、林业应对气候变化、涉林国际公约履约等领域的新培训课程。

第二，推动中长期和学历学位教育。针对部分技术性较强、短期国内培训效果不明显的领域和专业，争取开展为期半年左右的中期研修班，兼顾理论学习和实际应用。着力开发在职学历教育项目，在条件成熟时开展林业科学研究项目，举办一批高质量的林业硕士和林业博士研究生学历项目。

第三，稳步开展境外技能培训。在调研和分析人力资源培训需求基础上，选派相关领域专家前往有关国家，针对基层管理人员、技术人员、企业和社区技工开展营造林、木竹加工、竹藤工艺编织等实用技术培训。条件成熟时，可探索建立区域或国别培训示范基地，实现与当地需求的有效对接。适时探索通过海外志愿者服务等方式，开展面向社区和基层的林业人力资源培训。

第四，推进人力资源培训基地建设。集中优势资源，培育一批林业人力资源培训基地，形成规模效应。加强培训基地基础设施建设，推动培训基地间的交流合作，提高培训团队素质，培育一批兼具专业、外语和教学能力及国际视野的一流培训团队，并在此基础上探索建立林业人力资源学历教育基地[95]。

第五，加快开展在线培训项目建设。面对新冠肺炎疫情对国际交流带来的巨大冲击，以及新常态下国际合作存在的各种不确定因素，结合国家援外工作总体部署，加快构建覆盖完整、科学高效、稳定可靠的林业在线援外培训体系。在合理分析培训需求的基础上，有序推动林业在线培训常态化发展，使用国际和国内综合网络教学平台，探索人工智能、虚拟仿真等信息技术的深度应用，并合理引入大数据技术，不断提升在线培训质量和水平，为我国新时期林业人力资源培训工作找准切入点、占领制高点、把握增长点。

典型案例

北京林业大学多年来一直致力于开展林业及生态环境领域对外培训工作，累计承办商务部学历及短期援外培训项目、联合国粮农组织、亚太森林组织林业专业技术培训20余次，培训了来自70余个国家的近600名林业及相关领域的官员、专家和技术人员，培训主题涉及林业可持续经营、气候变化、林产品贸易、生态环境保护、野生动植物保护等多个热点领域。经过多年创新实践，北京林业大学对外培训体系已经形成了“学科专业优势全覆盖”“双边项目与多边项目有机结合”“官员项目与技术项目互为补充”“学历项目与短期项目相互促进”的发展态势，不仅促进了我国与参训国家在相关领域的交流合作，为国家外交战略积累了储备资源，也为中国林业“走出去”做出了重要贡献。

三、境外教育合作

来华留学与人力资源培训主要是在中国境内开展相关活动，而如果想更好地推进对外拓展战略，使我国林业高等教育成果在世界范围内推广和落地，就需要通过在境外开展不同形式的教育合作来实现。

在开展境外教育合作的过程中，须遵循教育部关于高等学校开展境外办学的有关规定和要求。应坚持扩大开放、平等互利、育人为本、质量为先、防控风险、量力而行的基本原则，遵循高等教育发展规律，兼顾发展和安全两件大事，服务于中外教育合作与人文交流，服务于人类命运共同体建设和全球生态环境治理。应在深度谋划的基础上，以需求为导向，围绕人才培养、科学研究、社会服务等方面开展高水平境外办学活动，加强学科建设和专业建设，使境外办学特色鲜明、管理高效、质量过硬、效益显著。应建设水平高、能胜任的教师队伍和管理人才队伍，不断提高其教书育人能力、跨文化沟通与管理能力和行政管理能力。应创新并合理配置办学资源，打造现代化的林业高等教育境外办学治理体系和办学模式。涉林高校在开展境外教育合作前，应分析拟办学所在地经济社会发展对林业人才的需求，重点分析经济结构、产业布局、经贸往来、人文交流对人才的需求。在“一带一路”沿线国家（地区）办学，应重点分析“一带一路”建设对林业人才的需求，注重为中国林业产业和林业企业“走出去”培养合格人才。

主要的境外教育合作形式包括面向国际学生的中外合作办学项目、在海外建立分支机构、成立孔子学院以及海外培训基地等。

（一）合作办学项目

举办针对国际学生的中外合作办学项目是对传统意义上的中外合作办学的吸收、借鉴和再创造，也是进一步打造中国林业高等教育国际品牌，发挥集成效应的有效形式。涉林高校应从自身学科专业特色出发，审慎务实地规划设计合作办学项目，在整合双方学科专业优势的基础上，更应突出中国涉林高校在合作办学中的主导地位。在选择项目合作伙伴时应重点关注广大发展中国家涉林高校，通过精准对接国际林业热点问题和有关国家高校在涉林人员培养领域的需求，积极探索开展本科生、硕士研究生、博士研究生、本硕连读、硕博连读等多种形式的中外合作办学项目，充分发挥中国涉林高校在林学、水土保持与荒漠化防治、野生动植物保护、风景园林、木材科学与工程等领域的突出实力，在为合作院校培养高素质人才的同时，不断提升中国相关涉林学科的国际影响力和国际竞争力。

（二）海外分支机构

设立海外分校区、办事机构等是目前全球高校推进国际化进程的重要手段之一，国内部分综合类院校也已开展了类似的海外机构部署工作。涉林高校应积极探索借鉴国外高校设立海外分支机构的成功经验，根据自身发展定位和需要，适时开展海外分支机构建设工作。海外分支机构不仅可以成为涉林高校开展国际合作和招生宣传的烽火台，更是加强内外联络和信息共享的前哨站，同时还可以为涉林高校全面推进国际化发展构建情报网。涉林高校应从全球林业高等教育发展趋势的角度出发，对世界林业教育版图进行地缘划分，有重点、高效率地选择海外分支机构落脚点，使其发挥以点带面的辐射作用，为构建放眼全球的国际化发展网络奠定结构型基础。

（三）特色孔子学院

孔子学院是中外合作建立的非营利性教育机构，致力于适应世界各国（地区）人民对汉语学习的需要，增进世界各国（地区）人民对中国语言文化的了解，加强中国与世界各国教育文化交流合作、发展中国与外国的友好关系，促进世界多元文化发展，构建和谐世界。世界各地的孔子学院充分利用自身优势，开展丰富多彩的教学和文化活动，逐步形成了各具特色的办学模式，成为各国学习汉语言文化、了解当代中国的重要场所。

涉林高校应在了解和掌握孔子学院运行模式规则的前提下，积极寻找海外合作院校，建立具有鲜明林业特色的“绿色”孔子学院。在开展常规汉语言文化教学的基础上，可以重点开展与茶文化、竹文化等有关的具有中国传统文化内涵的特色课程，同时在开设与中国国情有关的课程时重点突出中国生态文明建设、构建和谐宜居社会、打造人类命运共同体理念等有关内容，使孔子学院学生在学习汉语言文化的同时，进一步加深对中国林业和森林文化的了解，培养他们对于涉林学科专业的兴趣和热情。建设林业特色孔子学院不仅是对孔子学院体系的多元化补充，更是对林业高等教育横向资源整合的积极探索，将为“绿色”文化传播打开新的窗口，也将为涉林高校实现国际化发展开辟新的路径。

（四）海外培训基地

海外培训基地为涉林高校在海外进行专业技术培训、科研成果推广、产学研深度融合等搭建了重要的合作平台。通过建设海外培训基地，涉林高校可在基地所在国家以及周边地区开展林业领域专业技术培训，使其成为与当地林业主管部门、行业企业、科研机构以及高等院校间开展学术科研交流的重要桥梁，同时也可借助培训基地进行实用技术成果推广，使培训基地发挥示范展示中心的作用。此外，海外培训基地也可为国内相关专业学生开展海外实习实践创造条件，提升学生国际化视野，强化学生国际化能力，培养具有国际竞争力的实践型人才。

第八章　中国林业高等教育国际化发展合作平台战略

林业高等教育国际化发展的重要意义在于通过广泛深入地参与国际合作、国际对话和国际规则制定，在提升国际影响力和竞争力的同时，为中国林业高等教育争取更多国际话语权，赢得更大发展空间，争取更多发展资源。为实现这一更高层次的国际化发展目标，除了单向的“引进来”和“走出去”，更多地还要依托“多边合作”，也就是通过实施合作平台战略，对接各类国际合作机制与平台，来展示中国林业高等教育特色，促进林业高等教育国际交流与合作，深度开发合作资源，进而全面提升中国林业高等教育国际化水平，形成规模效益。

在通过各类国际平台开展交流合作的过程中，应重点围绕国家重大外交战略，如“一带一路”倡议、南南合作等，同时要遵循国家关于教育对外开放的各项重大战略部署和基本原则，如“一带一路”教育行动、中外人文交流机制等。聚焦国际或地区林业国际合作热点问题，重点发力，积极发声，广泛参与，使中国林业高等教育为全球林业可持续发展和生态环境治理提出方案。

从推进合作平台战略的方式上来看，主要分为对接现有合作机制平台、自主搭建合作机制平台两类，本章将主要从这两个角度探讨如何实施合作平台战略。

第一节　中国林业高等教育国际化发展合作平台战略内涵

从发展现状来看，中国林业高等教育在多边国际场合的参与程度还很低，未能形成较高的影响力和显示度，与自身体量和发展程度不相适应。同时，由于参与程度较低，因此未能发挥多边国际合作平台对中国林业高等教育国际化发展的促进作用。因此，在实现自身国际化水平和国际化能力提升的基础上，只有进一步对接国际合作机制与平台，更加广泛地融入全球高等教育合作，参与林业高等教育全球治理，才能使中国林业高等教育真正走向世界舞台中心，发挥中国林业高等教育对于世界林业教育应有的作用。

在实施合作平台战略过程中，一方面要充分对接现有国内外合作机制平台，充分挖掘平台潜力，为涉林高校开展实质性的人才培养、科学研究、社会服务、人文交流等方面的国际合作创造有利条件，营造良好氛围。另一方面，要积极自主搭建满足林业高等教育自身发展需要、符合自身发展特点、具有自身特色的国际合作机制平台，从而更有针对性地开展适合林业高等教育国际化发展的多边国际交流与合作。

一、主动对接现有合作机制平台，充分挖掘多边国际合作资源

对接现有合作机制平台要基于林业高等教育的高等教育和行业教育双重性，既要从高等教育这一核心概念出发，对接国家关于高等教育对外交流合作的一系列宏观政策和战略举措，同时积极寻求与国际高等教育合作平台的合作；也要突出林业自身的行业特色，对接国家重大外交战略部署以及林业对外合作机制平台，通过参与政府和行业国际对话与合作，以高等教育为着力点，深度参与国际交往，在服务国家外交和林业“走出去”战略的同时，不断提升自身的国际影响力和国际化水平。同时，也要充分发挥各类国际组织机构的平台作用，通过与相关国际组织机构建立伙伴关系或成为其成员单位，不断深入推进各个层面的交流与合作，为中国林业高等教育创造更加多元化的高层次国际化发展空间。

二、自主搭建全新合作机制平台，探索多边国际合作创新路径

在对接现有合作机制平台的基础上，还应积极创新，探索建设适合林业高等教育自身特点的国际合作机制平台。在建设林业高等教育特色合作平台的过程中，要注意突出以我为主，在遵守国际交往基本准则，体现开放包容、兼收并蓄的合作原则的基础上，要实现自主平台占领高地、拓宽渠道的重要作用。国内涉林高校应共同谋划，群策群力，发挥集团作战优势，立足自身发展现状和远景目标，广泛深入了解当前世界林业教育发展潮流趋势，占据高位，精准定位，打破固有思维，以全新的视角打造适合中国林业高等教育国际化发展的自主国际合作机制平台。

第二节　中国林业高等教育国际化发展合作平台战略举措

一、对接高等教育对外开放政策

林业高等教育在推进国际化发展过程中，要始终围绕立德树人的根本任务，紧跟国家教育开放和对外交往的方针政策，落实国家关于建设高等教育强国的各项战略部署。涉林高校应精准定位，主动出击，充分发挥国家教育对外开放政策对于林业高等教育国际化发展的促进作用。

新时期以来，国家出台了一系列加快推进教育对外开放，主动参与全球教育治理的政策文件，为今后一个时期推进中国教育体制深度改革，加快实现教育现代化、国际化发展提供了重要的政策依据。其中比较重要的文件包括《教育部等八部门关于加快和扩大新时代教育对外开放的意见》《关于做好新时期教育对外开放工作的若干意见》《推进共建“一带一路”教育行动》《高校科技创新服务“一带一路”倡议行动计划》《关于加强和改进中外人文交流工作的若干意见》《中国教育现代化 2035》《教育部关于促进普通高校毕业生到国际组织实习工作的通知》。这些文件从不同角度为教育对外开放和国际合作指明了方向，涉林高校应认真深入地掌握这些文件的宗旨要义，并切实地运用这些文件中对于高等教育对外开放的有关要求，指导开展林业高等教育国际化发展。

(一)《教育部等八部门关于加快和扩大新时代教育对外开放的意见》

1. 主要内容　2020 年 6 月，《教育部等八部门关于加快和扩大新时代教育对外开放的

意见》(以下简称《意见》)正式印发。《意见》指出，教育对外开放是教育现代化的鲜明特征和重要推动力，要以习近平新时代中国特色社会主义思想为指导，坚持教育对外开放不动摇，主动加强同世界各国的互鉴、互容、互通，形成全方位、更宽领域、更多层次、更加主动的教育对外开放局面。《意见》坚持内外统筹、提质增效、主动引领、有序开放，对新时代教育对外开放进行了重点部署。

(1) 在教育对外开放中贯彻全面深化改革的要求。《意见》提出，着力破除体制机制障碍，加大中外合作办学改革力度，改进高校境外办学，改革学校外事审批政策，持续推进涉及出国留学人员、来华留学生、外国专家和外籍教师的改革。

(2) 把培养具有全球竞争力的人才摆在重要位置。《意见》提出，提升我国高等教育人才培养的国际竞争力，加快培养具有全球视野的高层次国际化人才。推动职业教育更加开放畅通，加快建设具有国际先进水平的中国特色职业教育体系。提高基础教育对外开放水平，培养德智体美劳全面发展且具有国际视野的新时代青少年。

(3) 推动教育对外开放实现高质量内涵式发展。《意见》提出，优化出国留学工作布局，做强“留学中国”品牌，深化教育国际合作，鼓励开展中外学分互认、学位互授联授，扩大在线教育的国际辐射力。同时，通过“互联网+”“智能+”等方式，丰富中西部地区薄弱学校国外优质教育资源供给。

(4) 积极向国际社会贡献教育治理中国方案。《意见》提出，打造“一带一路”教育行动升级版，扩大教育国际公共产品供给，深化与重要国际组织合作，推动实施联合国《2030年可持续发展议程》教育目标；建立中国特色国际课程开发推广体系，优化汉语国际传播，支持更多国家开展汉语教学①。

2. 对接举措 《意见》可以看作2016年印发的《关于做好新时期教育对外开放工作的若干意见》的升级版，为新时期加快推进教育对外开放绘制蓝图、指明方向。广大涉林高校要紧跟《意见》精神，高度重视新时期教育对外开放工作，在学校党委统一领导下，建立完善的校内协调联动机制，加大保障力度，加强智力支撑，有效防范化解风险，广泛调动各类资源，加快开展教育对外开放工作，打造林业高等教育对外开放新高地，为全球林业高等教育治理贡献中国方案。

(二)《关于做好新时期教育对外开放工作的若干意见》

1. 主要内容 2016年4月，中共中央办公厅、国务院办公厅印发了《关于做好新时期教育对外开放工作的若干意见》(以下简称《若干意见》)。《若干意见》提出，要全面贯彻党的教育方针，以服务党和国家工作大局为宗旨，统筹国内国际两个大局、发展和安全两件大事，坚持扩大开放，做强中国教育，推进人文交流，不断提升我国教育质量、国家软实力和国际影响力。

《若干意见》指出，要坚持“围绕中心、服务大局，以我为主、兼容并蓄，提升水平、内涵发展，平等合作、保障安全”的工作原则。工作目标是到2020年，我国出国留学服务体系基本健全，来华留学质量显著提高，涉外办学效益明显提升，双边多边教育合作广度和深度有效拓展，参与教育领域国际规则制定能力大幅提升，教育对外开放规范化、法

① 资料来源：教育部官方网站。

治化水平显著提高，更好地满足人民群众多样化、高质量教育需求，更好地服务经济社会发展全局。

《若干意见》对做好新时期教育对外开放工作进行了重点部署：一是加快留学事业发展，提高留学教育质量；二是完善体制机制，提升涉外办学水平；三是加强高端引领，提升我国教育实力和创新能力；四是丰富中外人文交流，促进民心相通；五是促进教育领域合作共赢；六是实施“一带一路”教育行动，促进沿线国家教育合作[①]。

2. 对接举措　根据《若干意见》有关内容和要求，涉林高校应结合自身特色，采取有力措施，主动对接政策，使《若干意见》精神落地，推动林业高等教育全面对外开放。

（1）通过完善“选、派、管、回、用”工作机制，规范完善全链条涉林留学人员管理服务体系，优化出国留学服务，加快培养国家急需的林业高端国际化人才。通过优化来华留学生源国别、专业布局，加大品牌专业和品牌课程建设力度，打造“中国林业”留学品牌。

（2）重点围绕国家急需的涉林学科专业，引进国外优质资源，全面提升涉林合作办学质量。同时，积极探索开展涉林学科专业境外办学，为林业高等教育“走出去”开拓市场、打开局面。

（3）通过引进世界一流林业高等教育资源，开展高水平人才联合培养和科学联合攻关，加强林业国际前沿和薄弱学科建设。努力建设一批高水平林业国际合作联合实验室、联合研究中心，面向全球引进高层次林业创新人才，促进涉林高校科技国际协同创新。通过选派优秀青年教师、学术带头人等赴国外高水平林业教学科研机构访学交流，持续引进世界名师资源，加快高水平林业师资队伍建设。

（4）积极参与中外人文交流，传播人与自然和谐共生、绿色可持续发展理念，打造具有林业特色的中外人文交流品牌。开发特色林业文化课程，介绍中国特有的林业生态和动植物物种，积极传播中国生态文明建设理念，讲好中国林业故事。

（5）通过加强与涉林国际组织的合作，建立和完善双边多边交流机制，推动涉林高校联盟建设，深化多双边林业教育合作平台建设。选拔推荐优秀人才到涉林及相关国际组织任职，提升中国在全球生态环境治理和林业高等教育治理中的话语权和代表权。

（6）精准对接“一带一路”教育行动，加强林业高等教育互联互通、人才培养培训等工作，对接沿线各国林业及生态环境发展需求，倡议沿线各国涉林高校共同行动，实现合作共赢。

（三）《推进共建“一带一路”教育行动》

1. 主要内容　为贯彻落实中共中央办公厅、国务院办公厅《关于做好新时期教育对外开放工作的若干意见》和国家发展和改革委员会、外交部、商务部经国务院授权发布的《推动共建丝绸之路经济带和21世纪海上丝绸之路的愿景与行动》，教育部于2016年7月13日发布了《推进共建“一带一路”教育行动》（以下简称《教育行动》）。该文件作为《关于做好新时期教育对外开放工作的若干意见》的配套文件，作为国家《推动共建丝绸之路经济带和21世纪海上丝绸之路的愿景与行动》在教育领域的落实方案，将为教育领

① 资料来源：中国政府网。

域推进“一带一路”建设提供支撑。

《教育行动》指出，中国将一以贯之地坚持教育对外开放，深度融入世界教育改革发展潮流。推进“一带一路”教育共同繁荣，既是加强与沿线各国教育互利合作的需要，也是推进中国教育改革发展的需要，中国愿意力所能及地承担更多责任义务，为区域教育大发展做出更大的贡献。

《教育行动》倡议，沿线各国携起手来，增进理解、扩大开放、加强合作、互学互鉴，谋求共同利益、直面共同命运、勇担共同责任，聚力构建“一带一路”教育共同体，形成平等、包容、互惠、活跃的教育合作态势，促进区域教育发展，全面支撑共建“一带一路”，共同致力于推进民心相通、提供人才支撑、实现共同发展。推动教育深度合作、互学互鉴，携手促进沿线各国教育发展，全面提升区域教育影响力。

《教育行动》提出的三方面合作重点包括开展教育互联互通合作、开展人才培养培训合作、共建丝路合作机制。

《教育行动》强调，中国愿与沿线各国一道，秉持开放合作、互利共赢理念，共同构建多元化教育合作机制，制订时间表和路线图，推动弹性化合作进程，打造示范性合作项目，满足各方发展需要，促进共同发展①。

2. 对接举措 涉林高校应充分领会理解《教育行动》的各项工作宗旨和出发点，结合自身地缘优势和学科专业特色，使中国林业高等教育合作在“一带一路”沿线落地生根。

（1）加强林业高等教育政策沟通。积极开展“一带一路”沿线地区和国家林业和教育政策法规研究，为沿线各国开展林业高等教育合作提供决策建议和政策咨询。积极签署双边、多边和次区域林业高校教育合作协议，实现学分互认、学位互授联授，协力推进林业高等教育共同体建设。

（2）促进林业高等教育合作渠道畅通。积极建立“政产学研用”结合的林业国际合作联合实验室、研究中心和国际技术推广中心，共同应对经济发展、资源利用、生态保护等沿线各国面临的重大挑战与机遇。打造“一带一路”林业学术交流平台，吸引各国林业专家学者、青年学生开展研究和学术交流。

（3）完善林业高等教育留学体系。全面提升来华留学人才培养质量，把中国林业高等教育打造成受沿线各国学子认可的来华留学品牌。形成以国家公派留学、高校资助留学、个人自费留学相结合的林业高等教育出国留学体系，推动更多中国涉林高校学生到沿线国家留学。

（4）主动探索开展涉林境外办学。要集中优势学科，选好合作契合点，做好前期论证工作，使涉林学科专业在当地落地生根、开花结果。有条件的涉林高校应积极探索开展多种形式的境外合作办学，合作设立海外分校、培训中心，合作开发教学资源和项目，开展多层次的涉林高等教育和培训，培养当地急需的各类“一带一路”林业工作者。

（5）充分发挥国际合作平台作用。主动参与全球或地区涉林国际组织对话及有关活动，提升中国林业高等教育显示度和影响力，增加林业高等教育合作的新内涵。积极推动

① 资料来源：教育部官方网站。

沿线各国围绕实现林业高等教育发展目标形成协作机制，开展务实合作交流，探索构建涉林高校联盟，不断延展教育务实合作平台。

（6）实施林业高等教育援助计划。充分发挥林业高等教育援助在“一带一路”教育共同行动中的重要作用，逐步加大教育援助力度，为沿线国家培养培训涉林专业教师、学者和各类专业人才。加强中国林业高等教育培训中心和教育援外基地建设，做大林业高等教育援助格局，实现林业高等教育共同发展。

（四）《高校科技创新服务“一带一路”倡议行动计划》

1. 主要内容　2018年11月7日，教育部发布了《高校科技创新服务“一带一路”倡议行动计划》（以下简称《行动计划》），为贯彻落实《关于做好新时期教育对外开放工作的若干意见》和《推动共建丝绸之路经济带和21世纪海上丝绸之路的愿景与行动》，推进共建“一带一路”教育行动，充分发挥高校创新资源集聚、创新活动深入和国际交流活跃的优势，加强高校在服务“一带一路”建设中的创新引领和支撑作用，鼓励和引导高校科技创新更加主动、开放地参与新时代国家全面对外开放战略，提升高校服务经济社会发展能力。

《行动计划》秉持和平合作、开放包容、互学互鉴、互利共赢理念，面向沿线国家发展需求，立足我国高校科技创新优势资源和特色领域，深入推进“一带一路”教育和科技创新合作，谋求共同利益、造福共同命运、勇担共同责任、促进共同繁荣，打造发展理念相通、要素流动畅通、科技设施联通、创新链条融通、人员交流顺通的高校创新共同体，实现资源共享、人才共育、学术共生、文化共鸣，为“一带一路”建设提供有力支撑。

《行动计划》围绕人文交流、资源共享、创新合作和成果转移，建立健全“一带一路”双边和多边科技创新合作机制。以建立“一带一路”双边和多边高校创新合作机制为重点，充分发挥高校在“一带一路”建设中的先行者作用，通过平台搭建、人才交流、项目合作、技术转移，立足沿线国家、面向全球建立高校国际协同创新网络，营造科技人才友好稳定交流的良好环境，共建一批国际科技合作创新平台，形成一批重大科技合作项目，转化应用一批先进技术成果，提升高校国际交流合作和服务国家重大需求的能力[①]。

2. 对接举措　涉林高校在贯彻落实《若干意见》和《教育行动》有关工作要求的基础上，应进一步精准对接《行动计划》，发挥自身在林业科技研发、课题攻关、成果转化、自主创新领域的突出优势，以“一带一路”倡议为平台，加快推进同沿线地区国家的林业产学研深度融合，为林业高等教育国际化寻求新的增长点。

（1）加快科技创新平台建设。结合沿线国家生态环境、森林资源及经济社会发展重大科技需求、科研基础条件与合作意愿，积极建设一批国际合作联合实验室和国际联合研究中心。积极参与沿线国家林业产业的发展，对接沿线国家林业技术需求，合作建设林业技术研究机构，共同开展林业技术的研发、转化和应用推广，构建面向当地社会经济发展的林业技术共同体，助力当地林业转型升级。面向沿线国家需求，联合林业行业专家组建林业技术协同体等合作组织。

（2）推动林业科技成果转化。依托涉林高校科研转化机构，构建覆盖沿线国家的林业

① 资料来源：教育部官方网站。

技术转移网络，推动先进林业技术成果向"一带一路"沿线国家转移转化，支撑沿线国家经济社会发展。围绕"一带一路"建设，加强林业优势创新资源协同，深化政产学研协同创新机制改革，建设和打造一批林业科技成果转化和技术转移基地。与沿线国家联合建设林业创业孵化基地、林业产业基地和林业科技园区等创新创业载体，吸引双方的科技人员开展创业实践活动。

（3）深化林业科技人文交流。加强与沿线国家涉林高校之间开展高水平学术交流合作，鼓励高校与沿线国家涉林高校、科研机构等共同举办各种类型的高水平国际学术会议。对接沿线国家林业科技创新合作需求，拓展多种形式的沟通渠道，增强科技创新政策的相互理解，形成创新共识。积极与沿线国家共同开展林业科技创新规划编制、林业科技创新政策制定、林业创新体系建设等，推动开展重大林业科技活动联合评估，形成林业科技创新政策协作网络，为沿线国家林业科技创新合作规划编制及政策制定提供智力支持，促进林业科技创新政策融通。积极建设"一带一路"林业科技智库，形成特色鲜明、重点突出的绿色智库研究体系。聚焦沿线国家在生态环境、森林资源开发利用、经济社会发展中面临的关键技术问题，加强与沿线国家开展林业合作研究。

（4）促进科技人才交流。与沿线国家涉林高校合作，共同开展林业科技人才和科技管理人才培养、技术人员培训，提升沿线国家的科技创新能力。加强林业创新引智平台建设工作，进一步引进沿线国家高水平林业专家和优秀学者。积极与沿线国家涉林高校，通过共建科研基地、共同开展科研项目等多种途径和方式，培育知华、友华的优秀林业科技人才。加强对"一带一路"沿线国家的涉林专业研究生来华留学资助。鼓励国内高校选拔优秀涉林专业本科生、研究生赴沿线国家开展各种层次、多种形式的留学进修活动，以人才联合培养促进涉林学科专业的科技合作交流。

（五）《关于加强和改进中外人文交流工作的若干意见》

1. 主要内容 2017年7月，中央全面深化改革领导小组审议通过了《关于加强和改进中外人文交流工作的若干意见》，是为了夯实中外关系社会民意基础、提高中国对外开放水平、推动全球范围内的人文交流与文明互鉴而制定的法规。

《关于加强和改进中外人文交流工作的若干意见》指出，加强和改进中外人文交流工作要以服务国家改革发展和对外战略为根本，以促进中外民心相通和文明互鉴为宗旨，创新高级别人文交流机制，改革各领域人文交流内容、形式、工作机制，将人文交流与合作理念融入对外交往的各个领域。

《关于加强和改进中外人文交流工作的若干意见》强调，加强和改进中外人文交流工作要坚持以人为本、平等互鉴、开放包容、机制示范、多方参与、以我为主、改革创新等原则，着力推动人文交流理念更加深入人心，着力推动中外人文交流渠道更加畅通、平台更加多元、形式内容更加丰富，形成一批具有中国特色、国际影响的人文交流品牌，着力推动中国吸收借鉴国外先进文明成果取得更大进展①。

2. 对接举措 涉林高校应充分认识中外人文交流工作对于林业高等教育的重要意义，在仔细厘清《关于加强和改进中外人文交流工作的若干意见》与林业高等教育国际化发展

① 资料来源：中国政府网。

之间关系的基础上，积极开展具有林业特色的“绿色人文”交流活动，为中国林业高等教育“走出去”营造良好的外部环境。

（1）重点突出林业特色。积极对外宣传生态文明建设理念，推广人与自然和谐共生的传统思想，介绍中国林业发展取得的一系列成就。充分挖掘传统文化中的茶文化、竹文化等与“林”有关的元素，开展具有林业特色的学术文化艺术交流项目，体现林业高等教育的文化内涵，打造“绿色”中外人文交流品牌。

（2）深度参与语言传播。高度重视对外汉语教育对于林业高等教育国际化发展的现实意义，应在对外汉语教学中设置中国林业历史、中国林业发展现状、中国林业文化、生态文明建设等有关内容，使对外汉语教学成为传播中国林业文化的有效载体。积极开展具有林业特色的孔子学院、孔子课堂建设，将汉语言文化与林业绿色文化进行有机结合，为中国林业和中国林业高等教育“走出去”奠定文化基础。

（3）创新交流形式渠道。充分激发广播影视、出版机构、新闻媒体的宣传潜力，通过影视纪录片、期刊图书、文艺演出等形式，丰富林业人文交流的内容和载体。将林业文化与“互联网＋”深度融合，实现实体与虚拟交流平台的相互补充和良性互动。通过丰富媒体交流形式、打造具有国际影响力的现代中国林业对外交流品牌，讲好中国林业故事，传播中国林业声音，阐释中国林业道路，增强中国林业文化形象的亲近感。

（六）《中国教育现代化 2035》

1. 主要内容　2019 年 2 月，中共中央、国务院印发了《中国教育现代化 2035》。《中国教育现代化 2035》提出，推进教育现代化的指导思想是坚持社会主义办学方向，立足基本国情，遵循教育规律，坚持改革创新，以凝聚人心、完善人格、开发人力、培育人才、造福人民为工作目标，培养德智体美劳全面发展的社会主义建设者和接班人，加快推进教育现代化、建设教育强国、办好人民满意的教育。将服务中华民族伟大复兴作为教育的重要使命，优先发展教育，大力推进教育理念、体系、制度、内容、方法、治理现代化，着力提高教育质量，促进教育公平，优化教育结构，为决胜全面建成小康社会、实现新时代中国特色社会主义发展的奋斗目标提供有力支撑。

《中国教育现代化 2035》提出了推进教育现代化的八大基本理念：更加注重以德为先，更加注重全面发展，更加注重面向人人，更加注重终身学习，更加注重因材施教，更加注重知行合一，更加注重融合发展，更加注重共建共享。明确了推进教育现代化的基本原则：坚持党的领导、坚持中国特色、坚持优先发展、坚持服务人民、坚持改革创新、坚持依法治教、坚持统筹推进。

《中国教育现代化 2035》聚焦教育发展的突出问题和薄弱环节，立足当前，着眼长远，重点部署了面向教育现代化的十大战略任务，其中之一就是开创教育对外开放新格局①。

2. 对接举措　《中国教育现代化 2035》的发布标志着中国教育发展进入了新的历史时期，也为教育现代化绘就了宏伟蓝图。涉林高校应高度重视《中国教育现代化 2035》对于未来高等教育发展特别是高等教育国际化发展的指向作用，继续深入推进林业高等教育

---

① 资料来源：中国政府网。

国际化发展。

要继续全面提升国际交流合作水平，推动中国涉林高校同其他国家有关高校的学分互认、信息互通、经验共享；深度参与“一带一路”教育行动，积极参与林业高等教育全球治理，加强与联合国粮食及农业组织、联合国教科文组织等与林业、教育相关的国际组织和多边组织的合作；提升涉林中外合作办学质量，加快林业高等教育境外办学步伐；积极鼓励涉林人才出国留学，全面提升林业高等教育来华留学质量；推进林业中外人文交流机制建设，丰富中外人文交流机制内涵，努力打造具有林业特色的孔子学院和孔子课堂；积极参与全球林业高等教育治理，深度参与林业高等教育国际规则、标准、评价体系的研究制定；推进与相关国际组织及专业机构的教育交流合作；健全林业教育对外援助机制。

（七）《教育部关于促进普通高校毕业生到国际组织实习工作的通知》

1. 主要内容 教育部在2017年6月26日发布了《教育部关于促进普通高校毕业生到国际组织实习工作的通知》（以下简称《通知》）。《通知》要求加快培养和推送高校毕业生到国际组织实习任职，不断扩大到国际组织工作的后备人才队伍，提升我国在国际组织人员规模，从而更好地统筹国内和国际两个大局，增强我国在国际规则制定中的话语权，提高高等教育人才培养质量，实现毕业生更宽领域和更高质量就业。具体政策包括：

（1）加大资助力度。国家留学基金委进一步拓展国际组织实习项目领域和范围，制定选派管理办法，将高校与有关国际组织开展合作进行选派的学生以及自行联系获得国际组织实习岗位的学生，纳入资助范畴，经评审后予以资助。鼓励各地各高校采取地方专项扶持、高校配套、社会捐助和学生个人共同承担的经费支持方式，积极推送高校学生到国际组织实习。

（2）优化就业服务。到国际组织实习的毕业年度内高校毕业生，毕业时其户口档案可申请保留在学校两年（直辖市按有关规定执行）。两年内落实就业单位的，可视为应届毕业生，根据相关规定，为其办理就业手续。超过两年的，学校将其在校户口及档案迁回家庭所在地。

（3）强化信息服务。教育部新职业网已开通高校毕业生到国际组织实习任职信息服务平台（http：//gj. ncss. cn），收集整理国际组织情况介绍，实时跟踪采集国际组织招聘信息。各地各高校要在本地、本校就业网显著位置分享平台链接，及时向平台报送国际组织招聘信息、工作动态、典型事迹等内容，积极组织学生使用平台，并将国际组织招聘信息精准推送至有需求的学生。高校要通过科研合作、出国访学、项目交流等契机广泛联系对口国际组织，充分挖掘国际组织的实习任职岗位。

2. 对接举措

（1）建立工作机制。涉林高校要落实责任，把培养推送毕业生到国际组织实习任职工作摆上重要议事日程。有条件的高校要成立工作领导小组，明确牵头校领导，建立健全就业、学工、教学、外事等多部门联动的工作机制，围绕办学特色和优势，制定具体工作方案和详细工作进度，明确目标任务并分解到相应部门和院系，落实工作责任。要结合学校实际，制定相应管理办法，做好学生到国际组织实习核查等管理服务工作；采取切实措施，为学生到国际组织实习任职提供资金、人员、场地等条件保障，鼓励和支持更多高校毕业生到国际组织实习任职。

(2) 推进人才培养改革。涉林高校要整合办学资源配置，改革人才培养模式，主动适应国家发展战略新需求，加快培养多层次、多类型、具有参与全球治理能力和素质的各类人才。要进一步完善和改进外语教学模式，探索开展“专业＋外语”的复合型人才培养模式，有针对性地加强双学位、辅修、兼修学位等培养项目建设。

(3) 完善教学管理。各地各高校要根据《普通高等学校学生管理规定》，进一步完善现行政策，建立灵活的学习制度，给予计算相应学分等政策支持。高校在校生到国际组织实习，学校可为其保留学籍，最长至两年；学生实习期满后应向学校提出复学申请，学校经审查合格后同意复学，并可根据其实习经历和实习内容认定公共必修课或实践实习课程的学分。涉林高校在制订本校推免生遴选办法时，结合本校具体情况，将学生到国际组织实习情况纳入推免生遴选指标体系。

(4) 开展项目合作交流。具备条件的涉林高校要开设相关专业课程和选修课程，建立国际组织人才培养基地或项目，加强国际组织相关学科建设，完善课程体系和人才培养方案。积极与国际组织机构开展合作，签订实习生协议，联合建立实习和培训基地，积极输送学生到国际组织实习。

(5) 广泛宣传发动。涉林高校要通过举办讲座报告、编印宣传手册、开展咨询、开设相关课程、举行国际组织项目推介会、有计划地组织参观国际组织机构等形式，利用网络、手机新媒体等多种渠道，帮助学生认识国际组织、了解到国际组织实习任职对国家和个人发展的重要意义，知晓相关政策，引导更多优秀毕业生积极报名应聘国际组织。

(6) 做好指导培训。涉林高校要将国际组织实习任职等相关内容纳入就业指导课程，积极邀请有国际组织工作经验的官员、考官、专家等到学校开展有针对性的培训，提高学生应试、应聘能力。要发掘各种资源，充分利用国际、国内和校友资源，为毕业生到国际组织实习任职和参加志愿活动等提供信息、资金、咨询指导等帮助。

二、对接高等教育国际合作平台

中国政府制定的一系列教育对外开放政策为林业高等教育国际化发展提供了极其重要的制度保障和政策引导，是推动林业高等教育加快国际化进程的最重要外部牵引力。涉林高校应充分响应相关政策，找准自身定位，瞄准未来发展趋势，在此基础上进一步对接有关国际合作平台，在迈好“走出去”第一步的同时，为迈向更高层次的全面国际合作积蓄力量。

(一) 区域性教育国际合作文件

作为推动高等教育国际合作的重要力量，区域性教育合作文件在促进本地区教育合作和资源共享、缩小教育水平差距、促进经济社会文化共同发展方面发挥着不可替代的作用。此类文件虽不具有强制约束力，但作为地区国家或国际组织认可的国际性合作文件，是开展相关教育合作的重要文献依据，也是发起合作倡议、寻求更多合作伙伴的“敲门砖”。涉林高校作为高等教育活动的参与主体，应充分认识此类教育合作文件对于林业高等教育国际化发展所能起到的重要促进作用，合理运用其中相关条款或有关规定，探索开展适合林业高等教育特点的区域或国际合作。

目前，对于中国林业高等教育来说具有较大影响力和覆盖度的区域性教育合作文件分别是联合国教科文组织成员发起签署的《亚太地区承认高等教育资历公约》和《全球高等教育学历学位互认公约》，以及由中国政府发起、亚太经济合作组织各成员共同制定的《APEC 教育战略》。

1.《亚太地区承认高等教育资历公约》 联合国教科文组织经过修订的《亚太地区承认高等教育资历公约》于 2011 年 11 月 26 日在日本东京签署，该公约最早于 1983 年在曼谷通过，中国系缔约成员之一。针对高等教育的新变化和新趋势，亚太地区各国对原公约进行修订并重新签署，公约现更名为《亚太地区承认高等教育资历公约》（以下简称《公约》）。

在《公约》的框架下，各缔约成员秉持“除非存在巨大差别，否则各成员高等教育学历文凭都应予以认可”的原则，加强和扩大交流与合作，改进目前各成员承认学历的做法，更加透明、更好地适应亚太地区高等教育的状况及趋势。修订后的《公约》将对亚太地区高等教育跨境合作产生积极而深远的影响①。

2.《全球高等教育学历学位互认公约》 2019 年 11 月 14 日，《全球高等教育学历学位互认公约》（以下简称《全球公约》）草案在联合国教科文组织第 40 届大会表决通过。《全球公约》将成为第一个具有法律约束力的联合国高等教育条约，也将是联合国首个全球范围内的高等教育公约，并将成为联合国教科文组织现有的五个承认高等教育相关资历区域公约的补充。

《全球公约》以现有区域公约为基础，将创造一个公平、透明和非歧视地承认高等教育相关资历的框架。《全球公约》的新颖之处在于它为区域间的学生流动提供了便利，并确立了优化资历承认实践的普遍原则。《全球公约》旨在促进区域之间的学生流动，并为各国有关部门间的跨境和跨区域合作提供平台，以便探索承认高等教育资历更好的工具和做法②。

3.《APEC 教育战略》 亚太经济合作组织教育部长会议于 2016 年 11 月 6 日通过了《APEC 教育战略》，并确定了到 2030 年亚太地区教育发展的愿景、目标与行动。《APEC 教育战略》是由中国牵头、联合各成员共同研究制定的教育发展蓝图，契合 2016 年亚太经济合作组织“高质量增长和人类发展”的主题、联合国《2030 年可持续发展议程》以及联合国教科文组织的《教育 2030 行动框架》。

根据这一战略，到 2030 年，亚太经济合作组织将建成以包容和优质为特色的教育共同体，为可持续性经济增长以及所有亚太经济合作组织成员的社会福祉与就业提供支撑。亚太经济合作组织成员将着眼于提升公民素养、加速创新、提高就业能力的目标，努力推进亚太地区的教育改革③。

（二）高等教育国际合作机构

随着高等教育国际合作成为越来越多高等教育活动参与主体的共识，越来越多的高等教育国际合作组织正在逐渐发展壮大。这其中既包括在联合国框架下长期运行的权威国际教育组织，也包括由不同国家高校、行业机构等组建的新兴教育合作组织或评级机构等。

---

① 资料来源：中国政府网。

② 资料来源：神州学人官方网站。

③ 资料来源：新华网。

这些组织或机构为世界各地的高校开展交流合作提供了实质性的平台，通过举办活动、开展合作项目、进行人员交流等形式，有力地促进了高等教育资源的流动、更新与整合。同时，经过多年的发展和沉淀，这些合作组织培养了一批稳定的组织成员，积累了成熟的渠道资源，在一定程度上形成了各自特有的甚至排他的资源优势。林业高等教育在国际化发展的过程中，也要充分利用这些合作组织的平台集成化资源优势，不仅弥补自身国际化发展过程中存在的弱项和短板，同时快速扩大国际合作的规模，提升国际合作的水平。涉林高校应结合自身特点，通过开展横向合作或成为相关合作组织的成员，充分挖掘各类高等教育合作组织或高等教育评级机构的潜力，为中国林业高等教育开展国际合作，实现国际化发展营造有力的外部环境，进行合理的地缘布局，积累有效的决策依据。

当前与高等教育相关的国际组织与高等教育评级机构包括联合国教科文组织（UNESCO）、亚太国际教育协会（APAIE）、欧洲国际教育协会（EAIE）、国际教育工作者协会（NAFSA），以及世界知名的高等教育评级机构QS世界大学排名、泰晤士高等教育世界大学排名、US News世界大学排名、软科世界大学学术排名。

1. 联合国教科文组织　联合国教科文组织（United Nations Educational，Scientific and Cultural Organization，UNESCO），于1945年11月16日正式成立，总部设在法国首都巴黎，现有195个成员，是联合国在国际教育、科学和文化领域成员最多的专门机构。该组织旨在通过教育、科学及文化来促进各国间开展合作，对和平与安全做出贡献，从而强化对正义、法治及联合国宪章所确认的普遍价值：世界人民不分种族、性别、语言或宗教，均享有人权与基本自由。

联合国教科文组织给予会员国的援助主要是通过智力合作的方式来体现，如派遣专家、组织召开大型或专业国际会议、研讨会、人员培训、参与会员国在相关领域的能力建设、制定国际准则性文件、提出或倡导新思想新理念等①。

2. 亚太国际教育协会　亚太国际教育协会（Asia-Pacific Association for International Education，APAIE），是亚太地区最具影响力的大学组织之一。该协会是2006年3月由韩国高丽大学、日本早稻田大学、新加坡国立大学、香港中文大学、台湾中山大学、新西兰奥克兰大学和中国人民大学等13所亚太地区的知名大学共同发起创立的大学间非政府国际组织，宗旨是推动亚太高等教育机构的国际化，提升地区高等教育机构的国际项目、活动及交流水平，推动亚太地区的和谐和进步。其成立至今已有280多个会员，并已逐渐发展为与北美国际教育工作者协会和欧洲国际教育协会齐名的第三大地区性国际教育协会组织②。

3. 欧洲国际教育协会　欧洲国际教育协会（European Association for International Education，EAIE）成立于1989年，是以欧洲为主，面向世界高等教育国际交流工作者的专业性协会，以促进高等教育的国际交流和合作为宗旨。目前拥有遍布90个国家和地区的近2 800名会员。该组织每年在欧洲地区选择一个国家举行年会。EAIE年会已经成

---

① 资料来源：联合国教科文组织官方网站。

② 资料来源：亚太国际教育协会官方网站。

为欧洲具有影响力的国际教育交流活动之一，是分享信息、联络同行、交流经验的重要平台①。

4. 国际教育工作者协会 国际教育工作者协会（National Association of Foreign Student Affairs，NAFSA）于1948年在美国成立，是一个具有较高知名度、从事教育国际交流的专业性组织，拥有9 500多名会员。NAFSA年会暨教育展每年在美国举行一次，每届活动均有6 000名左右来自160多个国家和地区的教育工作者参会。该年会是美国最重要的教育行业大会，也是全球最大的教育工作者盛会。年会的主论坛规模宏大、主题新颖。会议期间一般会有上百场专题研讨会同时进行，是彼此交流经验、推广项目、洽谈合作的优质平台②。

5. QS世界大学排名 QS世界大学排名（QS World University Rankings）是由英国一家国际教育市场咨询公司Quacquarelli Symonds（简称QS）所发布的年度世界大学排名。QS集团最初与泰晤士高等教育（简称THE）合作，共同推出THE-QS世界大学排名，首次发布于2004年，是相对较早的全球大学排名。2010年起，QS和THE终止合作，两者开始发布各自的世界大学排名。QS集团一般会在每年夏季进行排名更新。

QS世界大学排名2010年得到了大学排名国际专家组（IREG）建立的IREG-学术排名与卓越国际协会承认，是参与机构最多、世界影响范围最广的排名之一，与泰晤士高等教育世界大学排名、US News世界大学排名和软科世界大学学术排名被公认为四大较为权威的世界大学排名。QS世界大学排名将学术声誉、雇主声誉、师生比例、研究引用率、国际化作为评分标准，因其问卷调查的公开透明而获评世界上最受注目的大学排行榜之一，但也因具有过多主观指标和商业化指标而受到批评。

QS排名涵盖QS世界大学排名、QS世界大学学科排名、QS亚洲大学排名、QS拉丁美洲大学排名、QS金砖大学排名、QS世界年轻大学排名、QS阿拉伯地区大学排名、QS东欧和中亚地区大学排名、QS中国大陆大学排名、QS全球MBA排名、QS最佳留学城市排名、QS全球毕业生就业竞争力排名等12种类型。

近些年，QS也会在针对某些专业学科进行全球排名，其中就包括全球农林学科院校综合排名，对于中国涉林高校了解全球林业高等教育发展动态、掌握学术科研实力分布、评判自身发展现状具有非常重要的参考价值，值得广大涉林高校借鉴研究③。

6. 泰晤士高等教育世界大学排名 泰晤士高等教育世界大学排名（Times Higher Education World University Ranking），是由英国《泰晤士高等教育》发布的世界大学排名。该排名每年更新一次，以教学、研究、论文引用、国际化、产业收入等5个范畴共计13个指标，为全世界最好的1 000余所大学（涉及近90个国家和地区）排列名次。

此外，泰晤士高等教育还发布独立的THE世界大学声誉排名（Times Higher Education World Reputation Ranking）、THE亚洲大学排名、THE拉丁美洲大学排名、THE世界年轻大学排名、THE全球大学毕业生就业能力排名等各类排名④。

---

①② 资料来源：中国教育国际交流协会官方网站。

③ 资料来源：QS世界大学排名中国官方网站。

④ 资料来源：泰晤士高等教育世界大学排名官方网站。

7. US News 世界大学排名 US News 世界大学排名（US News & World Report Best Global Universities Rankings），由美国《美国新闻与世界报道》于 2014 年 10 月 28 日首次发布，根据大学的学术水平、国际声誉等 10 项指标得出全球最佳大学排名，以便为全世界的学生在全球范围内选择理想的大学提供科学的参考依据。US News 世界大学排名是继 US News 本科排名、US News 研究生院排名之后，推出的具有一定影响力的全球性大学排名。

8. 软科世界大学学术排名 软科世界大学学术排名（Shanghai Ranking's Academic Ranking of World Universities，ARWU），于 2003 年由上海交通大学高等教育研究院世界一流大学研究中心首次发布，是世界范围内首个综合性的全球大学排名。2009 年开始，ARWU 改由上海软科教育信息咨询有限公司（即“上海软科”）发布并保留所有权利。每年被排名的大学有 1 200 所，ARWU 每年发布全球前 500 名大学。ARWU 以评价方法的客观、透明和稳定著称，但也被指责过度偏重理工领域及过多采纳美国的知名期刊与论文发表平台为数据基准①。

三、对接林业国际合作平台

基于林业高等教育自身明显的行业特色，涉林高校在寻求国际合作平台，开展国际合作时不应局限于高等教育领域，应将更多注意力投向林业国际合作文件、林业国际合作机制、林业国际合作组织等与林业有关的国际合作平台。利用此类林业国际合作平台，涉林高校可以通过参与相关国际合作项目，参加有关多双边国际对话，开展科学研究、人才培养、能力建设等领域的国际合作，不断加深中国林业高等教育在各类国际活动和平台上的参与程度，使中国林业高等教育为应对全球生态环境治理、林业可持续发展等热点问题发出声音，提出解决方案，进而不断提升自身国际知名度和影响力，为国际化发展积累有利的高层次平台资源。

（一）林业国际合作文件

涉林高校应通过了解掌握林业国际合作文件的有关重点内容和规划方向，精准定位林业高等教育推进相关合作活动的切入点，主动发挥林业高等教育在促进林业国际合作、提升林业能力建设水平、为林业国际合作提供智力支持的重要作用，进而为林业高等教育国际化发展构建高层次合作平台。

目前全球范围内最高层级的森林国际合作文书是《联合国森林战略规划（2017—2030 年）》。除此之外，还包括《2030 年可持续发展议程》《巴黎协定》《联合国生物多样性公约》《联合国防治荒漠化公约》《联合国森林文书》等一系列涉及森林及林业有关领域的国际合作文件。这些文件构成了内容日趋完善、结构逐渐合理的林业国际合作框架体系，为开展全球范围内的森林可持续经营和林业合作创造了框架条件。本书仅以《联合国森林战略规划（2017—2030 年）》为例，对林业国际合作文件进行说明。

2017 年 4 月 27 日，第 71 届联合国大会审议通过的《联合国森林战略规划（2017—2030 年）》（以下简称《战略规划》），是首次以联合国名义做出的全球森林发展战略，彰

① 资料来源：软科世界大学学术排名。

显了国际社会对林业的高度重视。《战略规划》阐述了2030年全球林业发展愿景与使命，制定了全球森林目标和行动领域，提出了各层级开展行动的执行框架和资金手段，明确了实现全球森林目标的监测、评估和报告体系，并制定了宣传策略，具有重要的指导意义和导向作用。

《战略规划》为各层级可持续管理所有类型森林和森林以外树木，停止毁林和森林退化提供了全球框架。《战略规划》旨在促进林业为推动落实《2030年可持续发展议程》《巴黎协定》《联合国生物多样性公约》《联合国防治荒漠化公约》和其他涉林国际文书、进程、承诺和目标做出贡献。

《战略规划》为联合国系统开展涉林工作提供参考，加强联合国机构及其伙伴间的协调合作与协同增效，以实现共同的愿景与使命，并为加强“国际森林安排”及其组成部分的协调与指导提供了框架①。

（二）林业国际合作机制

涉林高校应主动参与林业相关国际合作机制活动，广泛参与相关国际对话，为有关国际热点问题提供政策建议和专业技术支持。在相关林业合作机制框架下积极构建符合林业高等教育自身特点的对话机制，为林业高等教育深度参与地区及国际林业科技合作和成果转化、政府间高层次对话、构建林业国际合作智库等创造有利条件。

目前，中国发起的林业国际合作机制主要有中国-中东欧国家林业合作协调机制和中国-东盟林业科技合作机制，以及正在规划中的大中亚地区林业部长级会晤机制。这些机制为应对不同地区丰富多样的森林生态体系、林业产业及其面临的热点问题搭建了有益的国际合作平台，也为中国林业“走出去”战略提供了重要的落脚点，是加强周边国家和地区以及“一带一路”林业合作的重要多边平台。主动参与这些机制平台的有关活动和对话，对于提升林业高等教育国际合作参与度、显示度和知名度具有非常重要的促进作用。

1. 中国-中东欧国家林业合作协调机制 中国-中东欧国家林业合作协调机制在各自政治机构的支持下，汇集了中国和中东欧国家的商业团体和研究团体，扩大并加强双方在林业领域的合作。同时，该机制也是扩大中国与中东欧国家各层次合作举措中的一部分。

机制内成员认为，森林对于改善生计、促进绿色增长、应对气候变化、保护生态安全、促进社会经济发展具有重要意义。森林为动植物提供栖息地，并在环境服务中发挥重要作用。森林有助于农村发展，并在地方、国家和全球各层级都有其社会功能。为了获得最佳的森林经营实践，了解天然林的结构及其演化过程至关重要。因此，中国和中东欧国家（阿尔巴尼亚、波斯尼亚和黑塞哥维那、保加利亚共和国、克罗地亚、捷克共和国、爱沙尼亚共和国、匈牙利、拉脱维亚共和国、立陶宛共和国、北马其顿共和国、黑山共和国、波兰共和国、罗马尼亚、塞尔维亚共和国、斯洛伐克共和国和斯洛文尼亚）在促进可持续和多功能森林经营、保护湿地和野生动物、发展绿色经济和生态文化方面应发挥其作用。双方应共同努力，以实现《2030可持续发展议程》中设立的森林可持续经营的目标。

在该机制框架下，中国和中东欧国家在促进可持续多功能森林管理、保护湿地和野生动物、发展绿色经济和生态文化方面发挥着重要作用，并为完成《2030可持续发展议

① 资料来源：中国政府网。

程》，尤其是可持续森林管理的目标做出共同努力。林业合作协调机制将在国际和国家层面上促进和推动来自公共和私营部门利益相关者之间的合作，并将农业、食品、环境、教育和旅游业与林业和木材加工业结合起来①。

2. 中国-东盟林业科技合作机制 中国-东盟林业科技合作机制旨在为中国和东盟发展中经济体的林业研究所建立一个信息交换、资源共享的平台，并通过实施具体项目，提高区域林业研究人员特别是青年研究人员的科研能力。该机制既丰富了亚太森林组织的能力建设活动，同时服务成员经济体，强化林业研究人员能力，更好地适应全球化挑战。

该机制由中国（云南）、柬埔寨、印度尼西亚、老挝、马来西亚、缅甸、泰国和越南8个经济体的林业科研院所组成，在云南林业和草原科学院设立了亚太森林组织青年学者交流中心，通过开展针对青年科研工作者的能力建设和经验交流活动，为提高亚太地区林业科研水平做出贡献。下设四项具体项目：会议资助项目、访问学者项目、小型研究奖励以及青年学者论坛。该机制成员主要包括中国和东盟发展中经济体的林业科研院所②。

3. 大中亚地区林业部长级会晤机制 2016年5月30日，首届大中亚地区林业部长级会议在哈萨克斯坦首都阿斯塔纳召开。为加强区域林业合作，中国国家林业局局长张建龙建议成立大中亚地区林业部长级会晤机制，召开高级别研讨会，研讨区域林业发展的重大问题。

会议通过了《阿斯塔纳宣言》，决定建立大中亚林业部长级会晤机制，定期组织部长级会议和专家研讨会，增进各经济体之间的沟通联络，加强在森林保护和恢复、应对气候变化、荒漠化防治、减缓土地退化等领域的区域合作③。

（三）林业国际合作组织

涉林高校应结合不同涉林国际组织特点、地域分布和活动领域，积极与相关国际组织开展科学研究、能力建设、技能培训、成果推广、政策制定等领域的横向合作，或根据其组织章程成为其内部成员，直接参与有关的国际会议、论坛、研讨会、项目评估等活动，派遣师生赴相关国际组织开展实习或任职工作。通过加深与有关国际组织的合作，为林业高等教育国际化发展拓展外部合作空间，拓宽人员交流合作渠道，同时争取更多高质量的资金、技术以及政策资源。

目前世界和地区范围内，规模最大、专业水平最高的林业国际合作组织是国际林业研究组织联盟，地区范围内比较有代表性的林业国际合作组织是亚太森林组织。同时，在联合国框架下，还包括联合国开发计划署、联合国环境署、联合国粮食及农业组织等一系列与林业相关的国际组织及专业委员会。由于林业与生态环境、经济社会发展等多个领域的深度交叉融合，这些机构在其各自主要的活动领域均与林业有着密不可分的关系，但由于他们并不是专业的林业国际合作机构，因此本书仅以国际林业研究组织联盟和亚太森林组织为例对林业国际合作组织加以说明。

1. 国际林业研究组织联盟 国际林业研究组织联盟（International Union of Forestry

① 资料来源：中国-东欧国家林业合作协调机制官方网站。

② 资料来源：中国经济网。

③ 资料来源：国家林业和草原局官方网站。

Research Organization，IUFRO）简称国际林联，是全球性的林业科学组织的合作联盟，成立于1892年，总部位于奥地利维也纳。

国际林联联合了来自110多个国家近700个成员单位1.5万多名科学家，这些科学家在自愿基础上开展研究合作，对所有从事林业、林产品及相关学科研究的个人和组织开放。它是一个非盈利、非政府、无差别对待的组织，其利益方是研究机构、大学、科学家、非政府组织、决策者、林地所有者和依赖森林生存的人，其宗旨是加强所有与森林和树木相关的科学研究的协调和国际合作，以确保森林的健康和人类的福祉。主要通过组织各种交流活动来实现其宗旨，这些活动主要包括研究、交流和传播科学知识，提供林业相关信息的获取渠道以及协助科学家和机构提升其科研能力。它的愿景是实现以提升经济、环境和社会效益为目的的世界森林资源科学可持续经营。它是目前世界范围内唯一致力于林业及相关科学研究的国际性组织，对更科学地制定林业相关政策起着重要作用。

国际林联下设9个学部，主要作用是支持研究者相互之间开展合作，并为学科组和与其相关的工作组织间、学科组和国际林联执行委员会之间架起沟通的桥梁。目前，国际林联的9个学部分别是第一学部——森林培育学学部、第二学部——生理学和遗传学学部、第三学部——森林经营工程与管理学部、第四学部——森林评估、建模与管理学部、第五学部——林产品学部、第六学部——森林和林业的社会问题学部、第七学部——森林健康学部、第八学部——森林环境学部、第九学部——林业经济与政策学部。

国际林联与许多国家政府和全球性、区域性组织及非政府组织共同举办活动并签订合作协议。国际林联是国际科学理事会（ICSU）的科学联盟成员、森林合作伙伴关系（CPF）的成员、欧洲森林保护部长级会议（MCPFE）的观察员组织。国际林联还与世界自然保护联盟（IUCN）、世界自然基金会（WWF）、国际热带木材组织（ITTO）等机构签订了谅解备忘录①。

2. 亚太森林组织　亚太森林恢复与可持续管理组织（Asia-Pacific Network for Sustainable Forest Management and Rehabilitation，APFNet），简称亚太森林组织，是致力于加强区域合作，通过能力建设、信息共享、政策对话和示范项目等手段，旨在促进亚太地区森林恢复，提高森林可持续管理水平的区域性国际组织。2008年9月启动，秘书处设在中国北京。亚太森林组织的愿景是协助促进亚太区域森林面积增加，倡导多功能林业，提高森林生态系统质量，应对和减缓气候变化，满足区域内不断变化的社会、经济和环境需求。

亚太森林组织的任务目标是为实现“2020年之前达到APEC区域内各种类型森林面积增长2 000万公顷”的宏伟目标做出贡献；通过促进区域内退化林的恢复和皆伐迹地的植树造林，以协助改善森林生态系统的质量和生产力，增加森林碳储存；通过加强森林可持续经营，以减少毁林、森林退化及相关的碳排放；协助提高区域内森林的社会经济效益，加强生物多样性保护。

亚太森林组织的重点活动领域主要有林业规划和政策制定；森林可持续管理和恢复的经济激励措施，包括建立生态服务市场；加强林业相关机构建设，促进林业制度改革，如

① 资料来源：中国林业科学院官方网站。

明晰林业产权制度；森林资源清查、监测与评估，包括建立森林可持续经营标准与指标体系；森林与气候变化，包括森林生态系统对于全球变暖的适应性；森林恢复技术与方法；提高森林质量，促进森林健康，包括森林防火与病虫害防治；加强森林执法与行政管理，包括解决非法采伐与相关贸易问题；基层森林经营管理技能；发展社区林业企业；森林生物多样性保护等。

亚太森林组织致力于推动APEC悉尼林业目标的实现，将第15次APEC领导人会议达成的《悉尼宣言》确定的"努力实现2020年本地区各种森林覆盖面积至少增加2 000万公顷"确定为亚太森林组织的发展目标之一。亚太森林组织主动与APEC成员开展合作，与21个APEC成员在林业战略制定、森林可持续管理、退化林恢复、森林防火等领域开展了多种形式的合作，推动悉尼林业目标的实现。2016年主动策划并实施了APEC领导人会议倡议的"APEC悉尼林业目标进展评估"项目，全面分析了APEC区域内森林面积和质量变化情况，总结了2007—2015年APEC各经济体为实现悉尼林业目标所采取的主要行动，并为亚太地区林业下一步发展和国际合作提出了建议，同时也提升了领导人对林业发展的关注和重视[96]。

四、自主搭建林业高等教育国际合作平台

无论是对接现有林业、高等教育等国际合作政策与机制，还是对接有关国际公约和国际组织，都是为了使林业高等教育有更好的国际化发展平台，实现借船出海的目的。但是，平台对接始终在一定程度上存在被动性，而且并不能完全满足林业高等教育国际化发展的需求。因此，为了实现更高层次的国际化发展，涉林高校应抓准机遇，精准发力，积极打造适合林业高等教育国际化发展实际需求的专门国际合作平台。

在构建相关国际合作平台的过程中，涉林高校要始终遵循国家关于高等教育对外开放的一系列政策规定和法律法规，同时结合林业高等教育自身特点，找准国际合作切入点，选好合作平台的地缘覆盖，为林业高等教育国际化发展创造有利条件，也为中国林业不断推进"走出去"战略提供专业支持。在构建林业高等教育国际合作平台过程中应重点关注以下几个方面。

（一）构建林业高等教育联盟体系

林业高等教育自主构建的国际合作平台应以高等教育联盟为主，可以由国内涉林高校发起，或者由国内外涉林高校联合发起。联盟宗旨应服务于地区或世界范围内的林业高等教育发展，联盟管理模式应参照现行国际组织通用规则，联盟开展的活动应推动林业高等教育资源共享、人员交流、科技合作、成果转化和实现共同发展，同时应遵守所有联盟成员所在国家或地区的法律法规，不得涉及政治、军事等敏感领域。

（二）保障学科专业完整覆盖

根据各个联盟发起的宗旨，可分为综合性林业高等教育联盟或某一具体学科领域的专业联盟，以确保林业高等教育联盟体系的学科覆盖既有全面性又有针对性。具体学科专业应包括但不限于林学（林学、森林培育、森林经营、森林保护、林木遗传育种、水土保持与荒漠化防治、野生动植物保护等）、草学、生态学、风景园林、园艺、农林经济管理、木材科学与工程、林产化工、林业工程等涉林学科专业。

（三）做好平台体系地缘划分

各个联盟在成立之初应做好地缘选择，以明确联盟成员的来源范围，活动开展的适用范围以及联盟影响的目标对象。结合现有国家林业及高等教育领域的重点国际合作领域，除了构建全球范围的联盟平台外，林业高等教育联盟还应重点关注“一带一路”沿线地区、亚太地区、东南亚、中东欧、非洲等在林业高等教育国际合作方面具有较大发展潜力和空间的地区。

典型案例

由北京林业大学与加拿大不列颠哥伦比亚大学共同发起，亚太森林组织出资支持，澳大利亚墨尔本大学、菲律宾大学、马来西亚普特拉大学等亚太地区主要涉林院校于2011年共同成立了亚太地区林业教育协调机制。该机制旨在为本地区林业高校提供一个开展多元化国际合作的交流平台，整合本地区优势林业教育资源，全面提升林业教育水平，为本地区乃至全球林业可持续发展做出贡献。

在该机制框架下，北京林业大学、不列颠哥伦比亚大学、墨尔本大学等成员院校开展了亚太地区可持续林业管理创新教育项目，搭建起包含12门涉及林业可持续经营的网络视频课程平台，以进一步推动本地区优质林业教育资源共享，提升林业高校学生国际化水平，为促进高校间教育合作创造良好条件。为表彰该项目为林业高等教育国际合作所做出的突出贡献，国际林联在2019年世界大会上授予该项目“全球林业教育最佳实践竞赛大奖”，意在高度肯定亚太地区可持续林业管理创新教育项目的教学质量、创新性和实践性，并希望此次获奖能够激励项目参与院校再接再厉，继续在全球林业教育领域发挥带头作用，将项目的成功经验在国际林联世界大会乃至更加广阔的国际舞台上推广，为世界林业教育发展做出新的更大贡献。

为探索创新林业高校学生学术文化交流，拓展地区林业高等教育合作渠道，打造特色品牌项目，亚太地区林业教育协调机制在2014年举办了亚太地区林业院校大学生绿色交流营，主题为“青年与绿色城市”，共有来自14个国家的54名涉林高校学生参加交流营相关活动。交流营通过论文投稿、学术交流、实地参观等形式，为本地区林业高校学生提供了全新的学术科研交流平台。

为全面梳理本地区林业高等教育整体情况，亚太地区林业教育协调机制于2016年启动了亚太地区林业教育调研项目——变革世界中不断发展的林业高等教育。该调研项目以机制内各主要成员院校为依托，全面收集了地区内主要经济体林业高等教育的总体情况，对本地区林业高等教育整体规模、人才培养、学科设置、专业特色、问题挑战等内容进行了全面汇总。

经过多年的发展，亚太地区林业教育协调机制正在成为林业高等教育国际合作中一支不可或缺的中坚力量，对于地区和全球范围内的林业高等教育交流合作具有十分重要的示范意义。通过联合地区内主要涉林高校开展全方位、多层次的教育合作，整合优质林业教育资源，并与联合国粮食及农业组织、国际林联等国际组织构建紧密合作关系，不断丰富合作内涵，亚太地区林业教育协调机制必将为世界林业高等教育发展做出更大贡献。

第九章　中国林业高等教育国际化发展能力建设战略

推动中国林业高等教育国际化发展、逐步落实各项战略措施的前提条件是林业高等教育的实施主体也就是涉林高校具备足够的国际化能力，可以保证各项国际化发展战略目标的实现。但是，根据目前所掌握的数据和问卷结果来看，国内涉林高校的国际化能力尚存在较多不足，仍有很大上升空间。只有切实改变现有国际化能力不能满足国际化发展需求的现状，才能从根本上消除中国林业高等教育国际化发展的结构性障碍，尽快补齐林业高等教育国际化发展上存在的短板，并为林业高等教育长期健康可持续发展积累后发动力。

提升国际化发展能力，首先要从提升国际化意识入手，也就是要在战略层面对林业高等教育国际化发展具有清晰准确的定位。国务院 2017 年 2 月印发的《关于加强和改进新形势下高校思想政治工作的意见》强调，高校肩负着人才培养、科学研究、社会服务、文化传承创新、国际交流合作的重要使命，国际交流合作正式成为高等教育的第五大职能，其重要性被提升到了历史新高度。2019 年 12 月召开的全国教育外事工作会议指出，教育对外开放工作要在把握中华民族伟大复兴的大局和当今世界百年未有之大变局上下功夫，这是传统意义上国内国际两个大局的升级版，要积极服务民族复兴，主动适应百年变局，要深刻认识“两个大局”的联动变化关系，从教育的本质和为党育人、为国育才的初心出发，规划设计各项工作，这要成为教育战线各级领导干部，特别是教育对外开放领域干部想事情、做决策、抓工作的基本点。由此可见，高等教育国际化发展被赋予了新的历史使命，正在被提升到前所未有的历史新高度，而林业高等教育则应该抓住这一难得的历史机遇，发挥后发优势，在新时期实现国际化发展的转型升级，开创林业高等教育发展的全新时代。这一目标的实现，就需要涉林高校具有长远的国际化意识，过硬的国际化素质和专业的国际化设施，也就是国际化发展能力的三部分组成要素。

首先，涉林高校领导者要对自身国际化发展有准确的定位、明确的目标和可行的举措，在做好顶层规划设计的前提下，确保自身国际化发展工作能够有的放矢，各项发展任务能够得以落实，各项发展目标能够实现，从而保证了整个林业高等教育的国际化发展。

其次，涉林高校的行政管理和业务工作层面要具备国际化发展所需的各项基本素质，包括语言能力、涉外交流能力、应急处理能力等，这是确保各项国际化发展工作正常开展的基本条件，也是现实中亟须加强的重要方面。

最后，涉林高校还应不断提升自身相关硬件设施的水平，如校园基础设施、英文网站等，为国际化发展提供结构性基础保障，确保与国际化发展有关的各项活动能够得以实施。

从行为主体的角度来看，能力建设战略主要有两个层面，一是组织层面的能力建设，主要是涉林高校组织机构的国际化能力建设，二是人员层面，也就是涉林高校教职员工的国际化能力建设。本章将以国际化意识、国际化素质、国际化设施三方面为切入点，并从组织和人员两个层面对林业高等教育国际化发展能力建设战略加以论述。

第一节　中国林业高等教育国际化发展能力建设战略内涵

通过对中国林业高等教育发展现状梳理总结不难发现，导致现有林业高等教育国际化水平不高的原因主要有涉林高校国际化发展意识不足、国际化素质不强、国际化设施落后。因此，能力建设战略应主要围绕这三方面存在的短板开展相关行动。

一、提升国际化意识，为推进国际化发展方向做好顶层设计

涉林高校应将国际化发展提升到自身综合发展布局的高度，将其纳入高校长期规划体系。学校党委要高度重视国际化发展工作，应成立国际化工作领导小组，专门针对国际化发展过程中的重大事项进行决策部署；应制定专门的国际化发展战略规划，明确自身中长期国际化发展方向定位、目标任务、落实举措、保障措施等，并将其纳入学校总体发展规划体系；要破除制约发展的体制机制障碍，制定完善外事工作管理制度体系，出台鼓励促进国际化发展的有关政策，为全面推动国际化发展提供制度保障；应强化国际化工作体系，科学合理设置机构部门，配齐配强管理和服务人员，做好相关专业研究，为决策制定提供智力支持；要强化风险防控意识，增强政治敏锐性，确保林业高等教育国际化发展和对外开放总体平稳、有序、可控，对于存在的风险点心中有数。

二、强化国际化素质，为落实国际化发展任务构建有力队伍

为了确保各项国际化发展任务目标和工作的具体落实，涉林高校须不断提升自身行政管理、教学科研和服务保障人员的国际化素质。应根据不同部门、岗位和具体业务的需求，对相关人员进行有针对性的外语培训，以确保其语言能力能够顺利完成相关的教学科研或管理服务工作；应重点面向外事工作人员或可能参与外事相关工作的人员开展涉外交流能力培训，以确保其实践能力可以满足国际化发展过程中的对外交往工作需要；应加快推进国际化教学体系建设，不断提升师资、教材、课程等方面的国际化水平，以满足人才培养国际化发展不断提出的新要求；应面向外事、安全保卫、学生工作、医疗保健、后勤保障等有关部门重点开展涉外应急处理能力培训，并构建涉外突发事件应急响应机制，以确保在逐步扩大对外开放规模的过程中，能够妥善处理各类突发状况。

三、改善国际化设施，为开展国际化发展活动提供硬件支持

为满足国际化发展对硬件设施不断提出的新要求，涉林高校应根据实际情况不断升级改善与国际化有关的基础设施。应根据高校国际化发展需要，加强有关基础设施的建设工作，同时为外事或国际化工作有关职能部门提供相应的行政办公和服务业务空间，以及满足各类外事工作需要的通信、会议、接待设施等，以确保各项国际化工作能够有序开展；

应重点加强学校英文网站和国际在线课程平台的建设，构建起系统完善的对外宣传交流和国际化网络教学平台，不断提升高校国际知名度和学术影响力；应提升校园教辅及服务型设施的国际化水平，同时积极鼓励开展中外文化交流活动，营造国际化的校园氛围。

第二节　中国林业高等教育国际化发展能力建设战略举措

一、国际化意识建设

国际化意识的提升是一个由内而外、上下协同、循序渐进的过程，需要涉林高校在做好顶层设计、完善治理体系、健全制度保障、有效防控风险、提供决策支撑方面下大力气做好有关工作。

涉林高校应从自身长远发展的角度，将国际化作为重要的指标和参数纳入学校综合发展规划体系，使其成为与人才培养、科学研究、师资建设同等重要的高校发展立足之本，发挥其作为高等教育第五大职能的应有作用。涉林高校党委要对国际化发展形势进行准确研判，做出精准定位，从决策层面对国际化发展给予高度重视，成立外事或国际化工作领导小组，专门审议决策国际化发展重大议题，从源头上为国际化发展提供结构性支撑。要结合学校自身发展实际，根据国家关于教育对外开放的各项政策制度和世界林业教育发展趋势，制定国际化发展战略规划，明确国际化发展的核心宗旨、任务目标、责任分工、实施路径、保障措施等，以此作为学校国际化发展的根本性、指导性文件，为整个国际化工作体系提供制度保障。

（一）涉林高校要构建系统完善的国际化管理体系

健全国际化主管部门的职责权限，优化配置部门管理及业务人员，保证国际化主管部门在学校重大发展决策中的参与度和影响力，从体制机制上确保国际化发展工作能够全面有序推进，并且服务于涉林高校的总体发展布局。要设置体系完善的国际学院，统筹管理中外合作办学和留学生教育，牵头做好中外合作办学党建工作和留学生意识形态及风险防控工作，协调校内各学院及相关部门开展中外合作办学及外国留学生的招生、培养、思政、就业等一系列管理工作，形成人才培养国际化、集约化管理模式。要积极与国外高校探索建设具有林业特色的孔子学院、海外校区等境外分支机构，为涉林高校自身国际化发展打造海外落脚点，为林业高等教育“走出去”做好战略布局。结合学校自身实际情况，适时成立国际交流中心等负责开展中外学术、人文交流，举办大型国际会议、展览、文化活动，配合国家重大外事活动和对外交流的专门机构，在对外交往过程中突出林业特色，彰显绿色软实力，为中国林业“走出去”和林业高等教育国际化发展搭建新的舞台。

（二）涉林高校要打造与时俱进的国际化制度体系

基于国家关于教育对外开放的各项规章制度，在自身国际化发展战略规划框架下，不断制定完善关于教职工因公出国（境）、学生赴外交流学习、聘请外国专家、聘用外籍教师、外国留学生管理、外事接待、涉外交流风险防控和意识形态安全等一系列外事管理规定，为各项常规对外交流活动提供规范合理、高效可行的基础性制度保障。要进一步加快制定鼓励开展中外合作办学、学生公派出国留学、教职工赴国外进修深造、境外办学、共建中外联合教学科研机构等的规章制度和配套措施，推动人才培养、师资建设、科学研究等的实质性国际交流与合作，在推动国际化发展的同时使国际化真正服务于高校自身综合发展，通过构建符合新形势需要且具有前瞻性的国际化管理制度体系，为林业高等教育实现高质量国际化发展提供政策保障。

（三）涉林高校要高度重视意识形态和风险防控工作

要坚决贯彻落实国家和上级主管部门关于应对防范西方国家对中高等教育系统进行渗透、遏制的有关要求，制定严谨有效的风险防控、意识形态安全和舆情监督管理制度，加强覆盖全体师生的外事教育、管理、监督、问责机制建设，强化斗争意识，不断提高防范化解外部风险的能力。从境外引进教师、教材、课程等要把好意识形态关，将潜在风险化解在校门外、国门外。要着力加强涉外突发事件应急处置机制建设，形成外事、安全、宣传、统战等多部门联合的校内联动机制，对系统性、过程性、突发性风险实施联动防控。要大力加强外事工作队伍建设，将政治过硬、熟悉政策、经验丰富的人员充实到外事管理岗位上，切实协助涉林高校党委把好政治关、安全关、政策关，不断提高外事工作风险防控水平。

（四）涉林高校要重点关注国际化发展政策研究工作

要主动对接国家关于区域和国别研究以及中外人文交流等领域的有关政策，积极构建以林业教育科研合作为基础的地区、国别、政策研究机构，为涉林高校自身国际化发展战略的制定以及国家林业和生态环境等领域的外交战略部署提供政策研究支撑。要加强对西方国家相关法律制度的研究，特别是在关乎国家和地区生态环境安全、国土资源安全、地理信息安全等的领域，要明确界定合作底线和安全红线，防范境外敌对势力借开展交流合作活动为由危害国家安全。要积极与驻外使领馆建立稳定联系，瞄准中外双方优势和特色学科专业领域，谋划开展多元化实质性合作，完善已有平台，搭建新的平台，综合运用多双边平台，为涉林高校自身和林业高等教育整体的国际化发展提供有价值的政策建议。

二、国际化素质建设

林业高等教育国际化的真正实现需要每一个参与个体都具备相应的国际化素质，只有每一个教学、科研、管理工作者的国际化素质都能满足国际化发展的要求，林业高等教育才能从根本上实现国际化发展。具体来看，涉林高校应主要从外语能力、对外交往能力和应急处突能力三个方面来提升国际化素质。

（一）涉林高校应整体提升外语能力

结合学校自身实际，可将英语作为对外交流的主要外语语种，结合教学科研、外事管理、常规工作管理、服务性工作管理对英语的不同要求，有针对性地对教学科研人员、外事管理人员、行政管理人员、服务性工作人员等设置入职语言要求或开展语言能力培训，以满足国际化发展对学校各个层面的对外交流能力提出的不同要求，以英语能力建设为抓手，提高学校开展国际化运行的质量和效率，全面提升学校管理体系整体国际化水平。应积极推动全英文授课专业建设，为打造来华留学品牌，培养国际化林业人才提供结构性支撑，努力打造一批高质量的全英文或双语授课课程，做好国外优质原版教材的引进、翻译和国际教材共同编写工作，加快构建国际化教学体系，满足人才培养国际化提出的新要求。同时，涉林高校可结合自身地缘特点和学科专业特色，选择法语、西班牙语、俄语、德语、日语等其他语种作为次要对外交流语言，设置人员入职要求或开展相关技能培训，以满足学校针对特定国家和地区开展交流合作的需求。要充分挖掘和利用国内外资金与合作渠道，选派教职员工赴国外高校、研究机构、国际组织等开展访问交流，提升外语能力，为高效有序开展各项国际化工作提供基础语言能力保障。

（二）涉林高校应不断提高对外交往能力

要加强对教职员工特别是外事主管及相关部门人员的专业培训，包括国家外交礼仪、外国文化等内容，在提升外语能力的基础上，进一步提升相关人员的对外交往内涵、国际化视野和多元文化意识。同时，应结合学校实际情况，定期举办外事政策、外事纪律、形势政策等方面的讲座或培训，强化师生在开展对外交流中的政治观、安全观、责任观，能够稳慎有序地开展各项对外交流活动。

（三）涉林高校应高度重视应急处突能力

要针对外事、安全、宣传、统战等相关部门人员开展有针对性的涉外突发事件应急处置能力培训，全面提升涉外突发事件风险防控能力，强化涉外突发事件处置过程管理，提高涉外突发事件舆情管控水平，完善涉外突发事件追责机制。要针对在校外国留学生、外籍专家等群体制定相应的突发事件应急处理政策，面向中国师生开展涉外交流政策教育，宣贯国家关于外事安全的法律法规，提升师生针对突发事件的应对能力，有效防范校内群体和校外敌对势力单独或勾结实施危害校园安全稳定的破坏活动。

三、国际化设施建设

国际化意识与国际化素质构成了国际化发展的软实力，而国际化设施则是实现国际化发展的硬实力。对于涉林高校来说，国际化设施建设应主要包括国际化办公设施、国际化辅助设施和国际化文化设施。

（一）涉林高校应建立健全系统完善的国际化办公设施

要保障国际处、国际学院等外事主管部门具备充足的办公空间，以便高效有序地开展各项外事及国际化管理工作。应配备满足国际化办公所需网络、通信、会议、外事接待等设施，确保高质量地开展各项对外交流工作。应建设国际交流中心或国际会议中心等开展相关涉外活动的场所，并配备相应的软硬件设施，以便开展不同层次、类型的国际会议、国际论坛、国际展会等高层次国际交流活动。

（二）涉林高校应着力打造功能完备的国际化辅助设施

应利用指定空间建立外事服务大厅，专门开展教职工因公出国（境）、学生赴外交流、外国留学生、外籍专家等手续办理工作。应根据学校自身发展实际需要，建设相应规模、体量的外国专家公寓、留学生宿舍等，以满足相关群体在校园的基本生活需求。应大力提升图书馆、实验室、实习基地、实验林场等教辅设施的国际化水平，为确保高质量的国际化教学、科研活动提供有力保障。应加强校园标识符号国际化建设，使路标、门牌、显示屏等指示性标志具备中外双语指示功能，便于配合学校开展各类对外交流活动，提升校园氛围国际化水平。

（三）涉林高校应不断加大信息化设施建设力度

要着力推进学校英文网站建设，建设高水平的国际宣传平台，对外展示学校在人才培养、学科建设、科学研究、师资队伍、国际合作等方面的最新成果，积极吸引国外优质合作资源，打造中国林业高等教育国际化品牌的重要宣传窗口。要充分挖掘现代教育信息技术的潜力，建设高水平的国际在线课程平台，加快开发一批高质量的涉林特色学科专业全英文授课课程，依托“慕课”“云课堂”等在线教育平台，以手机、平板电脑等移动终端设备为载体，构建起林业高等教育国际化在线课程体系，既为传统线下教学提供有力补充，同时利用网络平台加快实现教育教学国际化发展，创新人才培养模式，打造高技术引领的中国林业高等教育国际化品牌。

四、国际化校园建设

涉林高校校园作为承载林业高等教育活动的最直接载体，其国际化程度直接影响着林业高等教育国际化发展进程，因此涉林高校应重视校园国际化建设，为全面推进林业高等教育国际化发展营造良好的国际化校园氛围。

涉林高校应根据自身校园实际情况，结合校园活动整体安排，组织各类以林业及相关学科专业为特色的国际化校园文化活动，如国际植树节、国际生态文明文化节、林业高校青年交流营等。此类活动可以本校师生作为参与主体，同时也可邀请校外甚至来自世界各地的涉林高校师生共同参与此类活动，不仅能够增进本校中外师生之间的交流沟通，也可以进一步对外树立中国涉林高校国际化形象，提升中国林业高等教育的国际影响力和知名度。

涉林高校应结合自身人才培养、科学研究、学科发展定位，组织开展相关学科领域的国际会议、研讨会、培训班、夏令营等，通过此类活动加强与国内外林业高等教育领域的横向交流互动，不断提升自身的国际学术知名度，挖掘潜在优质合作资源，为未来开展深层次实质性国际合作奠定基础。同时，应积极谋划开展各类国际性学术竞赛类活动，如生态景观设计大赛、优秀论文评选、杰出科研成果评审等，以竞赛为契机，激发本校学生参与国际竞争的热情，为人才培养、科学研究等的国际化发展提供助力，同时也能搭建平台与国外专家学者、优秀师生进行交流互动，拓宽国际交流渠道，开阔相关学科专业的国际视野，在交流切磋中取长补短、吸收借鉴，从而更好地开展林业高等教育国际化发展。

涉林高校应结合自身校园文化风格，根据实际情况营造中西交融的国际化校园生活氛围。在建设食堂、便利店、咖啡厅、洗衣房等校园生活设施时，可尽量增加国际化元素或提升国际化服务水平，如增设英文标识或提供多国语言的基础服务等。在建设图书馆、会议中心、国际交流中心、体育馆、游泳馆等专业性设施时，在充分突出中国特色、本校特色和设计合理的前提下，应兼顾国际通行的专业设施标准，注重强化功能性、实用性、服务性的国际化，为涉林高校举办国际化大型会议、专业展会、竞赛活动等提供有力的国际化设施配套，营造良好的国际化校园氛围。

第十章 中国林业高等教育国际化发展战略保障措施

任何战略的有效实施都必须有相应的配套措施作为保障，行之有效的保障措施是推进中国林业高等的教育国际化发展战略的重要组成部分。为了确保前述第六章至第九章提出的各项战略的顺利实施，本章将围绕中国林业高等教育国际化发展各项重点战略的具体内容，结合中国基本国情和林业高等教育自身特点，提出中国林业高等教育国际化发展战略的保障措施。

第一节 国家层面的政策扶持措施

2020 年 6 月正式印发的《教育部等八部门关于加快和扩大新时代教育对外开放的意见》，明确了各级党委、政府的职责，强调在党委统一领导下，推动政府充分发挥统筹协调作用，把教育对外开放纳入重要议事日程。建立健全多部门协调联动机制，加大保障力度，加强智力支撑，有效防范化解风险，广泛调动社会力量支持教育对外开放工作。可见，国家层面的政策扶持是推进教育对外开放，特别是高等教育国际化发展的最重要动力之一。

一、建立机构间协同机制，为林业高等教育国际化发展提供政策保障

教育部、国家林业和草原局等林业高等教育相关主管单位应建立部委间协作机制，形成统一、稳定、规范、高效的林业高等教育国际化发展综合应对协调工作机制。将林业高等教育国际化发展与教育对外开放、林业“走出去”战略、林业重大国际合作机制等国家战略部署进行有机融合，从国家层面给予林业高等教育国际化发展足够重视，出台相关配套政策，明确各级政府、主管部门、相关机构在推动林业高等教育国际化发展中的职责分工，鼓励涉林高校积极主动开展对外交流合作，为林业高等教育国际化发展营造有利的政策环境。条件成熟时，着手制定《中国林业高等教育国际化发展规划》，明确林业高等教育国际化发展的总体方向、参与主体、阶段目标、发展任务、保障措施、风险防控等内容，从战略层面确保林业高等教育能够长期、健康、有序地开展国际化发展，不断为国家输送高水平、复合型、国际化人才，为林业产业发展以及生态环境保护事业提供有力的人才支撑和智力支持。

相关主管部门应结合自身分管领域，提供不同种类和形式的专项资金支持或补贴政策，为林业高等教育国际化长期可持续地推进国际化发展提供财政支持。设立专项资金支持涉林高校选拔优秀学生赴外进行校际交流、短期访学、实习实践等，选派教师赴外进行

学术交流、培训访学、科研合作等，面向涉林高校外事干部开展专题培训，宣传解读国家最新的外交部署、教育对外开放政策、林业国际合作规划等内容，提高有关人员的政策水平和业务能力。通过项目制的形式，鼓励涉林高校依托相关合作项目申请专项基金，与国外知名高校和科研机构等开展国际联合科研项目或合作攻关、建设合作教学科研机构、海外分支机构等，招收国外优秀学生来华进行学历学习、交流访问、短期进修等，聘请国外知名专家来华进行学术交流、合作科研、短期讲学等，面向国外开展林业领域能力建设、政策研究、专业技能培训等，为中国林业高等教育开展资源引进战略和对外拓展战略提供有力的资金保障。

二、构建多双边合作机制，为林业高等教育国际化发展搭建合作平台

在中国现有高等教育和林业国际合作机制与平台的基础上，应进一步与国外政府、教育及林业主管部门、涉林高校联盟、行业组织等签订多双边合作协议，在国家层面构建起推动林业高等教育国际合作的机制和平台。协议内容包括但不限于学科专业认证、课程学分互认、联合授予学位、产学研融合、教学科研成果转化等。在合作协议基础上，进一步发起开展林业高等教育国际或地区合作行动或倡议等，破除中国涉林高校与国外涉林高校、科研机构、行业企业等开展合作的体制机制壁垒，通过举办与林业高等教育有关的国际会议、行业展会、专业竞赛、学术论坛等，为中国涉林高校开展国际交流合作提供多元化平台，为林业高等教育国际化发展合作平台战略的有效实施做好顶层设计和结构支撑。

第二节　高校层面的自身投入措施

涉林高校作为林业高等教育国际化发展的最直接参与主体，在享受并落实国家层面相关政策的同时，也必须从自身角度出发，制定相关政策，采取相关措施，确保资源引进、对外拓展、合作平台、能力建设等各项战略的有效实施。

一、构建校内联动机制，为林业高等教育国际化发展提供充足内生动力

涉林高校应结合自身国际化发展目标定位，制定符合自身实际情况的国际化发展战略规划，以此作为纲领性文件长期指导自身的国际化发展。国际化发展战略规划除了明确总体方向、阶段目标、保障措施外，更重要的是要对国际化发展的各项任务、职责进行划分。以外事主管部门作为牵头单位，组织、人事、教务、科研、财务、校内各学院、后勤以及相关教辅单位形成工作合力，各司其职，在国际化发展战略规划框架下，有序推进各项任务目标的落实。

全面推进国际化发展是涉及高校内部多个部门和单位协同作战的综合体系，外事部门作为主责单位，还需要其他相关部门和单位的全力配合才能有效开展各项工作。在推进资源引进战略时，需要人事部门和相关学院配合开展教师赴外交流访学、外籍教师聘任聘用以及国外智力资源引进等，需要教务、研究生、学生管理等部门和相关学院配合开展学生赴外交流、赴外留学等，需要校友部门配合开展海外校友资源开发等。在推进对外拓展战

略时，需要教务、研究生、学生管理等部门和相关学院配合开展来华留学教育、来华人力资源培训、对外合作办学等，此外还需要综合规划部门配合完成各类海外分支机构的建设工作。在推进合作平台战略时，需要组织、人事、教学、科研等各有关部门根据现有国内外各项合作倡议、文件、机制以及相关合作组织等制定相应配套政策，开展相关工作，系统综合有效地对接各大合作平台，充分利用各类平台资源推进国际化发展，此外还需要综合规划等部门参与组建林业高等教育自主国际合作平台，为中国林业高等教育真正实现“走出去”创造主场条件。在推进能力建设战略时，需要涉林高校党委进行统一谋划，从高校整体发展的角度出发，协调组织、人事、教学、科研、财务、各学院等相关单位为国际化意识建设、国际化素质建设、国际化设施建设、国际化校园建设等提供充足的政策、财政、人力、物力等方面的保障，确保各项战略目标的实现。

二、提供充足经费保障，为林业高等教育国际化发展奠定坚实物质基础

推进落实各项国际化发展战略必须有雄厚的财力作为支撑。涉林高校在国家各类财政拨款和专项资金的基础上，应根据自身国际化发展定位和财务状况，设置校内专项资金资助师生赴外进行学术文化科技交流、招收外国留学生来华交流学习、开展来华人力资源培训、聘任聘用优秀外籍师资、开展对外合作办学、建设海外分支机构、组建林业高等教育合作组织等。同时，应以项目制的形式设立专项基金，鼓励校内学科专业、教学科研团队等申请开展国际联合科研项目或课题攻关、实施国际推广示范项目、建设联合实验室或研究中心等。此外，还应积极争取社会资金的支持，与国内外相关行业企业、国际组织、社会团体等开展合作，以产学研联动作为抓手，通过联合开展学术科研竞赛、规划设计竞赛、创新实习实践项目等形式，资助涉林高校师生开展对外交流合作，产出具有国际影响力的学术、科研以及应用成果，从成果转化的角度推进林业高等教育国际化发展。

第三节　社会层面的资源共享措施

林业高等教育作为行业特色鲜明的高等教育门类，在其发展过程中与相关行业的企事业单位、行业组织、社会团体等存在着极为紧密的联系。涉林高校培养的学生为这些社会机构提供了源源不断的优秀人才，而这些社会机构通过人员、项目、资金等形式的往来和合作，同样对涉林高校以及林业高等教育的发展起到了重要的推动作用。因此，在推动林业高等教育国际化发展的过程中，社会机构和民间组织也扮演着重要的角色。

一、深化横向人才合作，为林业高等教育人才培养国际化拓展更多渠道

与林业高等教育相关的行业企业、科研机构、社会团体等可通过资金投入的形式参与涉林高校国际化人才培养，如设立专项奖学金资助涉林高校招收外国留学生、设立专项资金开展国际专业竞赛、提供专项资助开展国际专业技术培训、以赞助方形式支持涉林高校开展专业性国际会议等。以资金支持的形式开展各类国际化人才交流活动，不仅能以多样

化的形式提升林业高等教育人才培养国际化水平，同时也将为参与合作的社会机构提供全方位的展示平台，并且以最直观的方式发现潜在的优质人力资源，最终实现林业高等教育与相关行业领域的共赢局面。

随着中国对外开放的不断深化，行业类国际组织对于中国林业发展也起到了越来越重要的作用，特别是对于中国林业争取国际话语权具有重要意义。涉林高校应积极对照《教育部关于促进普通高校毕业生到国际组织实习工作的通知》精神，认真落实教育部关于鼓励高校毕业生赴国际组织实习工作的各项部署，主动与境内外相关国际组织建立联系，并与其商讨建立选派毕业生实习工作的相关机制，充分发挥国际组织对于人才培养国际化的促进作用，为中国林业高等教育国际化发展开辟新的广阔路径，也进一步服务于中国林业“走出去”战略。

此外，高校与第三方留学服务机构之间的合作近年来也呈现快速发展的趋势，涉林高校也应充分发挥民间或半官方留学服务机构对于人才培养国际化的促进作用。根据第三方留学机构的服务内容和性质，涉林高校可根据自身需求开展中国学生赴外交流学习、短期研修、实习实践、参加志愿服务等，同时可以招收外国留学生来校攻读学位、进行短期学术文化交流等。通过与第三方留学机构开展市场化合作，涉林高校可以快速扩大学生出国和留学生来华的规模和类别，在较少占用校内资源的同时，加快提升人才培养国际化水平。

二、加强专业技术转化，为林业高等教育科学研究国际化创造更大空间

涉林高校作为林业科学研究的高级终端，掌握着大量的科研成果和核心技术，而这些成果只有进入市场转化为生产力才能最终实现其应有价值，在这一过程中就需要林业行业企业来搭建有力渠道。林业行业企业可与涉林高校在共同感兴趣的领域，结合国际或区域生态、经济、社会发展热点，开展境外成果推广或技术转化，或在境外开展专业技术培训和产业发展指导等。通过在境外开展科研成果的国际化推广，构建起国际化产学研链条，在向外推广中国林业高等教育科研成果的同时，利用相关成果转化收益反哺涉林高校科研活动，从而形成林业高等教育国际化科学研究内生式发展闭环，最终服务于中国林业高等教育整体的国际化发展。

参 考 文 献

[1] 简·奈特．激流中的高等教育：国际化变革与发展［M］．刘东风，陈巧云，译．北京：北京大学出版社，2011：7-8.
[2] 林元旦．经济全球化与高等教育国际化［J］．广西社会科学，2005（1）：184.
[3] 汪敏华，刘春芳，张洁．经济全球化与高等教育国际化对高等教育的影响及对策［J］．理论与现代化，2005（5）：93.
[4] 刘晓亮．地方高校教育国际化问题研究［D］．长春：东北师范大学，2015.
[5] 赵蒙，周川．高等教育国际化的新趋势及我国的对策［J］．中国农业教育，2000（1）：19.
[6] 刘勇．世界林业教育发展趋势［J］．世界林业教育，1996（2）：13.
[7] NICK B. A critical review of forestry education［J］. Bioscience education，2003，1（1）：1-9.
[8] Cooper R J. Trends in forestry education［J］. Forestry and timber news，2006，（17）：27.
[9] ANDREAS O. Current status and future pathways in the academic study of forestry［J］. Forestry and timber news，2011，（44）：23.
[10] JAMES W，PETER S，JEFF B，et al. Forestry In British higher education［J］. Quarterly journal of forestry，2015，109（4）：268-273.
[11] TED W，ADAM T. Pathways to success for future foresters：Higher education courses in forestry and arboriculture in the United Kingdom.［J］. Quarterly journal of forestry，2017，111（3）：163-165.
[12] TERRY L S，STACEY L F. Student perspectives on enrolling in undergraduate forestry degree programs in the United States［J］. Journal of natural resources and life sciences education，2011，40：160-166.
[13] JERRY L B，COLMORE S C，BRENDA M A，et al. Forestry students' global perspectives and attitudes toward cultural diversity1［J］. NACTA journal，2015，59（1/4）：201-206.
[14] AREVALO J，ENKENBERG J，PITKANEN S，et al. Motivation of foreign students seeking a multi-institutional forestry master's degree in Europe.［J］. Journal of forestry，2011，109（2）：69-73.
[15] ANDERSEN F，KONIJNENDIJK C C，RANDRUP T B. Higher education on urban forestry in Europe：An overview［J］. Forestry，2002，75（5）：501-511.
[16] 彭斌，周吉林．生态文明下的林业高校发展战略与思考［J］．高等农业教育，2014（2）：24.
[17] 陈文斌，黄清，周玉华，等．林业高等教育在生态文明建设中的新使命研究［J］．林业经济，2018（6）：43.
[18] 孙洪志，张春雷，李本昌，等．加强林业学科建设服务林业发展和生态文明建设：以东北林业大学为例［J］．中国林业教育，2016（1）：14.
[19] 徐新洲．基于创新主体的林业高校协同创新建设探索［J］．吉林省教育学院学报，2015（8）：77.
[20] 万志兵，方乐金．林业产业的发展对高等林业教育的影响［J］．吉林农业科技学院学报，2014（9）：62.

[21] 任建武，段红祥，姜英淑，等．“健康中国”建设背景下高等林业院校服务社会职能的探讨：以北京林业大学为例 [J]．中国林业教育，2017 (9)：143.
[22] 田阳．“一带一路”背景下的林业高等教育国际合作 [J]．高等农业教育，2017 (4)：7-9.
[23] 安勇，李晓灿．高等农林院校全面提高人才培养能力的实践探索：以东北林业大学为例 [J]．中国林业教育，2018 (3)：6.
[24] 李梅．森林文化教育在林学本科人才培养中的功能 [J]．中国林业教育，2014 (1)：5.
[25] 张鑫，郭梦娇．农林类高校大类招生模式下大学生的学业发展及管理：以北京林业大学为例 [J]．河南农业，2016 (10)：6-9.
[26] 乜晓燕．林业院校本科实践教学改革研究 [J]．黑龙江畜牧兽医，2014 (12)：130-132.
[27] 何志祥，祝海波．基于素质教育的林业院校硕士生课程体系改革探析 [J]．湖南税务高等专科学校学报，2015 (12)：71-72.
[28] 吴海波，张志华．提高林科类研究生培养质量的探索与实践：以西南林业大学为例 [J]．中国林业教育，2011 (3)：54.
[29] 毕华兴．全日制林业硕士专业学位研究生培养的现状、问题及对策 [J]．中国林业教育，2014 (6)：40.
[30] 章轶斐，贠小琴，田呈明，等．林业专业硕士研究生培养体系的建设：以北京林业大学为例 [J]．中国林业教育，2017 (3)：39.
[31] 张林平，刘苑秋，赖小莲，等．基于实践教学模式的林业专业硕士实践教学基地建设的研究：以江西农业大学为例 [J]．中国林业教育，2019 (1)：53.
[32] 詹卉，段文婕，黄琛，等．教育国际化助推林业高校一流学科建设 [J]．西南林业大学学报，2018 (4)：85-88.
[33] 聂丽萍，刘宏文，吴琼．高等农林院校“双一流”建设面临的问题及对策 [J]．中国林业教育，2019 (1)：1-6.
[34] 庞燕，王忠伟．林业工程学科结构调整与人才培养机制创新：以中南林业科技大学森林工程学科为例 [J]．高教学刊，2019 (3)：40-41.
[35] 马中青，孙伟圣，李光耀，等．浙江农林大学林业工程类专业人才培养体系的构建与实践 [J]．教育教学论坛，2019 (3)：160.
[36] 周吉林，翟华敏，彭斌．卓越林业工程师培养的实践与思考：以南京林业大学轻化工程专业为例 [J]．中国林业教育，2012 (9)：1.
[37] 胡增辉，冷平生，郑健．对城市林业高等教育的探讨 [J]．高教论坛，2013 (4)：20.
[38] 沈月琴，徐秀英，李兰英，等．林业经济管理类课程教学改革与实践 [J]．中国林业教育，2010 (1)：64-66.
[39] 米锋．农林经济管理专业国际合作办学体系构建的探讨：以北京林业大学为例 [J]．中国林业教育，2017 (1)：26-30.
[40] 贺超，刘靖雯．农林经济管理专业本科毕业生就业问题及对策研究：以北京林业大学为例 [J]．中国林业教育，2018 (5)：31.
[41] 李芳，张为民．高等林业院校保持办学特色的思考 [J]．中国林业教育，2011 (3)：5-8.
[42] 周统建．林业高等院校办学特色建设的探讨 [J]．中国林业教育，2010 (3)：8.
[43] DE W H. Internationalization of higher education in the United States of America and Europe：A historical，comparative and conceptual analysis [M]. Westport C T：Greenwood Press，2001：111.

[44] ARUM S, VAN D W J. The need for a definition of international education in U. S. Universities. In C. Klasek (Ed.)
[45] KNIGHT J. Internationalization: Management strategies and issues [J]. International education magazine, 1993, 9: 6, 21-22.
[46] VAN D W M. Missing links: The relationship between national policies for internationalization of higher education in Europe [R]. Stockholm: Hogskoleverket Studies, National Agency for Higher Education, 1997, 23: 10-41.
[47] KIGNT J. Internationalization of higher education: New directions, new challenges [M]. Paris: International Association of Universities, 2006: 16-19.
[48] PHILIP G A, 蒋凯. 中心与边缘的大学 [J]. 高等教育研究, 2001 (7): 22-23.
[49] 杨洁, 王建慧. 阿特巴赫高等教育国际化研究的理论框架 [J]. 长春理工大学学报, 2013 (6): 152-153.
[50] 简·奈特. 激流中的高等教育: 国际化变革与发展 [M]. 刘东风, 陈巧云, 译. 北京: 北京大学出版社, 2011: 38-42.
[51] NEAVE G. Democracy and governance in higher education [J]. European journal for education law and policy, 1998 (2): 2.
[52] VAN D W M. Higher education globally: Towards new frameworks for higher education research and policy [M]. Enschede: Twente University Press, 2002: 68.
[53] JOHN L D. Issues in the development of universities' strategies for internationalization [EB/OL]. (2001-02-05) [2010-01-09]. http: //www. ipv. pt/millienium/davies11. htm.
[54] RAMI M A, HIBA K M. The strategy of internationalization in universities: A quantitative evaluation of the intent and implementation [J]. International journal of education management, 2007 (4): 335-360.
[55] BRANDENBURG U. How to measure the Internationalization of higher education institutions [J]. Occasional paper 22, 2009 (5): 33-36.
[56] ROMUALD E J R. The application of a strategic management model to the internationalization of higher education institutions [J]. Higher education, 1995, 29 (4): 332-333.
[57] 刘晓亮. 地方高校教育国际化问题研究 [D]. 长春: 东北师范大学, 2015.
[58] KEES M, HANS V D. The internationalization cube: A tentative model for the study of organization designs and results of internationalization in higher education [J]. Higher education, 1990, 29 (2): 12-13.
[59] 闫嵘. 中国高等教育国际化进程与反思 [D]. 西安: 陕西师范大学, 2000.
[60] 杨敏, 夏冬杰, 杨启宁. 从高等教育教材引进历程看我国高等教育国际化进程中的政治文化因素 [J]. 晋中学院学报, 2009 (10): 113.
[61] 李珩. 我国高等教育国际化思维定式变革研究 [J]. 国家教育行政学院学报, 2010 (5): 61-63.
[62] 陈昌贵. 国际合作: 高等学校的第四项职能: 兼论中国高等教育的国际化 [J]. 高等教育研究, 1998, (5): 12.
[63] 王文. 我国大学国际化评价研究 [D]. 徐州: 中国矿业大学, 2011.
[64] 蔡映辉. 中国高等教育国际化的问题及对策 [J]. 教育与考试, 2008 (5): 45.
[65] 肖红梅, 钟贞山. 论中国高等教育国际化的几个问题 [J]. 江西科技师范学院学报, 2005 (1):

27－28.
[66] 郭勤．中国高等教育国际化问题研究 [D]．长沙：湖南师范大学，2003.
[67] 袁圣军，符伟．中国高等教育的国际化：挑战与对策 [J]．河北师范大学学报，2012（14）：38－40.
[68] 张书祥．我国高等教育国际化研究 [D]．郑州：郑州大学，2006.
[69] 时晨晨．澳大利亚“新科伦坡计划”政策及其实施效果探析 [J]．郑州师范教育，2018（1）：30－36.
[70] 徐瑾劼，张民选．美国国际教育发展战略（2012—2016）评述 [J]．外国教育研究，2014（2）：36－44.
[71] 李晓述．加拿大国际教育战略介评 [J]．科教导刊，2017（8）：5－6.
[72] 索长清，姚伟．加拿大国际教育战略的出台背景、行动框架及其现实困境 [J]．外国教育研究，2014（6）：42－49.
[73] 张欣亮．《爱尔兰国际教育战略 2016—2020》述评 [J]．现代基础教育研究，2017，25（1）：33.
[74] 呙小明，黄森，汪世珍．新加坡高等教育国际化战略及其对我国地方高校的启示 [J]．2018（30）：24，97－98.
[75] 温雪梅．教育国际化与中国高等教育国际化服务发展研究 [D]．长沙：湖南师范大学，2010.
[76] 仇鸿伟．高等教育国际化与中国的战略 [J]．理论前沿，2012（10）：31－32.
[77] 季舒鸿，张立新．论中国高等教育国际化及其着力点 [J]．教育与职业，2012（6）：11.
[78] 邢文英，陈艳春．中国高等教育的国际化：趋势、问题与对策 [J]．河北师范大学学报，2014（16）：22.
[79] LESLIE A D，WILSON E R，STARR C B. The current state of professional forestry education in the United Kingdom [J]. The international forestry review，2006，8（3）：339－349.
[80] AREVALO J，MOLA-YUDEGO B，PELKONEN P，et al. Students' views on forestry education：A cross-national comparison across three universities in Brazil，China and Finland [J]. Forest policy and economics，2012，25：123－131.
[81] SPENCE J R，MAC L，D A，et al. The TRANSFOR success story：International forestry education through exchange [J]. The forestry chronicle，2010，86（1）：57－62.
[82] JOHN I，WANG G Y，ZENG M Q. Growing Higher Forestry Education in a Changing World [M]. 北京：中国林业出版社，2018.
[83] Global Outlook of Forest Education—A Pilot Study Report [R]. Vienna，Austria，2017.
[84] 张强．中外合作办学与高等农业院校的发展 [J]．教学研究，2004（1）：24－26.
[85] 赵庶吏．北京农业职业学院中外合作办学实践与思考 [J]．北京农业职业学院学报，2012（5）：63－66.
[86] 黄雁鸿．西部地方农业院校中外合作办学发展对策探析 [J]．中国科技创新导刊，2012（19）：1.
[87] 刘勇．世界林业教育发展趋势 [J]．世界林业研究，1996（2）：11－17.
[88] 区余端，苏志尧．加拿大林业研究生教育的研究及其启示 [J]．中国林业教育，2008（6）：72－73.
[89] 王锦．欧洲和澳大利亚林业高等教育国际合作的启示 [J]．教育新视野，2010（6）：35－38.
[90] 徐宽乐．农林高校来华留学研究生教育现状与对策研究 [D]．南京：南京农业大学，2007.
[91] 张世泽，黄丽丽，江淑平．农林院校本科生国际化教育路径探究 [J]．黑龙江教育，2014（9）：

67－68.
[92] 中国林业教育学会秘书处．中国林业教育发展分析报告［R］．北京：北京林业大学，2020.
[93] JOHN I，WANG G Y，ZENG M Q. Growing higher forestry education in a changing world》［M］. Beijing：China Forestry Publishing House，2018.
[94] 田阳．“一带一路”背景下的林业高等教育国际合作［J］．高等农业教育，2017（4）：7－9.
[95] 佚名，林业援外人力资源开发合作“十三五”规划［R］．北京：国家林业局，2016.
[96] 赵树丛．亚太森林组织发展研究［M］．北京：中国林业出版社，2018.

附　录

涉林高等教育国际化发展调查问卷（中国学生）

性别：□男　□女

年龄：□18 岁以下　□18～25　□26～30　□31～35　□36～40　□40 以上

专业：　　生源地：

是否是中外合作办学专业：□是　□否

学生类型：□本科　□硕士　□博士　□其他

您是否有过海外学习生活经历？　□是　□否

您毕业后是否有出国深造或就业的打算？　□是　□否

一、涉林高等教育国际化功能评价

您认为涉林高等教育国际化在以下几方面是否起到促进作用？

功能类型	打分（“1→5”代表“作用很小→作用很大”）	具体功能	打分（“1→10”代表“作用很小→作用很大”）
提升专业素养		提升涉林专业国际竞争力	
		拓宽涉林专业国际视野	
		掌握涉林专业最新国际前沿	
		提高涉林专业外语水平	
促进个人发展		帮助涉林专业毕业生择业	
		帮助涉林专业毕业生创业	
		帮助涉林专业毕业生深造	
推动国际交往		拓宽涉林国际交流渠道	
		促进涉林国际学术科研合作	
		加快涉林优质教育资源流动	

二、涉林高等教育国际化总体认知评价

1. 您认为中国涉林高等教育是否有必要进行国际化发展？

□非常有必要　□有必要　□一般　□不太必要　□没有必要

2. 您认为现阶段中国涉林高等教育进行国际化发展的紧迫性是？

□非常紧迫　□紧迫　□一般　□不太紧迫　□不紧迫

3. 您对中国涉林高等教育国际化水平的总体评价是?
□非常满意 □满意 □一般 □不满意 □非常不满意

三、涉林高等教育师资国际化认知评价

1. 您对本校授课教师的国际化水平总体评价是?
□非常满意 □满意 □一般 □不满意 □非常不满意

2. 您对本校授课教师的国际化视野是否满意?
□非常满意 □满意 □一般 □不满意 □非常不满意

3. 您对本校授课教师的国际交往能力是否满意?
□非常满意 □满意 □一般 □不满意 □非常不满意

4. 您对本校授课教师的英文水平是否满意?
□非常满意 □满意 □一般 □不满意 □非常不满意

四、涉林高等教育教学国际化认知评价

1. 您对本校教学国际化水平的总体评价是?
□非常满意 □满意 □一般 □不满意 □非常不满意

2. 您对本校课程国际化水平是否满意?
□非常满意 □满意 □一般 □不满意 □非常不满意

3. 您对本校教材国际化水平是否满意?
□非常满意 □满意 □一般 □不满意 □非常不满意

4. 您对本校教学设施国际化水平是否满意?
□非常满意 □满意 □一般 □不满意 □非常不满意

五、涉林高等教育科研国际化认知评价

1. 您是否参与过国际科研合作项目?
□是 □否

2. 您对本校科研国际化水平的总体评价是?
□非常满意 □满意 □一般 □不满意 □非常不满意

3. 您对本校科研设施国际化水平是否满意?
□非常满意 □满意 □一般 □不满意 □非常不满意

六、涉林高等教育管理国际化认知评价

1. 您对本校行政管理体系国际化水平的总体评价是?

□非常满意 □满意 □一般 □不满意 □非常不满意

2. 您对本校行政职能部门工作人员的英语水平是否满意?

□非常满意 □满意 □一般 □不满意 □非常不满意

3. 您对本校行政职能部门工作人员的国际化工作能力是否满意?

□非常满意 □满意 □一般 □不满意 □非常不满意

4. 您对本校行政职能部门工作人员的国际交往能力是否满意?

□非常满意 □满意 □一般 □不满意 □非常不满意

七、涉林高等教育国际化高校建设认知评价

1. 您对本校国际化发展水平的总体评价是?

□非常满意 □满意 □一般 □不满意 □非常不满意

2. 您对本校国际化发展定位是否满意?

□非常满意 □满意 □一般 □不满意 □非常不满意

3. 您对本校国际化发展现状是否满意?

□非常满意 □满意 □一般 □不满意 □非常不满意

4. 您对本校学术人文交流国际化水平是否满意?

□非常满意 □满意 □一般 □不满意 □非常不满意

5. 您对本校基础设施建设国际化水平是否满意?

□非常满意 □满意 □一般 □不满意 □非常不满意

6. 您对本校学生国际交流项目是否满意?

□非常满意 □满意 □一般 □不满意 □非常不满意

八、涉林高等教育国际化需求调查

请评价以下因素对提升中国涉林高等教育国际化水平的影响程度。

影响因素	打分（“1→10”代表“影响很小→影响很大”）
国家政策支持	
国家资金支持	
引进国外优质师资	
引进国外优质课程	
引进国外优质教材	
开展合作办学项目	
开展校际交流项目	
开展短期游学项目	
开展国际学术交流	
开展国际科研合作	
如您认为有其他影响因素请加以说明并打分：	

请列出您认为以上因素中最应该加强的三个方面：

1.

2.

3.

您对于中国涉林高等教育国际化发展还有哪些建议？

谢谢！

涉林高等教育国际化调查问卷（教职员工）

性别：□男　□女

年龄：□26 以下　□26～30　□31～35　□36～40　□41～45　□46～50
□51～55　□55 岁以上

专业：

职业类型：□教师　□管理人员

如果您是教师，是否是国际学生授课教师或导师？□是　□否

如果您是国际学生授课教师或导师，累计指导国际学生多长时间？____年

如果您是管理人员，是否在外事部门工作？□是　□否

如果您在外事部门工作，累计从事外事工作多长时间？____年

学历：□本科　□硕士　□博士　□其他

职称：□讲师/助理研究员　□副教授/副研究员　□教授/研究院　□其他

您是否有海外学习深造经历？□是　□否

您在工作中是否参与对外交流活动？□是　□否

一、涉林高等教育国际化功能评价

您认为涉林高等教育国际化在以下几方面能否起到促进作用？

功能类型	打分（“1→5”代表“作用很小→作用很大”）	具体功能	打分（“1→10”代表“作用很小→作用很大”）
提升专业素养		提升涉林专业国际竞争力	
		拓宽涉林专业国际视野	
		掌握涉林专业最新国际前沿	
		提高涉林专业外语水平	
促进个人发展		帮助涉林专业毕业生择业	
		帮助涉林专业毕业生创业	
		帮助涉林专业毕业生深造	
推动国际交往		拓宽涉林国际交流渠道	
		促进涉林国际学术科研合作	
		加快涉林优质教育资源流动	

二、涉林高等教育国际化总体认知评价

1. 您认为中国涉林高等教育是否有必要进行国际化发展？

□非常有必要　□有必要　□一般　□不太必要　□没有必要

2. 您认为现阶段中国涉林高等教育进行国际化发展的紧迫性是？

□非常紧迫　□紧迫　□一般　□不太紧迫　□不紧迫

3. 您对中国涉林高等教育国际化水平的总体评价是？
□非常满意　□满意　□一般　□不满意　□非常不满意

三、涉林高等教育师资国际化认知评价

1. 您对本校授课教师国际化水平的总体评价是？
□非常满意　□满意　□一般　□不满意　□非常不满意

2. 您对本校授课教师的国际化视野是否满意？
□非常满意　□满意　□一般　□不满意　□非常不满意

3. 您对本校授课教师的国际交往能力是否满意？
□非常满意　□满意　□一般　□不满意　□非常不满意

4. 您对本校授课教师的英文水平是否满意？
□非常满意　□满意　□一般　□不满意　□非常不满意

四、涉林高等教育教学国际化认知评价

1. 您对本校教学国际化水平的总体评价是？
□非常满意　□满意　□一般　□不满意　□非常不满意

2. 您对本校课程国际化水平是否满意？
□非常满意　□满意　□一般　□不满意　□非常不满意

3. 您对本校教材国际化水平是否满意？
□非常满意　□满意　□一般　□不满意　□非常不满意

4. 您对本校教学设施国际化水平是否满意？
□非常满意　□满意　□一般　□不满意　□非常不满意

五、涉林高等教育科研国际化认知评价

1. 您是否参与过国际科研合作项目？
□是　□否

2. 您对本校科研国际化水平的总体评价是？
□非常满意　□满意　□一般　□不满意　□非常不满意

3. 您对本校科研设施国际化水平是否满意?
□非常满意 □满意 □一般 □不满意 □非常不满意

六、涉林高等教育管理国际化认知评价

1. 您对本校行政管理体系国际化水平的总体评价是?
□非常满意 □满意 □一般 □不满意 □非常不满意

2. 您对本校行政职能部门工作人员的英语水平是否满意?
□非常满意 □满意 □一般 □不满意 □非常不满意

3. 您对本校行政职能部门工作人员的国际化工作能力是否满意?
□非常满意 □满意 □一般 □不满意 □非常不满意

4. 您对本校行政职能部门工作人员的国际交往能力是否满意?
□非常满意 □满意 □一般 □不满意 □非常不满意

七、涉林高等教育国际化高校建设认知评价

1. 您对本校国际化发展水平的总体评价是?
□非常满意 □满意 □一般 □不满意 □非常不满意

2. 您对本校国际化发展定位是否满意?
□非常满意 □满意 □一般 □不满意 □非常不满意

3. 您对本校国际化发展现状是否满意?
□非常满意 □满意 □一般 □不满意 □非常不满意

4. 您对本校学术人文交流国际化水平是否满意?
□非常满意 □满意 □一般 □不满意 □非常不满意

5. 您对本校基础设施建设国际化水平是否满意
□非常满意 □满意 □一般 □不满意 □非常不满意

6. 您对本校教职员工国际交流项目是否满意?
□非常满意 □满意 □一般 □不满意 □非常不满意

八、涉林高等教育国际化需求调查

请评价以下因素对提升涉林高等教育国际化水平的影响程度:

影响因素	打分（“1→10”代表“影响很小→影响很大”）
国家政策支持	
国家资金支持	
引进国外优质师资	
引进国外优质课程	
引进国外优质教材	
开展合作办学项目	
开展校际交流项目	
开展短期游学项目	
开展国际学术交流	
开展国际科研合作	
如您认为有其他影响因素请加以说明并打分：	

请列出您认为以上因素中最应该加强的三个方面：

1.

2.

3.

您对于中国涉林高等教育国际化发展还有哪些建议？

谢谢！

涉林高等教育国际化调查问卷（国际学生）

性别：□男 □女

年龄：□18 岁以下 □18～25 □26～30 □31～35 □36～40 □40 以上

国籍：

专业：

学生类型：□本科 □硕士 □博士 □交换生 □其他

除了你的祖国和中国，你是否还有在其他国家学习生活过的经历？□是 □否

一、涉林高等教育国际化功能评价

您认为涉林高等教育国际化在以下几方面能否起到促进作用？

功能类型	打分（“1→5”代表“作用很小→作用很大”）	具体功能	打分（“1→10”代表“作用很小→作用很大”）
提升专业素养		提升涉林专业国际竞争力	
		拓宽涉林专业国际视野	
		掌握涉林专业最新国际前沿	
		提高涉林专业外语水平	
促进个人发展		帮助涉林专业毕业生择业	
		帮助涉林专业毕业生创业	
		帮助涉林专业毕业生深造	

二、涉林高等教育国际化总体认知评价

1. 您认为中国涉林高等教育是否有必要进行国际化发展？

□非常有必要 □有必要 □一般 □不太必要 □没有必要

2. 您认为现阶段中国涉林高等教育进行国际化发展的紧迫性是？

□非常紧迫 □紧迫 □一般 □不太紧迫 □不紧迫

3. 您对中国涉林高等教育国际化水平的总体评价是？

□非常满意 □满意 □一般 □不满意 □非常不满意

三、涉林高等教育师资国际化认知评价

1. 您对授课教师的国际化水平总体评价是？

□非常满意 □满意 □一般 □不满意 □非常不满意

2. 您对授课教师的国际化视野是否满意？

□非常满意　□满意　□一般　□不满意　□非常不满意

3. 您对授课教师的国际交往能力是否满意?
□非常满意　□满意　□一般　□不满意　□非常不满意

4. 您对授课教师的英文水平是否满意?
□非常满意　□满意　□一般　□不满意　□非常不满意

四、涉林高等教育教学国际化认知评价

1. 您对本校教学国际化水平的总体评价是?
□非常满意　□满意　□一般　□不满意　□非常不满意

2. 您对本专业课程国际化水平是否满意?
□非常满意　□满意　□一般　□不满意　□非常不满意

3. 您对本专业教材国际化水平是否满意?
□非常满意　□满意　□一般　□不满意　□非常不满意

4. 您对本专业教学设施国际化水平是否满意?
□非常满意　□满意　□一般　□不满意　□非常不满意

五、涉林高等教育科研国际化认知评价

1. 您是否参与过国际科研合作项目?
□是　□否

2. 您对本校科研国际化水平的总体评价是?
□非常满意　□满意　□一般　□不满意　□非常不满意

3. 您对本校科研设施国际化水平是否满意?
□非常满意　□满意　□一般　□不满意　□非常不满意

六、涉林高等教育管理国际化认知评价

1. 您对本校行政职能部门工作人员的国际化水平的总体评价是?
□非常满意　□满意　□一般　□不满意　□非常不满意

2. 您对本校行政职能部门工作人员的英语水平是否满意?
□非常满意　□满意　□一般　□不满意　□非常不满意

3. 您对本校行政职能部门工作人员的国际化工作能力是否满意？
□非常满意 □满意 □一般 □不满意 □非常不满意

4. 您对本校行政职能部门工作人员的国际交往能力是否满意？
□非常满意 □满意 □一般 □不满意 □非常不满意

七、涉林高等教育国际化高校建设认知评价

1. 您对本校国际化发展水平的总体评价是？
□非常满意 □满意 □一般 □不满意 □非常不满意

2. 您对本校国际化发展定位是否满意？
□非常满意 □满意 □一般 □不满意 □非常不满意

3. 您对本校国际化发展现状是否满意？
□非常满意 □满意 □一般 □不满意 □非常不满意

4. 您对本校学术人文交流国际化水平是否满意？
□非常满意 □满意 □一般 □不满意 □非常不满意

5. 您对本校基础设施建设国际化水平是否满意
□非常满意 □满意 □一般 □不满意 □非常不满意

6. 您对本校学生国际交流项目是否满意？
□非常满意 □满意 □一般 □不满意 □非常不满意

八、涉林高等教育国际化需求调查

请评价以下因素对提升涉林高等教育国际化水平的影响程度：

影响因素	打分（“1→10”代表“影响很小→影响很大”）
国家政策支持	
国家资金支持	
引进国外优质师资	
引进国外优质课程	
引进国外优质教材	
开展合作办学项目	
开展校际交流项目	
开展短期游学项目	
开展国际学术交流	
开展国际科研合作	

（续）

影响因素	打分（“1→10”代表“影响很小→影响很大”）
如您认为有其他影响因素请加以说明并打分：	

请列出您认为以上因素中最应该加强的三个方面：

1.

2.

3.

您对中国涉林高等教育国际化发展还有哪些建议？

谢谢！

Questionnaire on Internationalization of China's Forestry-related Higher Education

Gender：□Male □Female

Age：□below 18 □18～25 □26～30 □31～35 □36～40 □above 40

Nationality：

Major：

Student Type：□Bachelor □Master □PhD □Exchange Student □Others

Except your homeland and China，have you ever lived or studied in any other countries? □Yes □No

Ⅰ. Functions of internationalization of forestry-related higher education

How do you describe the importance of internationalization of forestry-related higher education in performing the following functions?

Function Type	Score（"1→5" stands for "very unimportant→very important"）	Specific Functions	Score（"1→10" stands for "very unimportant→very important"）
Promote professionalism		Strengthen professional international competitiveness	
		Broaden professional horizons	
		Understand professional international frontiers	
		Develop professional foreign language proficiency	
Facilitate personal development		Assist graduates with their job hunting	
		Assist graduates to start their own business	
		Assist graduates with their further studies	
Enhance international exchanges		Broaden channels for international exchanges	
		Facilitate international academic and research cooperation	
		Accelerate the mobility of quality education resources	

Ⅱ. General Evaluation of Internationalization of China's Forestry-related Higher Education

1. Do you think it is necessary for China to conduct the internationalization of forestry-related higher education?

□Very necessary □Necessary □Neutral □Not so necessary □Unnecessary

2. Do you think it is currently urgent for China to push forward the internationalization of forestry-related higher education?

□Very urgent □Urgent □Neutral □Not so urgent □not urgent

3. What is your general evaluation of the internationalization of China's forestry-related higher education?

□Very satisfied □Satisfied □Neutral □Unsatisfied □Very unsatisfied

Ⅲ. Internationalization of Teaching Staff

1. What is your general evaluation of the internationalization of teaching staff in your university?

□Very satisfied □Satisfied □Neutral □Unsatisfied □Very unsatisfied

2. Are you satisfied with the international vision of teaching staff in your university?

□Very satisfied □Satisfied □Neutral □Unsatisfied □Very unsatisfied

3. Are you satisfied with the international exchange competence of teaching staff in your university?

□Very satisfied □Satisfied □Neutral □Unsatisfied □Very unsatisfied

4. Are you satisfied with the English language proficiency of teaching staff in your university?

□Very satisfied □Satisfied □Neutral □Unsatisfied □Very unsatisfied

Ⅳ. Internationalization of Teaching Arrangement

1. What is your general evaluation of the internationalization of teaching arrangements in your university?

□Very satisfied □Satisfied □Neutral □Unsatisfied □Very unsatisfied

2. Are you satisfied with the internationalization of courses in your university?

□Very satisfied □Satisfied □Neutral □Unsatisfied □Very unsatisfied

3. Are you satisfied with the internationalization of textbooks in your university?

□Very satisfied □Satisfied □Neutral □Unsatisfied □Very unsatisfied

4. Are you satisfied with the internationalization of teaching facilities in your university?

□Very satisfied □Satisfied □Neutral □Unsatisfied □Very unsatisfied

Ⅴ. Internationalization of Researches

1. Have you ever participated in international research projects?

□Yes □No

2. What is your general evaluation of the internationalization of research projects in your university?

□Very satisfied □Satisfied □Neutral □Unsatisfied □Very unsatisfied

3. Are you satisfied with the internationalization of research facilities in your university?

□Very satisfied □Satisfied □Neutral □Unsatisfied □Very unsatisfied

Ⅵ. Internationalization of Administration

1. What is you general evaluation of the internationalization of administrative system in your university?

□Very satisfied □Satisfied □Neutral □Unsatisfied □Very unsatisfied

2. Are you satisfied with the English language proficiency of administrative staff in your university?

□Very satisfied □Satisfied □Neutral □Unsatisfied □Very unsatisfied

3. Are you satisfied with the internationalized working competence of administrative staff in your university?

□Very satisfied □Satisfied □Neutral □Unsatisfied □Very unsatisfied

4. Are you satisfied with the international exchange competence of administrative staff in your university?

□Very satisfied □Satisfied □Neutral □Unsatisfied □Very unsatisfied

Ⅶ. Internationalization of University Development

1. What is your general evaluation of the internationalized development of your university?

□Very satisfied □Satisfied □Neutral □Unsatisfied □Very unsatisfied

2. Are you satisfied with the future orientation of the internationalized development of your university?

□Very satisfied □Satisfied □Neutral □Unsatisfied □Very unsatisfied

3. Are you satisfied with the current situation of the internationalized development of

your university?

□Very satisfied □Satisfied □Neutral □Unsatisfied □Very unsatisfied

4. Are you satisfied with the internationalization of academic and people-to-people exchanges in your university?

□Very satisfied □Satisfied □Neutral □Unsatisfied □Very unsatisfied

5. Are you satisfied with the internationalization of infrastructure in your university?

□Very satisfied □Satisfied □Neutral □Unsatisfied □Very unsatisfied

6. Are you satisfied with student international exchange programs in your university?

□Very satisfied □Satisfied □Neutral □Unsatisfied □Very unsatisfied

Ⅷ. Demand Survey of Internationalization of Forestry-related Higher Education

Please describe the importance of the following elements in promoting the internationalization of China's forestry-related higher education.

Elements	Score（"1→10" stands for "very unimportant→ very important"）
Policy support from the government	
Financial support from the government	
Introduce quality teaching staff from abroad	
Introduce quality courses from abroad	
Introduce quality textbooks from abroad	
Conduct international joint education programs	
Conduct inter-university exchange programs	
Conduct international short-term study programs	
Conduct international academic exchanges	
Conduct international joint researches	
If you think there are other influencing elements, please clarify and score them:	

Please list your top-three priorities among the above elements:

1.

2.

3.

Do you have any further suggestions concerning the internationalization of China's forestry-related higher education?

Thank you!

图书在版编目（CIP）数据

中国林业高等教育国际化发展战略研究 / 林宇等著.
—北京：中国农业出版社，2020.12
ISBN 978-7-109-27685-7

Ⅰ.①中… Ⅱ.①林… Ⅲ.①林业—高等教育—国际化—发展战略—研究—中国 Ⅳ.①S7-4

中国版本图书馆 CIP 数据核字（2020）第 265732 号

中国林业高等教育国际化发展战略研究
ZHONGGUO LINYE GAODENG JIAOYU GUOJIHUA FAZHAN ZHANLÜE YANJIU

中国农业出版社出版
地址：北京市朝阳区麦子店街 18 号楼
邮编：100125
责任编辑：黄 曦 文字编辑：戈晓伟
版式设计：王 晨 责任校对：吴丽婷
印刷：中农印务有限公司
版次：2020 年 12 月第 1 版
印次：2020 年 12 月北京第 1 次印刷
发行：新华书店北京发行所
开本：787mm×1092mm 1/16
印张：11.5
字数：250 千字
定价：58.00 元